辽河流域常见水生生物图谱

张远 丁森 高欣 殷旭旺 林佳宁 等 编著

科学出版社
北京

内 容 简 介

本书系统介绍了辽河流域内西辽河、东辽河、辽河干流、浑河及太子河等水系中常见的水生生物，涉及藻类、大型底栖动物和鱼类等河流生态调查中经常使用的水生生物类群，详细介绍了每一物种的分类形态特征、生态习性特征、分布范围特征，并以图片形式对每一物种进行展示，为从事该地区河流生态系统调查和水生生物分类鉴定工作提供技术支撑。

本书可供从事水环境和水生态系统管理的科研人员、相关政府管理部门工作人员以及环境科学、生态学等专业的本科生和研究生参考。

图书在版编目（CIP）数据

辽河流域常见水生生物图谱 / 张远等编著 . —北京：科学出版社，2020.5

ISBN 978-7-03-064957-7

Ⅰ . ①辽… Ⅱ . ①张… Ⅲ . ①辽河流域—水生生物—图谱 Ⅳ . ① Q17-64

中国版本图书馆 CIP 数据核字（2020）第 069750 号

责任编辑：周　杰　王勤勤 / 责任校对：樊雅琼

责任印制：吴兆东 / 封面设计：黄华斌

科 学 出 版 社出版

北京东黄城根北街 16 号

邮政编码：100717

http://www.sciencep.com

北京建宏印刷有限公司 印刷

科学出版社发行　各地新华书店经销

*

2020年5月第　一　版　开本：889 × 1194　1/16

2020年5月第一次印刷　印张：22　3/4

字数：600 000

定价：380.00元

（如有印装质量问题，我社负责调换）

前　言

辽河流域位于我国东北部（116º30'E ～ 125º47'E；38º43'N ～ 45ºN），在吉林、辽宁、河北和内蒙古的部分城市都有分布，共计跨越 4 个省（区）16 个市（地、盟）65 个县（旗）。北与松花江流域接壤，南与渤海湾相接，全流域面积为 21.9×10^4 平方千米，南北长约 706 千米，东西宽约 490 千米，属温带、暖温带半湿润大陆性季风气候。年降水量为 350 ～ 1000 毫米，多集中在 6 ～ 9 月，降水自东向西递减。流域地貌类型包括山地、丘陵、平原、沙丘，其分别占全流域面积的 48.2%、21.5%、24.3%、6.0%。流域内由两支独立水系所组成：一支为东、西辽河，于福德店汇流后成为辽河干流，经双台子河由盘山入海，全长 1394 千米，其中干流长 516 千米；另一支为浑河、太子河于三岔河汇合后经大辽河由营口入海，全长 415. 4 千米，其中大辽河长 94 千米，在近些年西辽河干流持续干旱，不少河流出现断流现象。

近三十年的经济发展，流域内的人类干扰活动导致水体污染状况加剧、河流栖息地质量退化、河岸带土地利用方式变化，流域内水质和生境质量下降，进而造成水生生物多样性严重退化。以辽河流域鱼类为例，20 世纪 80 年代的调查结果显示，辽河流域尚有淡水鱼类 100 余种，而近 5 年的调查结果显示，淡水鱼类已经退化至 60 余种（包括外来物种），损失近一半。因此，急需流域管理者和水生态研究专家制定行之有效的流域水质、生境和水生生物恢复策略，而水生生物物种多样性恢复更是重中之重。

当前首要解决的问题是如何合理有效地开展监测任务以了解辽河流域河流的健康状况，从而诊断河流的“症疾所在”。以往对于河流健康评估多以水质常规理化指标作为评判依据，通过对比指标数值和评判标准来评估河流是否健康。然而此种监测评估方法存在诸多的弊端，首先，所测定的水质指标浓度仅仅反映瞬时结果，不能反映人类干扰活动长期的作用效果；其次，水体中的新型污染物层出不穷，因此无法通过检测有限的水体理化指标来反映复杂的污染物协同效应。为了弥补常规理化监测的不足，生物监测作为一种新的监测评估方法被逐步应用到淡水生态系统的健康评估当中。以往的生物评估多以鱼类、大型底栖动物、大型水生植物和浮游动植物作为主要的监测评估类群来开展，通过设定监测评估任务、实施有效的野外生态调查和室内鉴定、准确计算生物评估指标来完成一整套生态监测评估程序。在选择监测类群时，可以根据特定的监测水体进行筛选，湖泊、河流、湿地以及河口等不同的生态系统类型可以选择适合的、能准确反映生态状况的类群。由于大型底栖动物具有诸多的优点，常被作为必选监测项目。首先，大型底栖动物物种分布广泛，从上游的溪流到下游的大江大河以及河口都有分布；其次，该类群的物种多样性极高，且不同的物种对于同一种干扰所表现出来的响应特征也不相同；再次，该类群的采集鉴定相对简单可行；最后，涉及该类群的生物评估指标较为丰富，从单变量指标到多变量指标，从复合型指标到评估预测模型均有较为成熟的方法学可以指导。由于不同物种对环境的耐受性表现差异性极大，进行大型底栖动物生物评估首要解决的技术性难题就是如何准确识别鉴定所采集到的物种。河流生态系统中的大型底栖动物物种组成以水生昆虫的稚虫为绝对优势类群。然而我国在大型底栖动物物种资源和鉴定方面多以软体动物、环节动物、甲壳动物和水生昆虫的成虫为主，对于稚虫的分类研究资料还很缺乏。同时，国际上对于水生昆虫稚虫的分类体系以北美和日本为两大主流，不同的分类体系对物种的鉴定尚存在许多争议之处。因此，如何准确地鉴定辽河流域大型底栖动物常见物种是长期开展水质生物监测的必要条件。

本图谱是中国环境科学研究院水环境研究所的相关研究人员，总结以往 7 年在辽河流域的工作成果汇编而成的一本用以指导非水生态专业研究人员开展水质生物监测的图谱。本图谱的物种主要采集自辽河流域的西辽河、东辽河、辽河干流、浑太河及太子河流域。所涉及的内容主要包括物种名称、图片、分类特征、分布状况以及针对环境干扰的敏感值。本图谱是参考北美、日本的底栖动物分类专业图书、相关文献和专家意见汇编而成的。藻类图谱章节主要由张远、殷旭旺、林佳宁、尚光霞等完成，大型底栖动物图谱章节主要由高欣、赵瑞、赵茜、田鹏等完成，鱼类图谱章节主要由丁森、贾晓波、钱昶、王慧等完成。由于时间仓促，编制人员水平有限，难免存在不足之处，诚望读者予以批评指正。

编　者

2019 年 7 月

目　　录

辽河流域常见藻类图谱

辽河流域常见大型底栖动物图谱

辽河流域常见鱼类图谱

辽河流域

常见藻类图谱

藻类分类

淡水藻类是一大群简单、古老的低等植物，其分布十分广泛，各种水体中均有，环境条件不同，藻类的物种组成和群落结构也有差异。藻类种类繁多，已知大约有3万种，是鱼类及其他水产经济动物的直接或间接饵料，是水体的主要初级生产者，在决定水域生产力上有重要的意义，与渔业生产有着十分密切的关系。2002年，《欧盟水框架指令》规定，藻类是水体环境健康监测五大指标之一。

藻类在植物界属于低等植物，是地球上最早出现的绿色植物、藻类植物又称叶状体植物、裂殖植物、孢子植物等。藻类植物共分十一个门，分别是：蓝藻门 Cyanophyta、金藻门 Chrysophyta、黄藻门 Xanthophyta、硅藻门 Bacillariophyta、甲藻门 Pyrrophyta、隐藻门 Cryptophyta、裸藻门 Euglenophyta、绿藻门 Chlorophyta、轮藻门 Charophyta、褐藻门 Phaeophyta、红藻门 Rhodophyta。

蓝藻门 Cyanophyta

蓝藻是藻类中最古老、最原始的一个类群，很多特征都显示出低等的性状，蓝藻植物细胞形态简单，与其他藻类有明显的差别。

蓝藻通常形成群体或丝状体，以单细胞单独生活的种类较少，群体形态多种多样，丝状体分为分枝丝状体和不分枝丝状体，或由丝状体交织在一起形成各种群体。植物体外通常具一定厚度的胶质，群体外面的称胶被，丝状体外面的称胶鞘。蓝藻同许多藻类一样，细胞分化成细胞壁和原生质体两部分，含有叶绿素 a、胡萝卜素、叶黄素以及大量的藻胆素，藻胆素是蓝藻的特征色素，包括蓝藻藻蓝素、蓝藻藻红素和别蓝藻素。蓝藻储存物质主要是蓝藻淀粉。某些种类具伪空泡。蓝藻繁殖方式在藻类中最简单，无有性生殖，也无具鞭毛的生殖细胞。一般为细胞分裂，丝状体种类还常常产生段殖体，有的段殖体再长成新植物体，有的形成各种孢子。

蓝藻门下设一纲——蓝藻纲 Cyanophyceae，其形态与蓝藻门相同。

色球藻目 Chroococcales

通常形成群体，单细胞的种类少。群体呈球形、椭圆形、不规则形、平板状、穿孔状等。单细胞多呈球形、椭圆形，很少呈长方形。无顶端和基部的分化。群体及群体内有胶被或无胶被，均匀或分层。主要为淡水产，是重要的浮游藻类。繁殖方式主要为细胞分裂。

色球藻科 Chroococcaceae

植物体少数为单细胞，多数为群体，群体不定形，多数群体胶被较厚，常分层，无色或黄色、褐色和红色。细胞呈球形、椭圆形或棒形，少数呈纺锤形，内含物均匀，有或无伪空泡，分裂繁殖，少数产生内生孢子。

蓝纤维藻属 *Dactylococcopsis*

植物体为单细胞，或由少数细胞聚集形成群体。细胞呈纺锤形、弓形、“S”形或不规则弯曲，群体胶被无色透明，宽厚而均匀。细胞内含物均匀，呈淡蓝绿色至亮蓝绿色。繁殖方式为细胞横分裂。

针状蓝纤维藻 *Dactylococcopsis acicularis*

形态特征：

1. 单细胞，或由少数细胞组成的漂浮群体，群体胶被不明显。
2. 细胞呈纺锤形，两端渐延长而尖细，内含物均匀，呈灰蓝绿色。
3. 细胞长 40 ～ 80 微米，宽 2 ～ 5 微米。

分布：东辽河。

微囊藻属 *Microcystis*

植物体为多细胞群体，漂浮或附着于其他物体上，群体呈球形、椭圆形或不规则重叠，群体胶被无色，细胞呈球形或长圆形，排列紧密，群体挤压会出现细胞变形，无个体胶被，细胞呈浅蓝色、亮蓝色或橄榄绿色。以分裂繁殖，少数产生微孢子。多生长于湖泊池塘水体，大量繁殖形成水华。

铜绿微囊藻 *Microcystis aeruginosa*

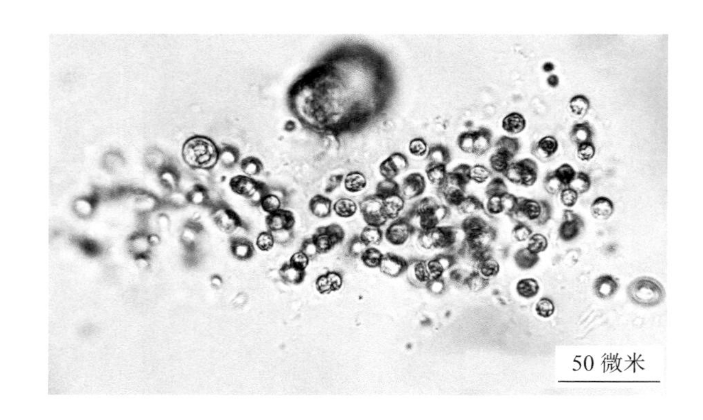

形态特征：

1. 植物幼体为球形或长圆形实心群体，植物成体为网络状的中空囊状体，最后成为网状胶群体。

2. 细胞呈球形或近球形，直径 3 ～ 7 微米，呈蓝绿色。

3. 群体胶被无色透明。

分布：多生长于静水水体，春夏季节生长茂盛。

具缘微囊藻 *Microcystis marginata*

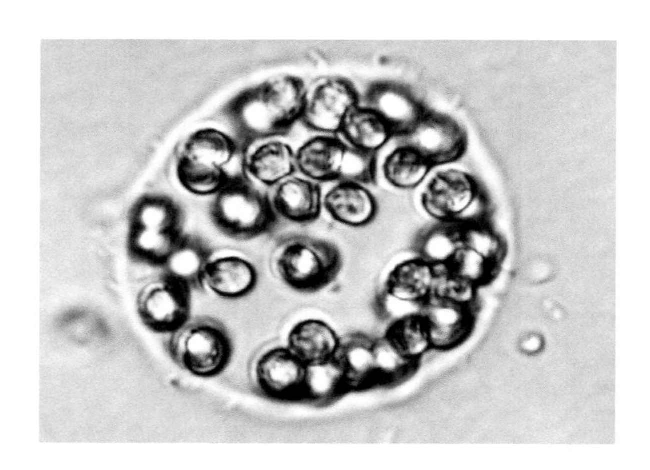

形态特征：

1. 球形、长圆形或不规则群体，群体胶被厚而坚硬，无色外沿明显，有时分层。

2. 细胞排列紧密，呈球形，直径 3 ～ 6 微米，呈蓝绿色。

3. 具伪空泡。

分布：东辽河、西路嘎河以及锡泊河。

色球藻属 *Chroococcus*

植物体少数为单细胞，多数为 2 个、4 个、6 个及更多的细胞组成的群体。群体胶被较厚，均匀或分层，透明或黄褐色，细胞呈短圆柱形、圆柱形或椭圆形，细胞宽 4 ～ 6 微米，包括胶被宽 5 ～ 12 微米，个体胶被宽厚，1 ～ 2 层，黄色或褐色，细胞内含物具微小颗粒，呈蓝绿色。

微小色球藻 *Chroococcus minutus*

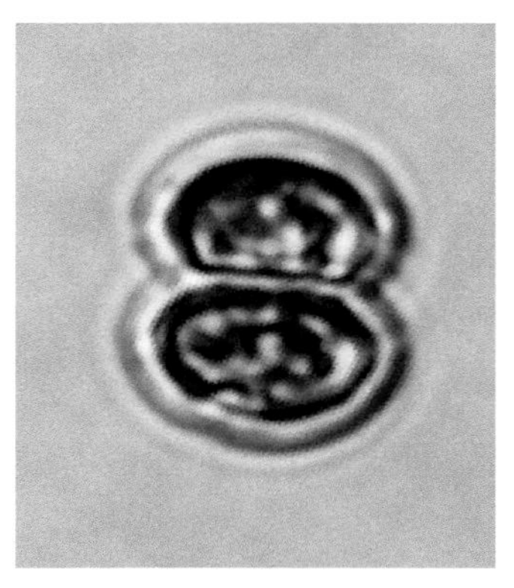
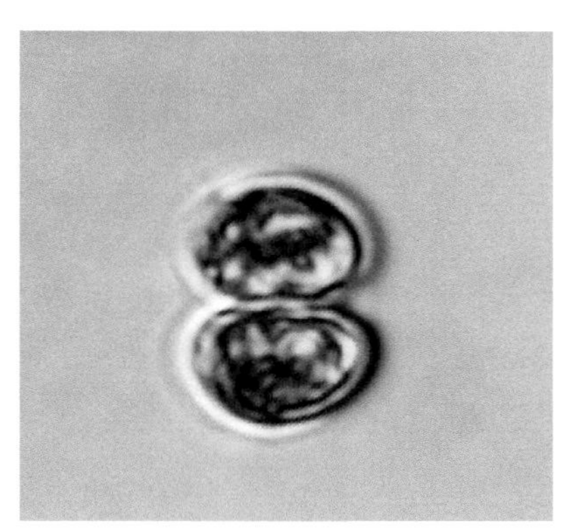

形态特征：

1. 单细胞或由 2 个、4 个细胞组成的小群体，群体呈圆球形或长圆形，群体胶被明显，无色透明不分层，群体中段处常缢缩。

2. 细胞呈球形、近球形、长圆形或挤压形成三角形，直径 4 ～ 10 微米，包括胶被 6 ～ 15 微米。

3. 内含物均匀，具小颗粒，呈灰蓝绿色。

分布：东辽河、苏子河、西辽河干流、太子河干流。

腔球藻属 *Coelosphaerium*

植物体大或微小，由多数细胞组成群体，呈中空球形、椭圆形、长圆形。群体胶被宽而厚，透明无色，个体胶被不明显或无。细胞呈球形、半球形、椭圆形或卵形，细胞内含物均匀，呈蓝绿色、橄榄绿色或红绿色，有或无伪空泡。繁殖方式为群体断裂或细胞分裂。

不定腔球藻 *Coelosphaerium dubium*

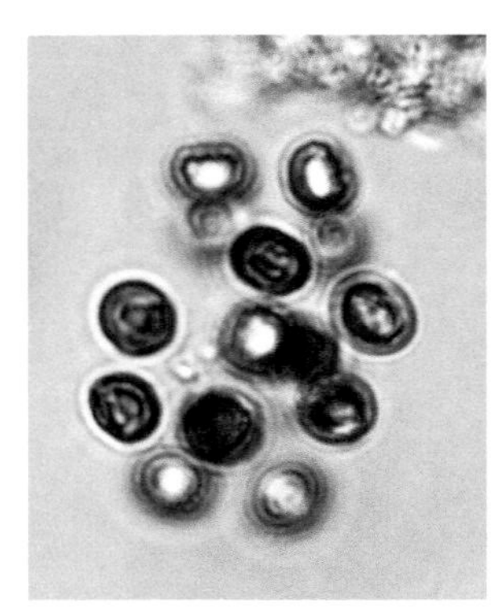
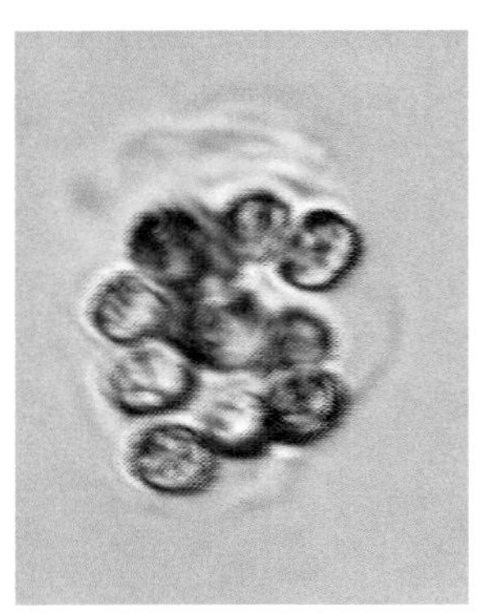

形态特征：

1. 多细胞群体，球形或不规则形，群体胶被无色透明，不分层。
2. 细胞呈球形，直径 4 ～ 7 微米，内含物呈蓝绿色，具伪空泡。

分布：东辽河、西辽河干流。

平裂藻属 *Merismopedia*

一层厚的平板状群体，细胞有规则排列，每两个细胞成对，两对一组，四组一小群，群体胶被无色、透明而柔软，个体胶被不明显。细胞呈球形或椭圆形，内含物均匀，少数具伪空泡或微小颗粒，呈淡蓝绿色至亮蓝绿色。

优美平裂藻 *Merismopedia elegans*

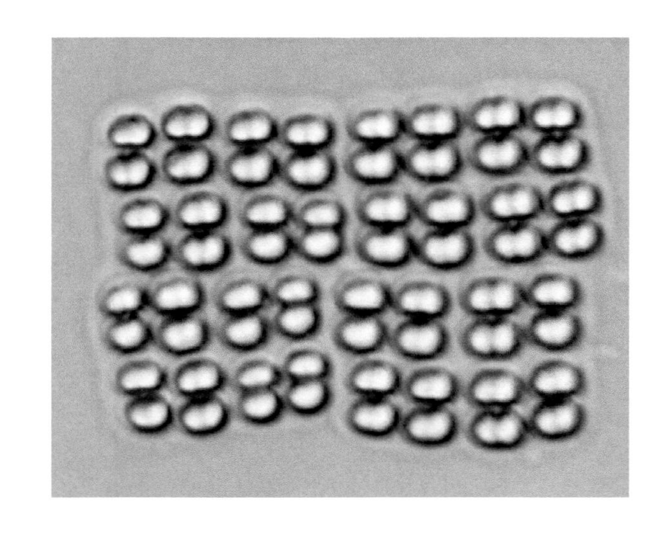

形态特征：

1. 植物体有大有小，小的仅由 16 个细胞组成，大的由数百个以至数千个细胞组成，宽达数厘米。

2. 细胞呈椭圆形排列紧密，宽 5 ～ 7 微米，长 7 ～ 9 微米。

3. 内含物均匀，呈鲜艳的蓝绿色。

分布：东辽河、白岔河、西拉木伦河、亮子河、秀水河和养息牧河，以及浑河 - 太子河流域的蒲河、细河。

银灰平裂藻 *Merismopedia glauca*

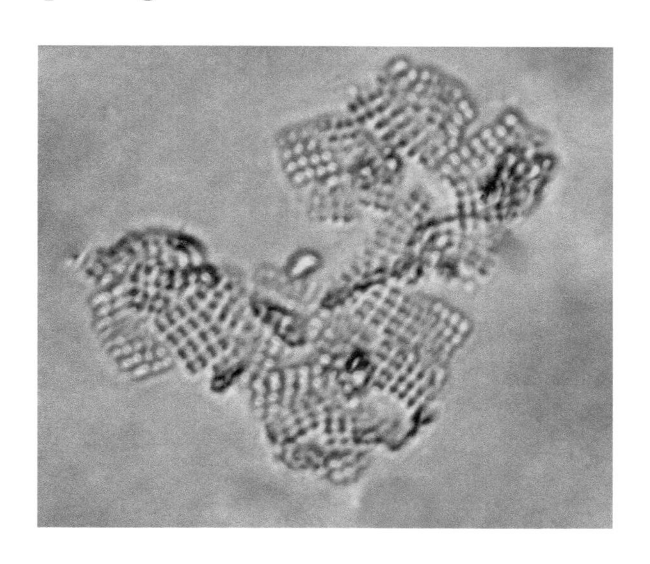

形态特征：

1. 植物体微小，由 32 ～ 128 个细胞组成的群体。

2. 群体细胞排列较紧，整齐，细胞间隙较小，胶被均匀不明显。

3. 细胞呈球形、半球形，直径 3 ～ 6 微米，内含物均匀，无颗粒，呈灰青蓝色。

分布：招苏台河、秀水河、柳河、东辽河、海城河。

段殖体目 Hormogonales

植物体为丝状体，不分枝或假分枝或真分枝，具鞘或无，有或无异形胞，异形胞顶生或间生。生殖以藻体断裂成段殖体，或形成孢子。

胶须藻科 Rivulariaceae

植物体为单条丝状体，或由多条丝状体构成的胶群体，胶群体中空或实心，半球形或球形，丝状体在群体中呈放射状排列或平行排列，分枝或不分枝。鞘胶质花，均匀或分层。细胞从基部至顶部渐尖细。异形胞间生或基生，少数有或无段殖体。

尖头藻属 *Raphidiopsis*

细胞短而弯曲，无鞘，两端尖细或一端尖细。细胞呈圆柱形，有或无伪空泡。无异形胞，具厚壁孢子，单生或成对，位于藻丝中间。

中华尖头藻 *Raphidiopsis sinica*

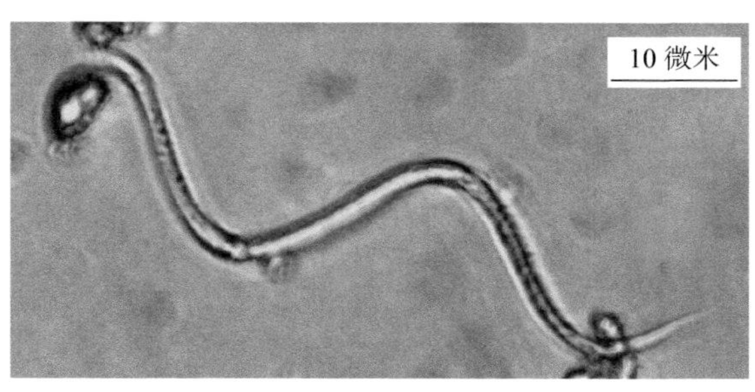

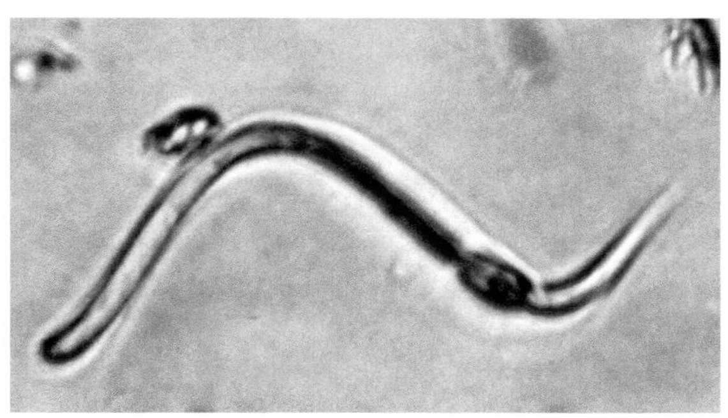

形态特征：

1. 植物体漂浮，藻丝短，常由 5 ～ 8 个细胞组成，呈有规则螺旋形弯曲，顶端细胞很尖，横壁处不收缢。

2. 细胞宽 1 ～ 2 微米，长为宽的 5 ～ 7 倍，细胞内含物呈浅蓝绿色，均匀，不具伪空泡。

3. 孢子呈圆柱形或椭圆形，两端圆，略弯曲，无色，宽 2.7 ～ 3.6 微米，长 6.2 ～ 9.0 微米。

分布：东辽河、寇河、亮子河、招苏台河。

弯形尖头藻 *Raphidiopsis curvata*

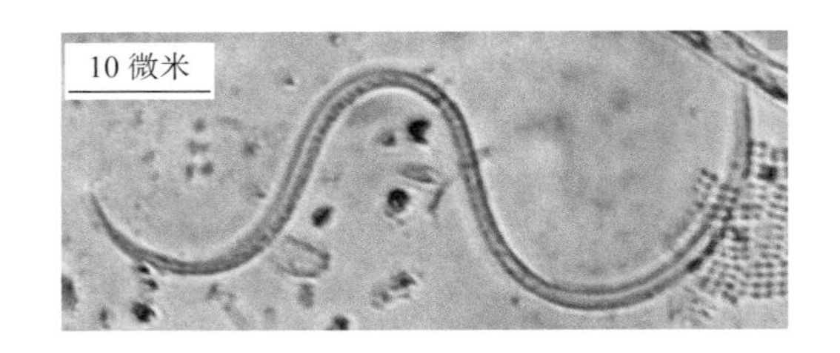

形态特征：

1. 藻丝呈“S”形或螺旋形弯曲，少数直，横壁处不收缢。
2. 细胞呈圆柱形，长为宽的 1.5 ～ 2 倍，宽约 4.5 微米，内含物均匀，具伪空泡。
3. 孢子呈椭圆形，宽 4.0 ～ 7.2 微米，长 11 ～ 13 微米，位于藻丝体中部。

分布：秀水河、东辽河、浑河、太子河。

念珠藻科 Nostocaceae

植物体不分枝，藻丝单生，顶端细胞不尖细或有时尖细，具胶鞘，呈直或有规则的螺旋形弯曲，或不规则的相互缠绕。鞘明显，黏质，透明或有色，清楚或相互交融，少数种类的鞘坚固而狭窄。细胞呈球形或圆柱形，细胞壁收缢或不收缢。内含物均匀或具颗粒，呈蓝绿色或其他颜色。异形胞间生或顶生。孢子单生或成串，少数种类具段殖体。

项圈藻属 *Anabaenopsis*

藻丝漂浮，短，呈螺旋形弯曲或卷曲，少数直。异形胞顶生，常成对。孢子间生，远离异形胞。

阿氏项圈藻 *Anabaenopsis arnoldii*

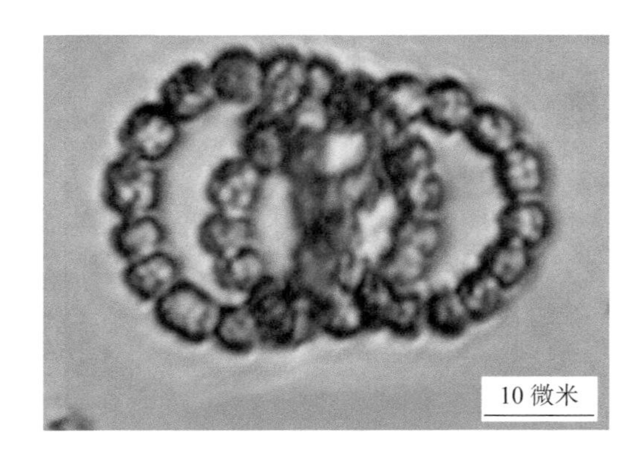

形态特征：

1. 植物体漂浮，鞘厚，水溶性，无色透明，呈规则的螺旋形弯曲，藻丝一端具一个异形胞，另一端具营养细胞或 2 个异形胞。

2. 细胞呈扁球形，少数呈椭圆形，宽 6.5 ～ 9 微米，长 6.5 ～ 8 微米，具伪空泡。

3. 异形胞间生或顶生，多数两个在一起，少数单生，孢子 2 个在一起，少数 1 个。

分布：静水小水体，招苏台河、秀水河、柳河、东辽河。

拉氏项圈藻 *Anabaenopsis raciborskii*

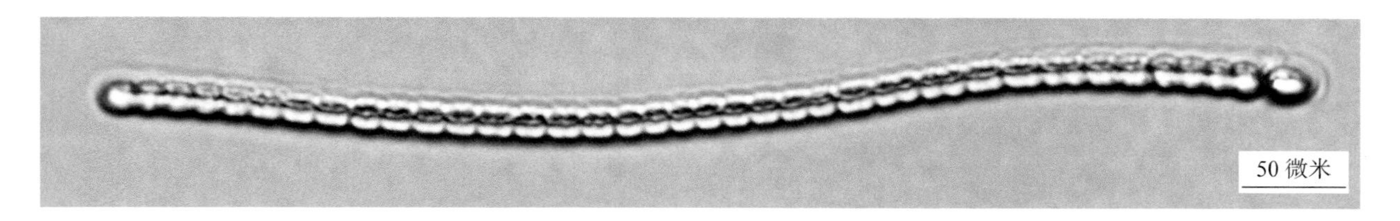

形态特征：

1. 藻丝浮游，呈螺旋形弯曲或轮状弯曲，少数直。

2. 异形胞顶生，常成对，孢子间生，远离异形胞。

3. 细胞呈圆柱形，两端圆，宽 4 ～ 7 微米，长 32 ～ 200 微米，外壁光滑。

分布：静水支流小水体。

环圈项圈藻 *Anabaenopsis circularis*

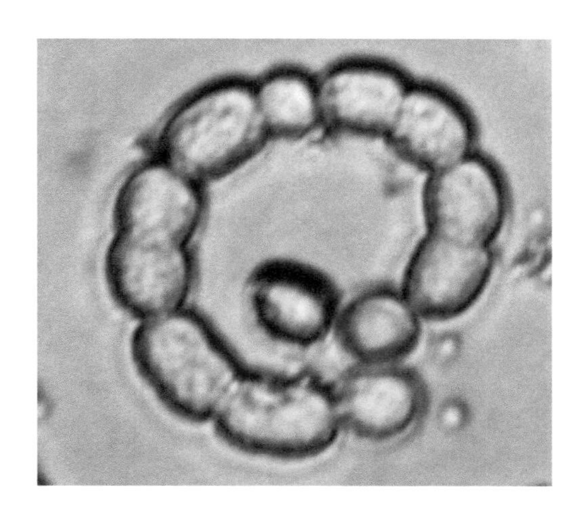

形态特征：

1. 藻丝漂浮，短，呈螺旋形弯曲，少数直，宽 4.5 ～ 6 微米。

2. 细胞呈球形或长大于宽，内含物具少数大颗粒，无气囊。

3. 异形胞呈球形，宽 3 ～ 8 微米，未见孢子。

分布：静水或流水小支流。

念珠藻属 *Nostoc*

植物体为胶状或革状，幼植物体呈球形至长圆形，成熟后呈球形、叶状、丝状、泡状等各种形状，中空或实心。漂浮或着生，丝状体在群体四周排列紧密而颜色较深。丝状体呈螺旋形弯曲或缠绕。鞘有时明显，或常相互融合。藻丝呈念珠状，宽度相等。由相同形状细胞组成。细胞呈扁球形、桶形、腰鼓形、圆柱形。异形胞间生，幼期顶生。

林氏念珠藻 *Nostoc linckia*

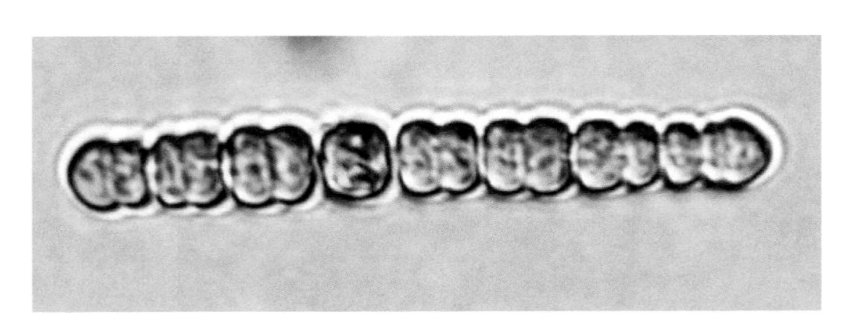

形态特征：

1. 植物幼体呈球形，着生，成熟后不规则扩展，胶状，漂浮，呈蓝绿色、黑紫色或黑绿色至褐色。

2. 丝状体密集交织并强烈弯曲，群体四周的胶被较明显，内部无色而不明显。

3. 藻丝宽 3.5 ～ 4 微米，呈灰蓝绿色，细胞呈短桶形，异形胞呈近球形，直径 5 ～ 6 微米，孢子呈近球形，宽 6 ～ 7 微米，长 7 ～ 8 微米，外壁光滑，呈褐色。

分布：静水或流水小支流，黑里河、西路嘎河。

点形念珠藻 *Nostoc punctiforme*

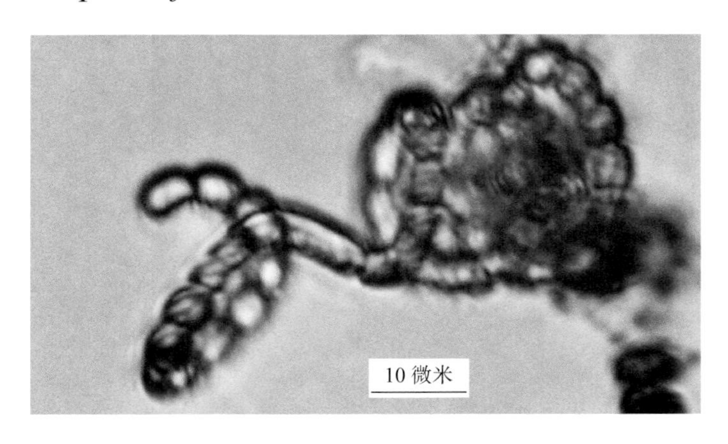

形态特征：

1. 植物体小，不定形，直径可达 2 毫米，分散或融合在一起，排列紧密。鞘柔软，黏质。

2. 藻丝宽 3 ～ 4 微米，细胞短，呈桶形、腰鼓形或椭圆形，呈蓝绿色，异形胞宽 4 ～ 65 微米。

3. 孢子呈近球形或长圆形，宽 5 ～ 6 微米，长 5 ～ 8 微米，外壁厚，光滑。

分布：多生于静水中，固氮种类，如西拉木伦河、招苏台河、柳河等。

沼泽念珠藻 *Nostoc paludosum*

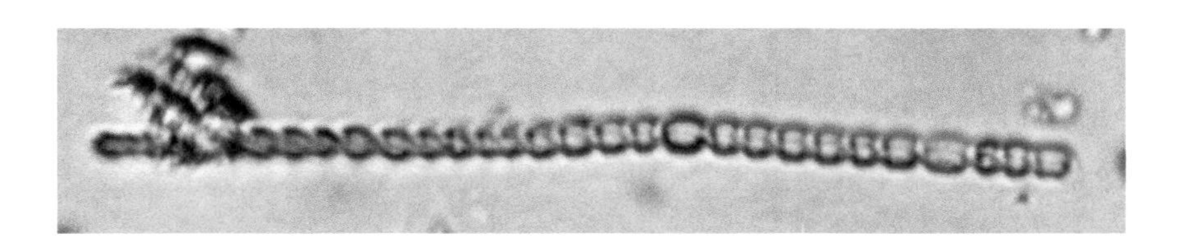

形态特征：

1. 植物体着生，小，呈圆形，鞘厚，无色，或呈黄褐色。

2. 藻丝宽 3 ～ 3.5 微米，细胞长和宽相近，桶形，灰蓝绿色，异形胞宽大于营养细胞。

3. 孢子呈卵形，宽 4 ～ 4.5 微米，长 6 ～ 8 微米，壁光滑无色。

分布：嘎苏代河。

颤藻科 Oscillatoriaceae

植物体为多细胞单列丝状体，单生或集聚成群，通常不分枝，但有的属鞘分枝，有的鞘内只有 1 条藻丝，有的具多条。鞘坚固呈胶状，均匀或分层，透明或有色。藻丝有或无鞘，有的具群体鞘，等宽，或顶端尖细但不呈毛状，或圆柱形或念珠状，或螺旋形弯曲。细胞长大于宽或长小于宽；内含物均匀或具颗粒或横壁处具颗粒。顶部细胞呈半球形或圆锥形，外壁薄或增厚，不产生异形胞和孢子，以段殖体繁殖。许多种类能沿着丝状体纵轴旋转颤动。

螺旋藻属 *Spirulina*

植物体为单细胞，或多细胞组成丝状体，无鞘，圆柱形，呈疏松或紧密的有规则的螺旋状弯曲。细胞或藻丝顶部常不尖细，横壁常不明显，不收缢或收缢，顶细胞呈圆形，外壁不增厚。

大螺旋藻 *Spirulina major*

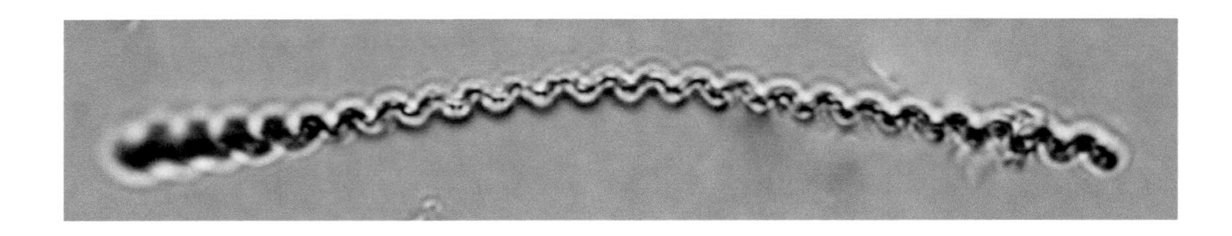

形态特征：

1. 细胞宽 1.2 ～ 2 微米，呈有规则的螺旋形弯曲，呈鲜蓝绿色或黄色。
2. 螺旋宽 2.5 ～ 4 微米，螺旋间距为 2.7 ～ 5 微米。

分布：秀水河、饶阳河、辽河干流和东辽河。

颤藻属 *Oscillatoria*

植物体为单细胞组成的不分枝的单条丝状体，或由许多藻丝组成呈皮壳状或块状的藻块。无鞘，藻丝不分枝，直或扭曲，能颤动，横壁处收缢或不收缢，顶端细胞多样，末端增厚或具帽状体。细胞呈短柱形或盘状，内含物均匀或具颗粒，少数具伪空泡。以段殖体繁殖。

巨颤藻 *Oscillatoria princeps*

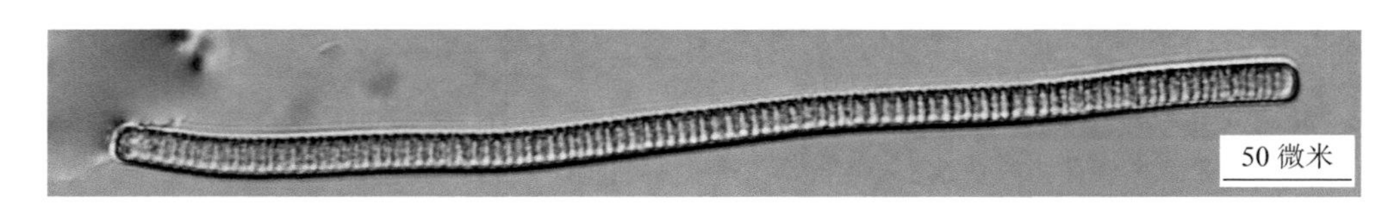

形态特征：

1. 藻丝单条或多数，聚集呈橄榄绿色、蓝绿色、淡褐色、紫色或淡红色胶块。
2. 藻丝多数直，横壁处不收缢，宽 16 ～ 60 微米，呈鲜绿色或暗绿色，末端略细而弯曲。
3. 横壁处不具颗粒，细胞长为宽的 0.09 ～ 0.25 倍，长 3.5 ～ 7 微米。
4. 末端细胞呈扁圆形，略呈头状，外壁不增厚或略增厚。

分布：嘎苏代河、东辽河、秀水河、饶阳河。

小颤藻 *Oscillatoria tenuis*

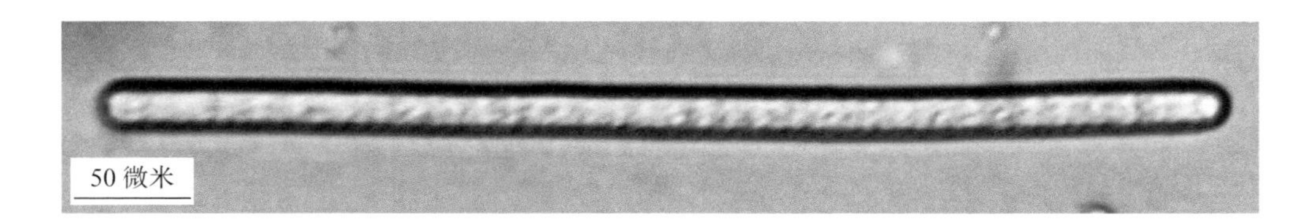

形态特征：

1. 藻丝胶质呈薄片状，呈蓝绿色或橄榄绿色。丝状体直，横壁略收缢，宽 4 ～ 11 微米，呈鲜绿色，末端弯曲不渐尖细。

2. 细胞长 2.5 ～ 5 微米，横壁两侧具多数颗粒，末端细胞呈半圆形，壁略增厚。

分布：招苏台河、养息牧河、辽河干流、蒲河、太子河。

席藻属 *Phormidium*

植物体为胶状或皮状，由许多丝状体组成，着生或漂浮。丝状体不分枝，直或弯曲。具鞘，有时略硬，彼此粘连，有时部分融合，薄，无色。藻丝呈圆柱形，横壁处收缢或不收缢，末端常渐尖，直或弯曲，末端细胞呈头状或不呈头状，许多种类具帽状体。

小席藻 *Phormidium tenus*

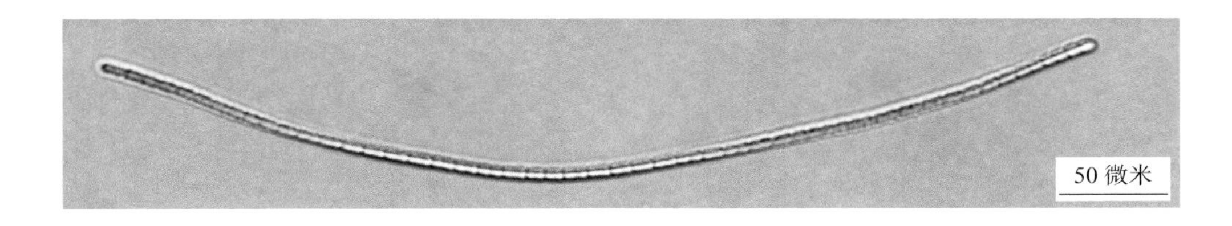

形态特征：

1. 植物体为膜状，呈鲜蓝绿色。鞘薄，胶化不明显，藻丝直或略弯曲，横壁处略收缢，末端渐尖，宽 1 ～ 2 微米。

2. 细胞长为宽的 3 倍，长 2.5 ～ 5 微米，横壁两侧不具颗粒，顶端细胞呈长圆锥形或钝锥形，不具帽状体。

分布：碧柳河、西拉木伦河、西路嘎河、黑石河、养息牧河、苏子河、浑河等广泛分布。

隐藻门 Cryptophyta

隐藻为单细胞，多数种类具两条略等长的鞭毛，自腹侧前端伸出，或生于侧面，能运动。细胞呈长椭圆形或卵形，前端较宽，钝圆或斜向平截，显著纵扁；有背腹之分，侧面观背侧略凸，腹侧平直或略凹入，腹侧前端偏于一侧具向后延伸的纵沟。具一个或两个大形叶状的色素体，色素体多为黄绿色或黄褐色。贮藏物质为淀粉或油滴。生殖方式多为细胞纵分裂。

隐藻纲 Cryptophyceae

单细胞种类，细胞呈椭圆形或卵形，体态略纵扁。有背腹之分，腹侧具纵沟。

隐鞭藻科 Cryptomonadaceae

植物体为单细胞，细胞前端呈斜截形，具两条鞭毛。多数种类具色素体，具纵沟和口沟。刺丝胞位于口沟处或细胞周边。

隐藻属 *Cryptomonas*

细胞呈椭圆形、豆形、卵形、圆锥形、纺锤形或“S”形。背腹扁平，多数种类横截面呈椭圆形。细胞前端呈钝圆或呈斜截形，后端呈或宽或短的钝圆形。具明显的口沟，位于腹侧。鞭毛有2条。

啮蚀隐藻 *Cryptomonas erosa*

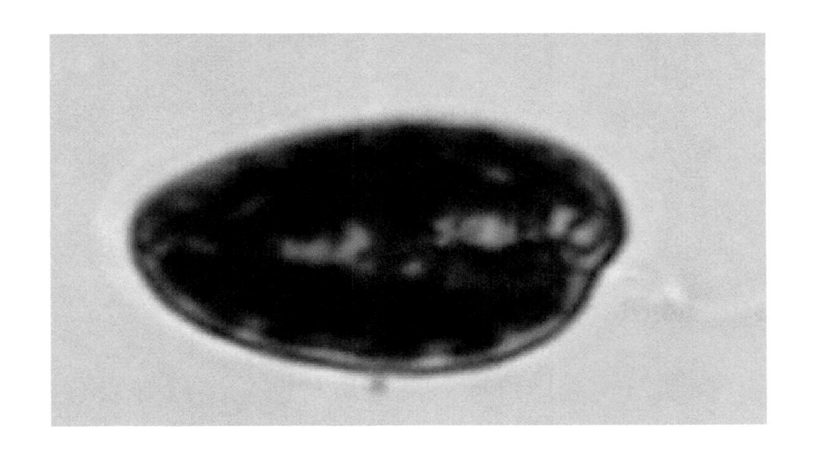

形态特征：

1. 细胞呈倒卵形到近椭圆形，前端背角凸出略呈圆锥形，顶部呈钝圆；纵沟有时很不明显，但常较深；后端大多数渐窄，末端呈狭钝圆形；背部大多数明显凸出，腹部通常平直，极少略凹入。细胞有时弯曲，罕见扁平。

2. 口沟只达到细胞中部，很少达到后部；口沟两侧具刺丝胞。色素体具2个，呈绿色、褐绿色、金褐色、淡红色，罕见紫色；贮藏物质为淀粉粒。

3. 常为多数，呈盘形、双凹形、卵形或多角形；鞭毛与细胞等长，细胞宽8～16微米，长15～32微米。

分布：广泛分布，湖泊、池塘常见，东辽河、白岔河、古力古台河、西辽河干流以及浑河、太子河。

卵形隐藻 *Cryptomonas ovata*

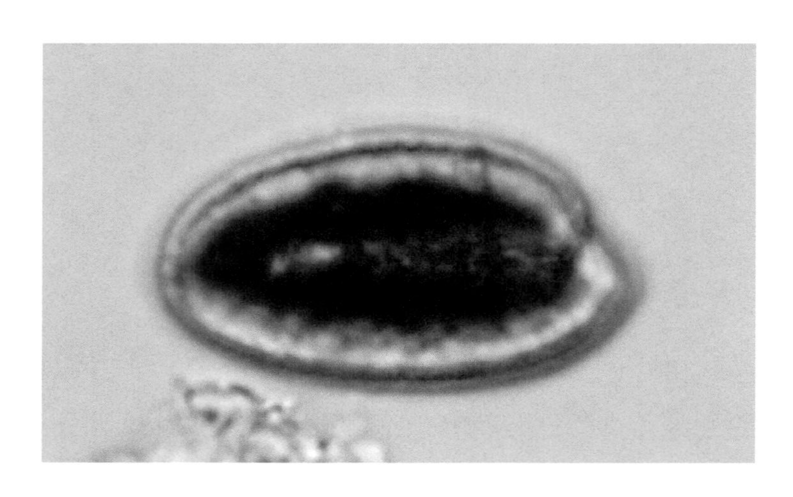

形态特征：

1. 细胞呈卵圆形，通常略弯曲，前端呈明显的斜截形，细胞多数略扁平，纵沟和口沟明显，口沟达到细胞的中部。

2. 具 2 个色素体，呈橄榄绿色，鞭毛有 2 条，几乎等长，多数略短于细胞长度。

3. 细胞大小变化大，通常长 20 ～ 80 微米，宽 6 ～ 20 微米，厚 5 ～ 18 微米。

分布：寇河、东辽河、招苏台河等。

蓝隐藻属 *Chroomonas*

细胞呈长圆形、椭圆形，近球形或近圆柱形，前端呈截形或平直，后端呈钝圆形或渐尖细，背腹扁平，纵沟或口沟常很不明显。无刺细胞或极小，有的种类在纵沟或口沟处刺细胞明显可见，鞭毛有 2 条，不等长。伸缩泡位于细胞前端。具眼点或无，色素体多为 1 个，呈盘状，边缘常具浅缺刻，周生，呈蓝色到蓝绿色。淀粉粒大，呈行排列，蛋白核 1 个，中央位或位于细胞的下半部。淀粉鞘由 2 ～ 4 块组成。1 个细胞核，位于细胞下半部。

尖尾蓝隐藻 *Chroomonas acuta*

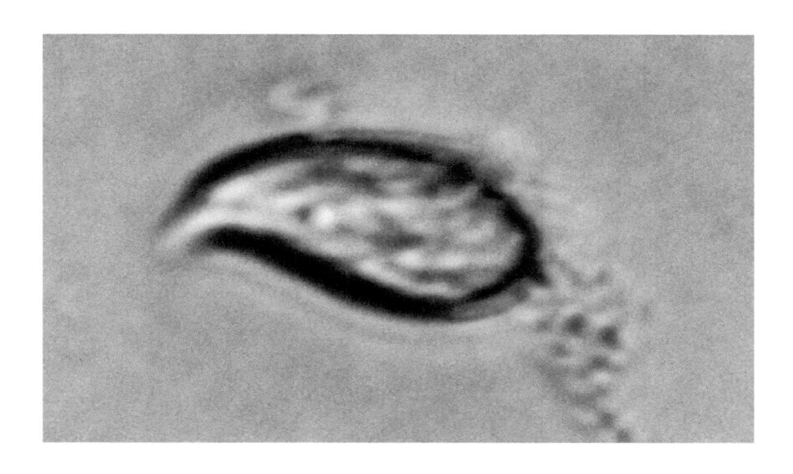

形态特征：

1. 细胞呈纺锤形，前端斜宽，后端尖细，常向腹侧弯曲，纵沟很短。

2. 无刺细胞，色素体 1 个，呈橄榄色或暗绿色，具 1 个明显的蛋白核，位于细胞中部外侧。

3. 鞭毛与细胞长度等长，细胞长 7 ～ 10 微米，宽 4.5 ～ 5.5 微米。

分布：西拉木伦河、查干木伦河、寇河、清河、柴河、招苏台河等。

甲藻门 Pyrrophyta

植物体多数为单细胞，细胞呈球形倒针状，背腹扁平或左右侧扁，细胞裸露或具细胞壁，壁薄或厚而硬，具两条顶生或腰生鞭毛，可以运动。纵裂甲藻类，细胞壁由左右两片组成，无横沟或纵沟。横裂甲藻类壳壁由许多小板片组成，板片有时具角、刺或乳头状突起，板片表面常具孔纹，大多数种类具一条横沟和一条纵沟。横沟又称腰带，位于细胞中部，围绕整个细胞或围绕细胞的一半，呈环状或螺旋形。横沟以上称上锥部或上壳，横沟以下称下锥部或下壳，纵沟又称腹区，位于下锥部腹面。纵沟可上下延伸，有的达下甲末端，有的达上甲顶端，纵、横沟内各具一条鞭毛，即纵沟鞭毛和横沟鞭毛。表示甲藻纤维质小板嵌合而成的细胞壁上下甲板片的数目、形状和排列方式的式子称甲片式，是甲藻分类的主要区别之一。甲藻色素体多个，呈圆盘状或棒状，常分散在细胞表层。色素除甲藻素外，还含有特殊的多甲藻素，极少数种类无色。有的种类具蛋白核，贮藏物质为淀粉和油。少数无色种类具刺细胞，有的种类具眼点。具一个大而明显的细胞核，呈圆形、椭圆形或细长形。染色质排列呈串珠状。细胞分裂是甲藻类最普遍的繁殖方式。有的种类可以产生动孢子或不动孢子。有性生殖只在少数种类中发现。

甲藻类是重要的浮游藻类，且大多数是海产种类，少数寄生在鱼类、桡足类及其他无脊椎动物体内。甲藻过量繁殖常使水色变红，发生腥臭气味，形成赤潮。形成赤潮的主要种类有多甲藻、裸甲藻、光甲藻、夜光藻等属（种）。赤潮中甲藻密度大，藻体死亡后滋生大量腐生细菌，细菌的分解作用使水体溶解氧骤降，并产生有毒物质，且有的甲藻能分泌毒素，赤潮发生后造成鱼虾贝等大量死亡，对渔业危害大。

甲藻纲 Pyrrophyceae

其特征与甲藻门相同，分为两亚纲。

纵裂甲藻亚纲 Desmokontae

植物体为单细胞，细胞壁由左右两片组成，无纵沟和横沟。两条鞭毛着生于细胞顶端。

此亚纲的淡水种类在我国尚无报道。

横裂甲藻亚纲 Dinokontae

细胞裸露或具薄壁或具厚而硬的壳壁。具一条纵沟和一条横沟，横沟通常环绕一周，少数呈环形环绕，多数呈螺旋状环绕，纵沟较宽，位于细胞腹面下锥部，向下达到细胞末端，或向上略延伸到上锥部，但少数达到上锥部顶端。

此亚纲淡水中常见的有两目。

裸甲藻目 Gymnodiniales：细胞裸露或具薄的壁，薄壁由许多相同的多角形小片组成。

多甲藻目 Peridiniales：细胞具厚而硬的壳壁，壳壁由许多大小不同的多角形小片组成。

多甲藻目 Peridiniales

植物体为单细胞，有时多个细胞连成链状群体。细胞具明显的纵沟和横沟。具两条鞭毛，细胞壁硬。由大小不等的较大的多角形的板片组成，板片数目、形态和排列方式是此目分类的主要依据。上壳和下壳的板片各分成几组，上壳四组，分别为：顶孔板——位于顶端，中间常见一明显的孔；顶板——围绕顶孔板的板片；沟前板——上锥部和横沟相邻的板片；前间插板——顶板和沟前板之间的板片。下壳三组，分别为：底板——下锥部末端的板片；沟后板——下锥部和横沟相邻的板片；后间插板——沟后板和底板之间的板片。

横沟通常由三块板片组成。

腹区（纵沟）一般由六块板片组成，分别为：左板片、右板片、左鞭毛孔板、右鞭毛孔板、连接板、后围板。

色素体多个，呈金黄色到金褐色；有的无色素体。蛋白核有时可见。贮藏物质为淀粉和油滴。繁殖方式通常为细胞分裂，有些种类产生似裸甲藻的动孢子或形成厚壁孢子。

薄甲藻科 Glenodiniaceae

细胞呈球形、卵形，背腹略扁平或部扁平，细胞壁由整块或由小板片组成，上壳板片数目变化不定，下壳板片数目恒定，甲片式为 3 ～ 5′，0 ～ 2a，6 ～ 7″，1 ～ 5‴，2⁗。多为淡水种类。

薄甲藻属 *Glenodinium*

细胞呈球形到长卵形，近两侧对称。横断面呈椭圆形或肾形，具明显的细胞壁，大多数为整块，少数由多角形的大小不等的板片组成，上壳板片数目不定，下壳规则地由五块沟后板和两块底板组成，板片表明通常为平滑的，无网状窝孔纹，有时具乳头状突起。横沟中间位或略偏于下壳，呈环状围绕；纵沟明显。色素体多个，呈盘状，呈金黄色到暗褐色，有的种类具眼点。

薄甲藻 *Glenodinium pulvisculus*

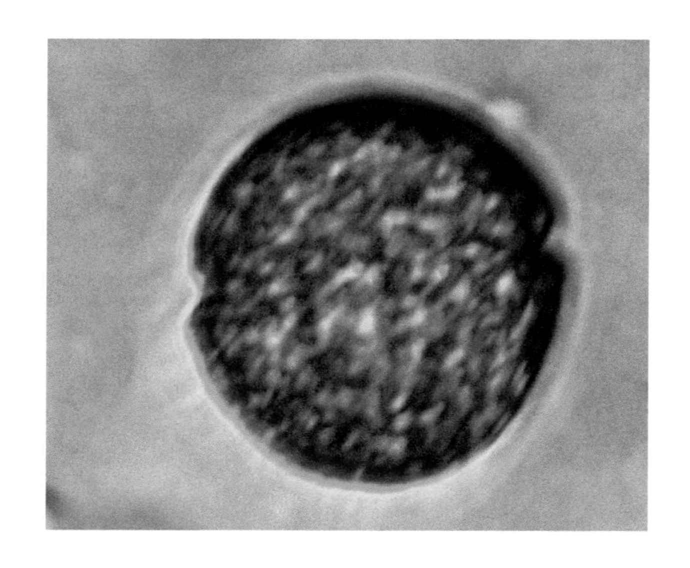

形态特征：

1. 细胞呈近球形，前后两端宽圆，上壳下壳几乎相等。

2. 横沟略左旋，边缘略凸出，纵沟直达末端，细胞壁薄，色素体多个，呈圆盘状，呈淡黄色。无眼点。

3. 细胞长 23 微米，宽 18.4 微米。

分布：亮子河、寇河、柴河、秀水河。

多甲藻科 Peridiniaceae

细胞呈球形、卵形、椭圆形，上壳通常由 12 ～ 14 块板片组成，下壳板片组成简单，由 6 ～ 7 块板片组成，上壳顶端具明显或不明显的顶孔，有的种类无顶孔。

多甲藻属 *Peridinium*

淡水种类，细胞呈球形、椭圆形到卵形，顶面观常呈肾形，背部明显凸出，腹部平直或凹入。纵沟、横沟明显，甲片式为 4′，3 ～ 0a，7″，5″，2″″。板片光滑或具花纹，有或无眼点，有的种类具蛋白核，贮藏物质为淀粉和油滴。

二角多甲藻 *Peridinium bipes*

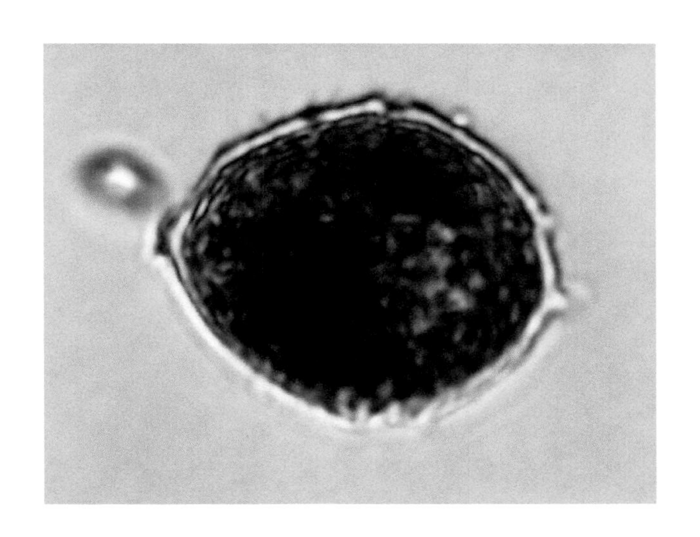

形态特征：

1. 细胞呈卵形、梨形或球形，背腹扁平，具顶孔，横沟明显左旋，上下壳大小不等，纵沟伸入上壳，不达末端。
2. 甲片式为 4′，3a，7″，5‴，2″″。
3. 纵沟末端左右两边的板间带具两个短的、尖的、透明的翼状突起。
4. 板片厚，板间带很窄，具横纹，色素体呈褐色，边缘位，细胞长 40 ～ 90 微米。

分布：东辽河、浑河、太子河。

微小多甲藻 *Peridinium pusillum*

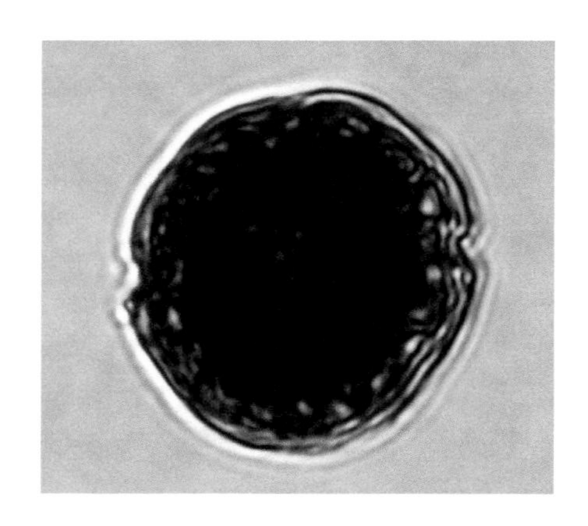

形态特征：

1. 细胞呈卵形，背腹略扁平，无顶孔。上下锥部大小通常相等，横沟明显左旋，纵沟向上明显伸入上锥部，向下渐宽，但不达下锥部末端。

2. 甲片式为 4′，2a，7″，5‴，2⁗。

3. 下壳呈半球形，无刺，具两块大小相等的底板，色素体多个，呈盘状，呈褐色；细胞长 18 ～ 25 微米，宽 13 ～ 20 微米。

分布：东辽河、西路嘎河及西辽河干流。

带多甲藻 *Peridinium zonatum*

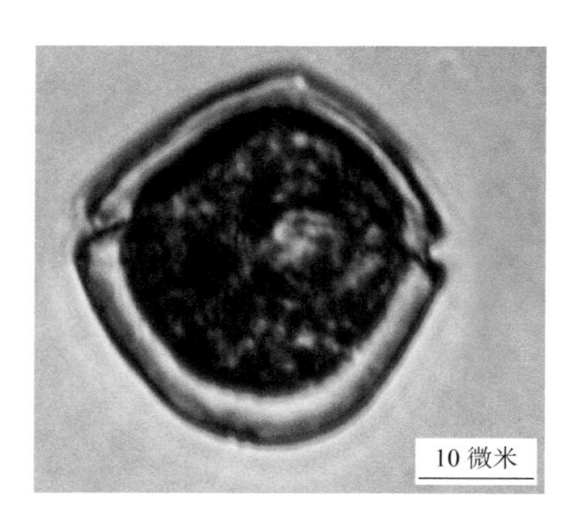

形态特征：

1. 细胞呈近球形，背腹不扁平，上锥部大于下锥部，横沟左旋，纵沟略向上伸入上壳，向下略加宽，不达底板。

2. 横沟边缘具翅状突起，壳面带具肋状突起。

3. 细胞长约 50 微米，宽约 48 微米。

分布：淡水分布较少。

角甲藻科 Ceratiaceae

植物体为单细胞，或有时连成群体。细胞具 1 个顶角和 2 ～ 3 个底角，顶角末端具顶孔，底角末端开口或封闭，横沟位于细胞中央，纵沟位于腹区左侧，甲片式为 4′, 5″, 5‴，2⁗。无前后间插板，顶板联合组成顶角，底板组成一个底角，沟后板组成另一个底角。壳面具网状窝孔纹，色素体多个，小颗粒状，呈金黄色、黄绿色或褐色。眼点有或无。

角甲藻属 *Ceratium*

其特征与角甲藻科相同。多数海产，角甲藻淡水中广泛分布。

角甲藻 *Ceratium hirundinella*

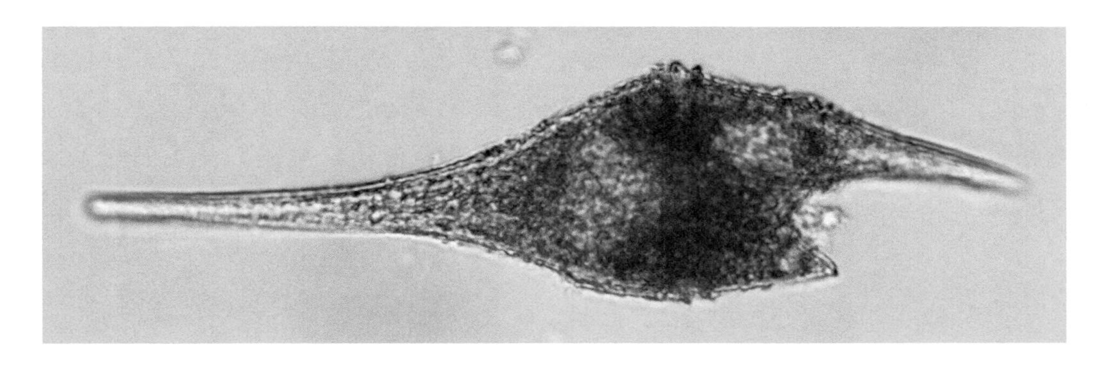

形态特征：

1. 细胞单个或连成链状群体，背腹显著扁平。顶角具 1 个，狭长、平直而尖，具顶孔。底角具 2 ～ 3 个，呈放射状，末端尖锐，平直或各种形式的弯曲。

2. 横沟位于细胞中央呈环状，纵沟不伸入上壳，较宽，几乎达到下壳末端。壳面具粗大的窝孔纹，孔纹间具短的或长的棘。色素体多数，呈圆盘状周生黄色至暗褐色。

3. 细胞长 90 ～ 450 微米。

分布：东辽河、寇河等。

硅藻门 Bacillariophyta

植物体为单细胞，或由细胞彼此连成链状、带状、丛状和放射状的群体，浮游或着生，着生种类常具胶质柄或包被在胶质团或胶质管中。细胞壁除含果胶质外，含有大量的复杂硅质结构，形成坚硬的壳体，壳体由上下两个半片套合而成，套在外面较大的半片称为上壳，套在里面较小的半片称为下壳，上下两壳都各由盖板和缘板两部分组成，上壳称为盖板，下壳称为底板，缘板部分称为壳环带，以壳环带套合形成一个硅藻细胞。从垂直方向观察细胞的盖板或底板时，称为壳面观，从水平方向观察细胞的壳环带时，称为带面观。细胞的带面多呈长方形，壳面多呈圆形、三角形、多角形、椭圆形、卵形、线形、菱形、披针形、新月形、弓形、棒形等。硅藻主要的繁殖方式为细胞分裂。

硅藻种类繁多，分布极广，在淡水、半咸水、海水、潮湿土壤、岩石和树皮的表面均有出现。硅藻是一些水生动物（如浮游动物、贝类和鱼类）的饵料，在水生生物生态学研究中，硅藻类也是重要的指示生物。硅藻门主要分为中心硅藻纲 Centricae 和羽纹硅藻纲 Pennatae。

中心硅藻纲 Centricae

植物体为单细胞，或由壳面连接形成链状体，细胞外常有突起和刺毛，细胞壳面的纹饰多呈同心放射状排列，无假壳缝或壳缝。多营浮游生活，少数种类着生。

圆筛藻目 Coscinodiscales

植物体为单细胞，或以壳面连接形成链状或靠胶质丝连成链状。细胞呈圆盘形、鼓形或圆柱形，横断面呈圆形，壳缘平滑，有的种类边缘具小刺。

直链藻科 Melosiraceae

细胞呈球形、盘形或短圆柱形。由壳面紧密相连形成直链，或靠中央分泌的胶质相连形成直链，大部分分布于海水中，淡水种类不多。

直链藻属 *Melosira*

植物体由细胞的壳面相互连接形成链状群体，各壳体间壳面紧贴，多为浮游，细胞呈圆柱形，少数呈圆盘形、椭圆形或球形，壳面多呈圆形，很少数呈椭圆形，有的带面常有环沟，带面具明显的纹饰。

变异直链藻 *Melosira varians*

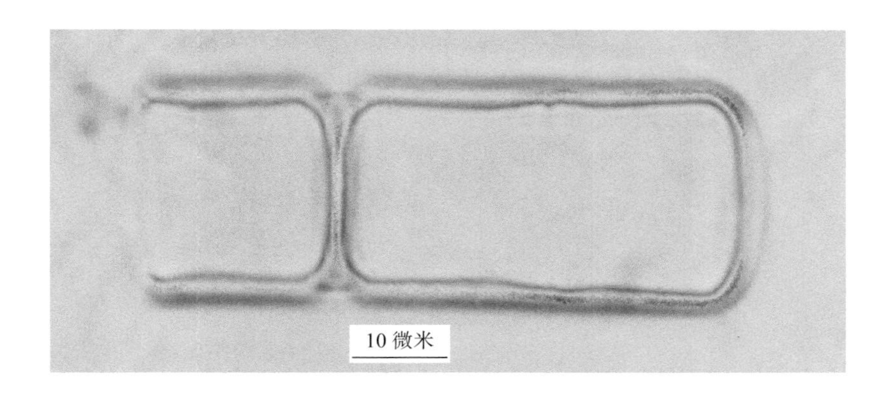

形态特征：

1. 链状群体，细胞呈圆柱形，直径 8 ～ 35 微米，高 9 ～ 13 微米。
2. 整个壳平滑无花纹，带面假环沟狭窄，环沟不明显，无颈部。
3. 顶端不具刺。

分布：苏子河、太子河、西拉木伦河、东辽河、招苏台河、寇河、柴河。

颗粒直链藻 *Melosira granulata*

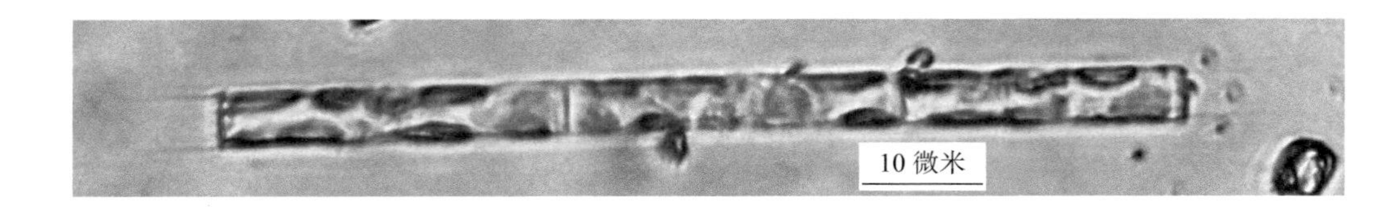

形态特征：

1. 链状群体，细胞呈圆柱形，直径 5 ～ 21 微米，高 5 ～ 18 微米。

2. 完整链状体端细胞的壳面具长刺和褶皱，带面具与长轴平行的粗孔纹，其他细胞壳面边缘具散孔纹，带面孔纹斜向排列，10 微米内具 8 ～ 15 条、8 ～ 12 个孔。

3. 假环沟狭窄，环沟具狭窄的缢缩部，颈部较长，两端的刺突起显著。

4. 本种具一变种，明显差异在于细胞高度大于直径，直径 3 ～ 5 微米，高 15 ～ 20 微米，孔纹 10 微米内具 12 ～ 15 个。

分布：招苏台河、寇河、柴河、秀水河、西辽河干流、浑河、太子河。

岛直链藻 *Melosira islandica*

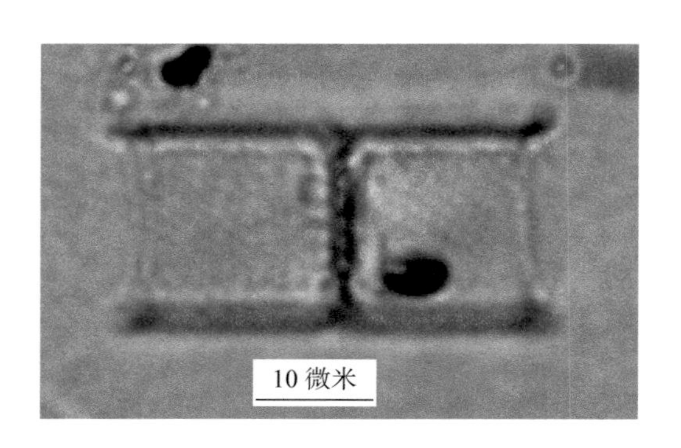

形态特征：

1. 链状群体，细胞呈圆柱形，厚壁，直径 7 ～ 27 微米，高 4 ～ 21 微米。

2. 壳面具散孔纹，壳缘孔纹较粗，带面孔纹直行排列，10 微米内具 11 ～ 16 条、12 ～ 18 个孔。

3. 假环沟明显，沟边缘具短锯齿状的小刺，环沟具深的缢缩部，颈部短，两端具锯齿状棘突起。

分布：多为浮游种类。江河、湖泊、水库、池塘等水体均有出现，尤其在春秋季节大量出现。

圆筛藻科 Coscinodiscaceae

植物体为单细胞，或壳面与壳面相连成链状，或共同套在胶质管中，细胞通常呈圆盘形、鼓形或圆柱形，极少数呈球形或透镜形。壳面平、凸或凹入，横断面呈圆形，很少呈椭圆形，壳面具放射状不规则的线纹或网纹，没有角状突起和结节。带面观呈长方形或椭圆形，色素体通常为多数呈小盘状，也有少数呈片状。

小环藻属 *Cyclotella*

植物体为单细胞，或以壳面相连成直的或螺旋的链状群体，或包被在胶被中。细胞呈圆盘形或鼓形，壳面呈圆形，少数种类呈椭圆形，常具同心圆或与切线平行的波状褶皱，边缘带具放射状排列的孔纹或线纹，中央部分平滑或具放射状排列的孔纹。带面平滑，没有间生带，色素体呈小盘状，多数。

梅尼小环藻 *Cyclotella meneghiniana*

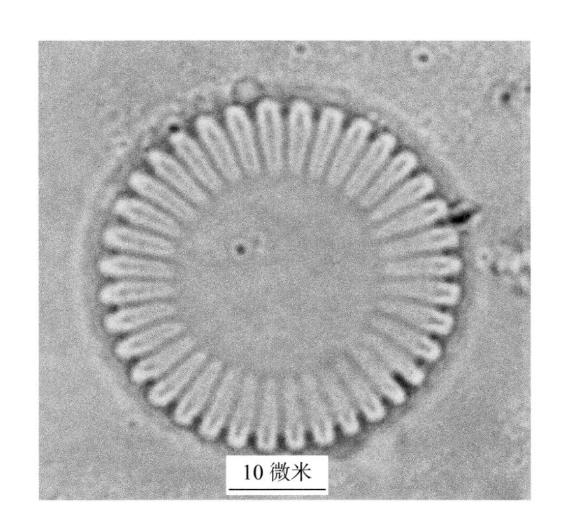

形态特征：

1. 细胞近鼓形，直径 10 ～ 30 微米，壳面边缘带宽具放射状的线纹，10 微米内具 8 ～ 12 条，线纹向壳面边缘逐渐增宽呈楔形。

2. 中心区平滑或具极细的放射状的点纹。

分布：常见于浅水湖泊。萨岭河、西拉木伦河、坤兑河、浑河、太子河、秀水河、寇河、柳河、饶阳河均有出现。

具星小环藻 *Cyclotella stelligera*

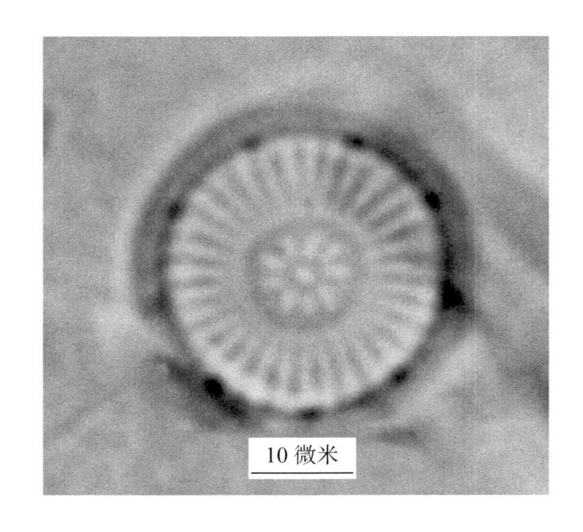

形态特征：

1. 细胞呈圆盘形，直径 5 ～ 25 微米，壳面边缘带窄，具放射状的粗线纹，10 微米内具 10 ～ 16 条。

2. 中心区具星状排列的短粗线纹，中央具一个单独的眼点。

分布：浑河。

库津小环藻 *Cyclotella kuetzingiana*

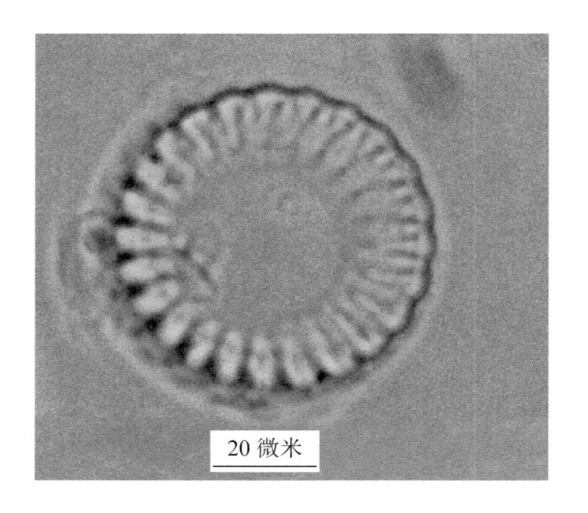

形态特征：

1. 单细胞，呈鼓形，壳面呈圆形，略呈切向波曲，边缘区宽度约为半径的 1/2。

2. 具辐射状排列的细线纹，一般不等长，壳面直径 11 ～ 21 微米，线纹在 10 微米内具 13 ～ 20 条。

3. 中央区边缘不整齐，平滑或具少数散生的细点纹。

分布：萨岭河、古力古台河、西辽河干流、西路嘎河、二道河、太子河、浑河、亮子河。

星肋小环藻 *Cyclotella asterocostata*

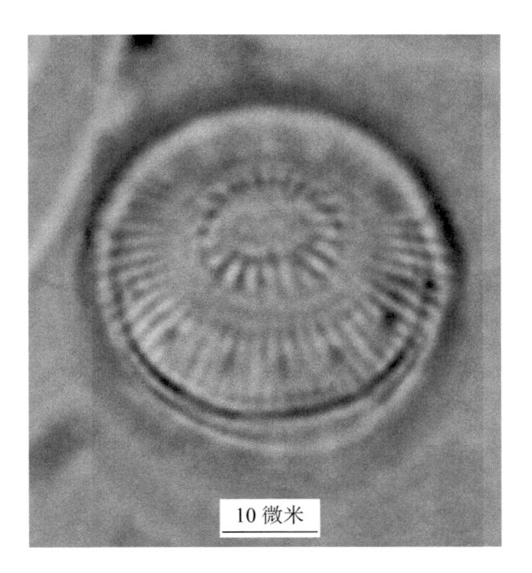

形态特征：

1. 壳面直径 7 ～ 32 微米，线纹在 10 微米内具 11 ～ 16 条。
2. 具瘤突，在 10 微米内约有 8 个。

分布：寇河、太子河。

羽纹硅藻纲 Pennatae

羽纹硅藻细胞的壳面呈线形、披针形、椭圆形、卵形、菱形或舟形等，具壳缝或假壳缝，在壳缝或假壳缝的两侧具由细点连成的横线纹或横肋纹。有些种类在横线纹或横肋纹上又具纵线纹。带面多数呈长方形，两侧对称或不对称，通常没有间生带，有些属具有与壳面平行或垂直的隔膜。色素体呈盘状，多数或片状，1～2个，一般有片状色素体的种类具蛋白核。繁殖方式为细胞分裂和形成复大孢子。

无壳缝目 Araphidiales

单细胞或连成带状、星状群体。细胞壳面无壳缝或仅有由横线纹构成的假壳缝，无真正的壳缝。壳面呈线形或披针形，两侧对称。具间生带和隔片。多为颗粒状小色素体，极少数为较大片状色素体。

脆杆藻科 Fragilariaceae

植物体为单细胞，或连接成带状或星状群体。壳面通常呈线形或披针形，有时一端膨大或具波形的边缘，两侧对称，上下壳面均具假壳缝，假壳缝的两侧通常具由细点纹组成的横线纹或肋纹。常具间生带或隔膜。色素体常为小颗粒状，多数，罕为较大的片状。繁殖形成复大孢子。

等片藻属 *Diatoma*

细胞常连接成带状或锯齿状群体，壳面呈披针形或线形，有些种类两端略膨大，假壳缝狭窄，壳面和带面均具肋纹和线纹。带面呈长方形，具一至多个间生带，色素体呈椭圆形，多数。繁殖方式为每个母细胞形成一个复大孢子。

普通等片藻 *Diatoma vulgare*

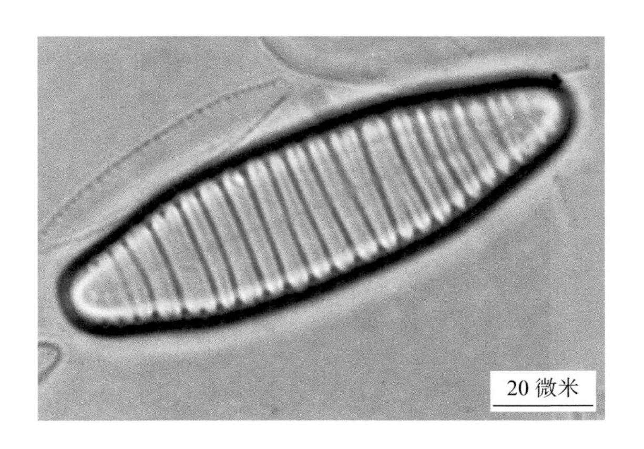

形态特征：

1. 壳面呈椭圆披针形，长 30 ～ 60 微米，宽 10 ～ 13 微米。
2. 肋纹在 10 微米内具 6 ～ 8 条，线纹在 10 微米内具 16 条。
3. 假壳缝呈线形，很狭窄，带面呈长方形，角呈圆形，间生带细。

分布：常见于湖泊沿岸带，着生与水草上，有时偶然性浮游。辽河流域太子河流域普生，浑河、西拉木伦河、古力古台河也有分布。

冬生等片藻 *Diatoma hiemale*

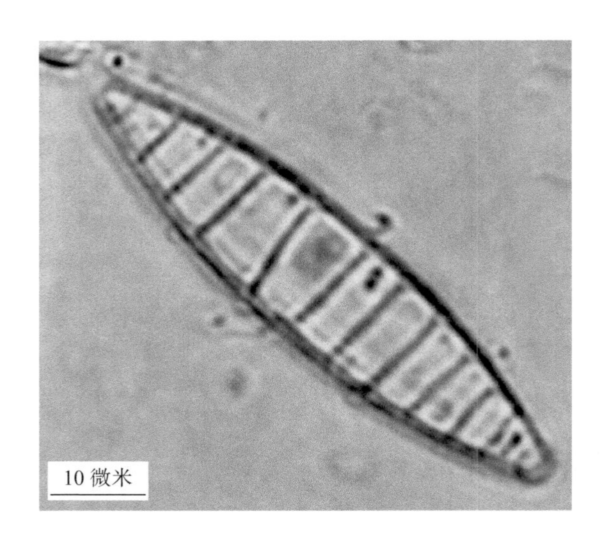

形态特征：

1. 壳面呈线性披针形，长 16 ～ 103 微米，宽 7 ～ 16 微米。
2. 肋纹粗，10 微米内具 2 ～ 6 条，线纹 10 微米内具 16 ～ 20 条，假壳缝呈宽线形。
3. 带面呈长方形，边缘肋纹具细线纹，间生带较多。

分布：山区种类，可见于黑里河、西路嘎河、浑河、太子河。

扇形藻属 *Meridion*

细胞相互连接形成扇形或螺旋形群体，壳面呈棒形或倒卵形，具假壳缝。壳面和带面具横肋纹和细线纹，带面呈楔形，具 1 ～ 2 个间生带，壳内具许多发育不全的横隔膜，色素体呈小盘状，多数，每个色素体具一个蛋白核。

环状扇形藻 *Meridion circulare*

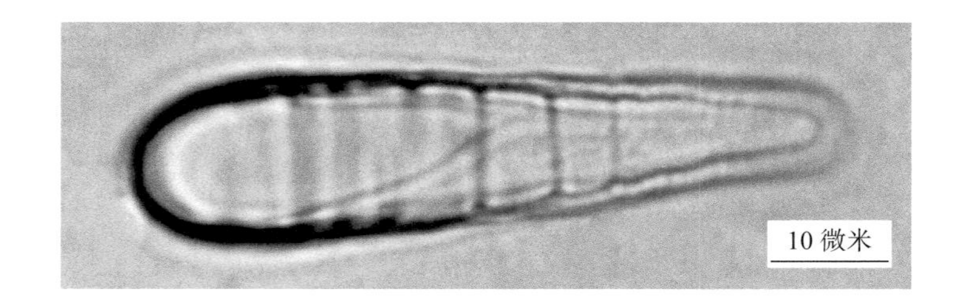

形态特征：

1. 细胞常连接成扇形群体，壳面呈棒形，上端显著的宽，下端较窄，长 12 ～ 80 微米，宽 4 ～ 8 微米。

2. 肋纹在 10 微米内具 3 ～ 5 条，线纹在 10 微米内具 15 条。
3. 带面呈楔形。
分布：流水中普生性种类，可见于寇河、浑河。

峨眉藻属 *Ceratoneis*

植物体为单细胞，有时连接形成带状群体，壳面呈弓形或直线形，两端头状，腹侧中部具略凸出的假节，假节处无线纹或浅线纹，具假壳缝，假壳缝两端具横线纹，带面呈线形，两侧平行，无间生带或隔膜。

弧形峨眉藻 *Ceratoneis arcus*

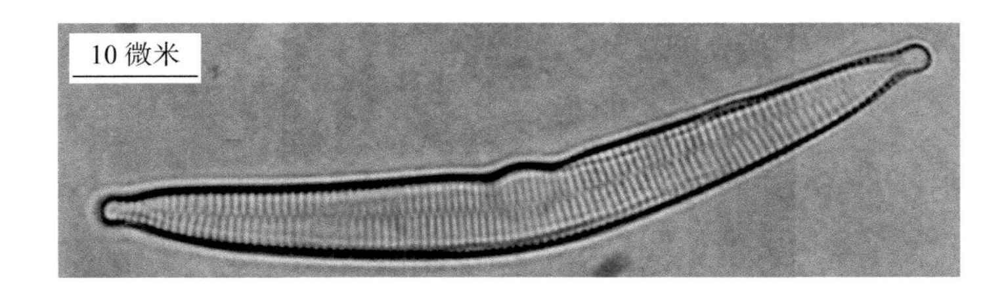

形态特征：
1. 壳面弓形，两端略呈头状，长 15 ～ 150 微米，宽 4 ～ 9 微米。
2. 线纹在 10 微米内具 13 ～ 18 条。
3. 假壳缝狭窄，明显，腹侧中部具略凸出的假节，假节处无线纹或具浅线纹。
分布：常生于山区流水中，可见于苏子河、浑河、细河、兰河。

弧形峨眉藻双尖变种 *Ceratoneis arcus* var.

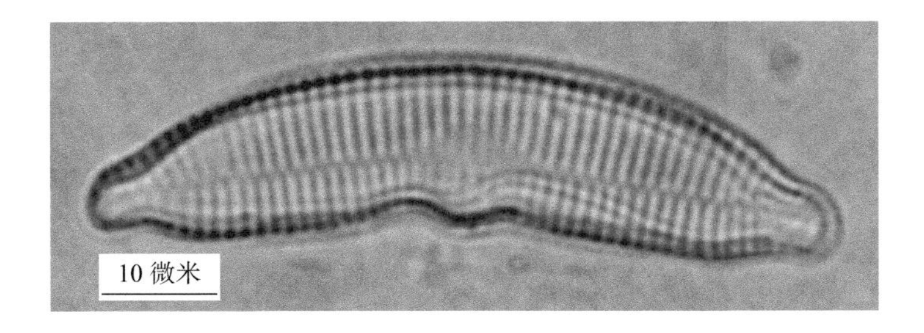

形态特征：
与种的显著差异是壳体较宽，较短，腹侧中部假节较凸出。

脆杆藻属 *Fragilaria*

细胞常相互连接成带状群体，或以每个细胞的一端相连成“Z”状群体。壳面呈长披针形至长细线形，两侧对称，边缘略膨大，两端逐渐狭窄，末端钝圆，具线形假壳缝，假壳缝两侧具横线纹或粗的点纹。带面呈长方形，具一至多个间生带。色素体呈小盘状，多数，或呈片状，1～4个，具蛋白核。

钝脆杆藻 *Fragilaria capucina*

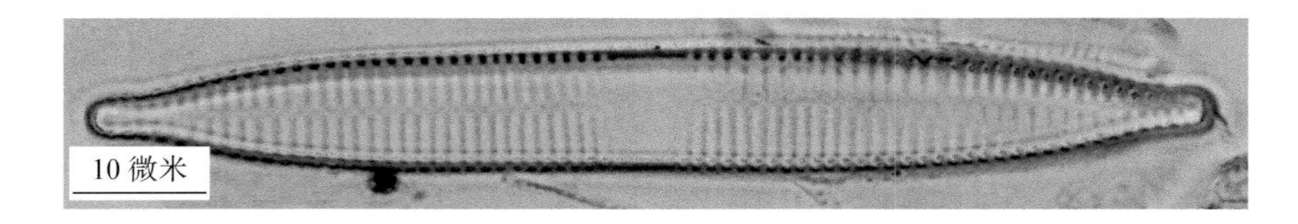

形态特征：

1. 细胞常以壳面相连形成长带状群体，壳面呈长线形，两端略细小，末端略膨大，呈钝圆形。

2. 细胞长 25～220 微米，宽 2～7 微米，横线纹细，10 微米内具 10～14 条。

3. 假壳缝呈线形，中心区呈矩形。

分布：淡水沿岸带偶然性浮游种类，招苏台河、二道河、柳河、浑河、太子河、查干木伦河、嘎苏代河。

中型脆杆藻 *Fragilaria intermedia*

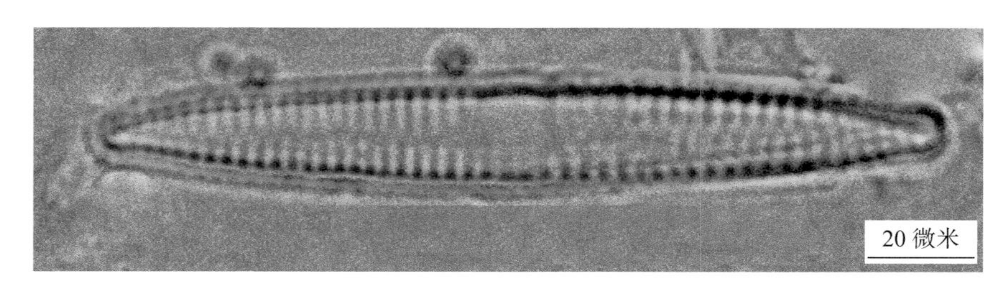

形态特征：

1. 细胞常以壳面相连形成带状群体，壳面呈狭披针形，从中部向两端逐渐狭窄，末端略膨大，呈头状。

2. 细胞长 15～60 微米，宽 2.5～5 微米，壳面一侧中部无线纹，10 微米内具线纹 9～14 条。

3. 假壳缝呈狭线形。

分布：普生性种类，可见于海城河。

十字形脆杆藻 *Fragilaria leptostauron*

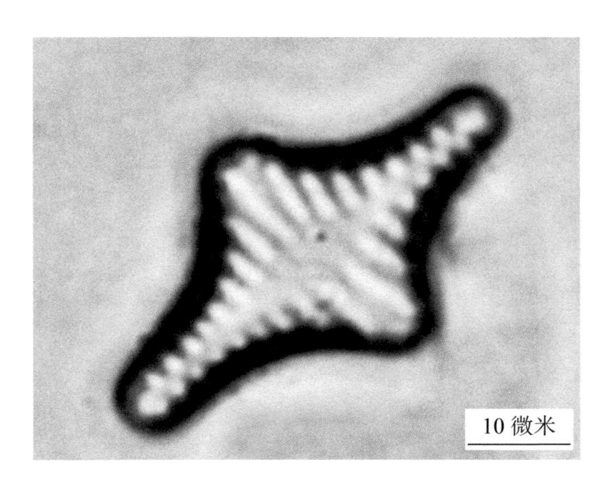

形态特征：

1. 细胞常以壳面相互连接形成带状群体，壳面两侧中部显著凸出，呈十字形。

2. 细胞长 15 ～ 30 微米，宽 10 ～ 16 微米，线纹很粗，10 微米内具 6 ～ 10 条，假壳缝呈披针形，无中心区。

分布：潮湿土壤上、静水中广泛分布。

变绿脆杆藻 *Fragilaria virescens*

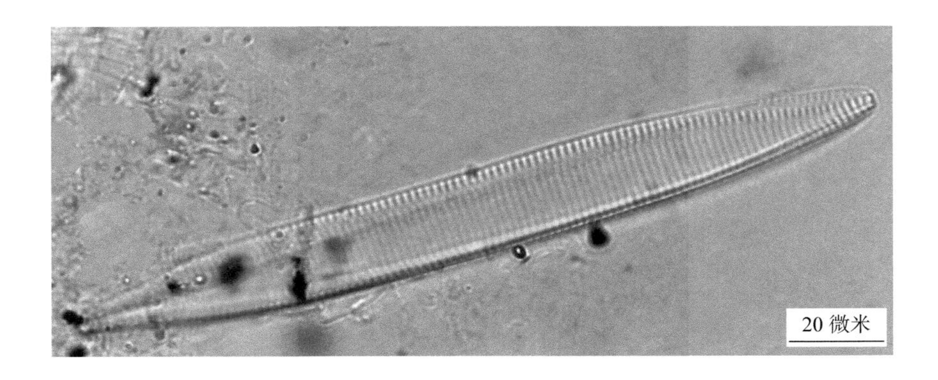

形态特征：

1. 细胞以壳面相连形成很长的带状群体，壳面呈线形，两侧平直或略凸出，两端突然变窄延长，末端呈钝圆形。

2. 细胞长 12 ～ 120 微米，宽 5 ～ 10 微米，横线纹很细，10 微米内具 12 ～ 19 条。

3. 假壳缝狭长，无中心区。

分布：山区普生性种类，在泉水及溪沟中常见，可见于招苏台河、寇河、饶阳河。

沃切里脆杆藻 *Fragilaria vaucheriae*

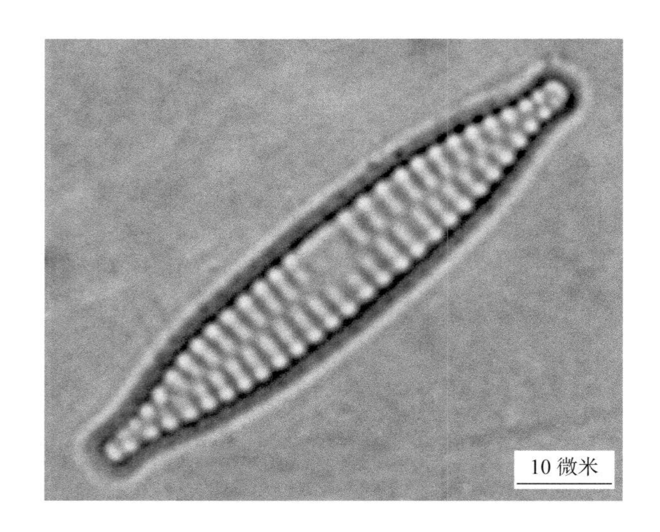

形态特征：

1. 细胞连成链状群体，偶尔单生，壳面呈线形、披针形到宽披针形，向两端变狭，略延长，末端呈钝圆形或头状。

2. 假壳缝很窄，呈线形，中央区一侧壳缘增厚，略凸出，无横线纹，另一侧具横线纹，横线纹在 10 微米内具 12 ～ 16 条。

3. 带面呈长方形，细胞长 10 ～ 73 微米，宽 2 ～ 9 微米。

分布：柴河、秀水河、浑河、太子河。

针杆藻属 *Synedra*

细胞呈长线形，浮游种类单细胞或为放射状群体，着生种类为扇形或放射状群体。壳面呈线形或长针形，通常是直的，但有时也是弯的。中部至两端略渐狭窄或等宽，末端呈头状，具假壳缝，假壳缝的两侧具横线纹或点纹，壳面中部常无花纹。带面呈长方形，末端呈截形，具明显的线纹，淡水种类具两块带状色素体，位于壳体的两侧，每块色素体常具三个或多个蛋白核。

肘状针杆藻 *Synedra ulna*

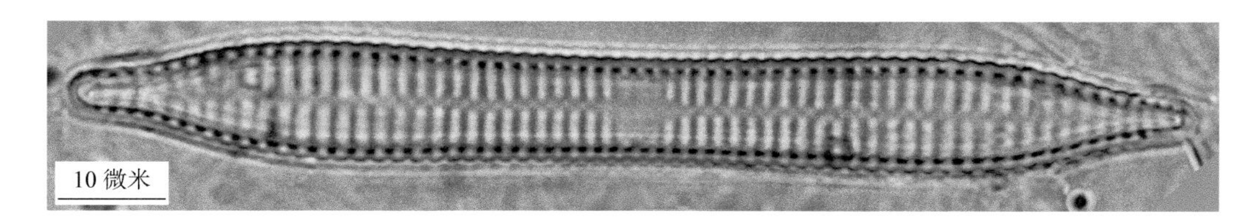

形态特征：

1. 壳面呈线形至线性披针形，末端略呈宽钝圆形，长 50 ～ 350 微米，宽 5 ～ 9 微米。
2. 横线纹 10 微米内具 8 ～ 12 条，假壳缝狭窄，呈线形。
3. 中心区呈横矩形或无，带面呈线形。

分布：招苏台河、二道河、寇河、秀水河、西拉木伦河、黑里河、西辽河干流、东辽河。

肘状针杆藻缢缩变种 *Synedra ulna* var. *contracta*

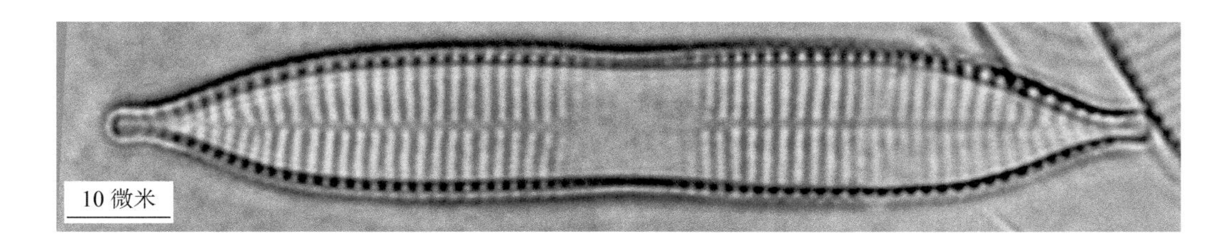

形态特征：

与种的显著差异是壳面中部收缢。

尖针杆藻 *Synedra acus*

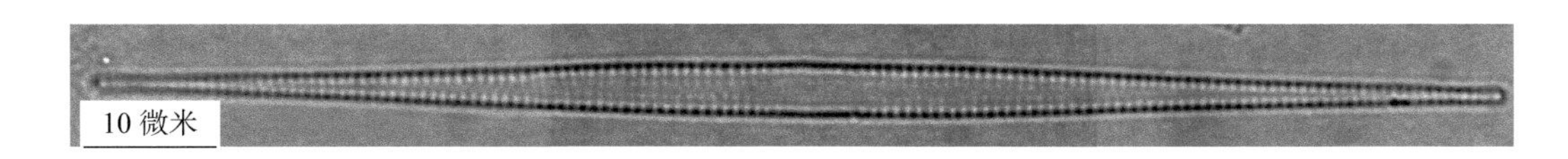

形态特征：

1. 壳面呈线性披针形，中部相当宽，自中部向两端逐渐狭窄，末端钝圆或近头状，长 90 ～ 300 微米，宽 5 ～ 6 微米。
2. 横线纹较粗，10 微米内具 8 ～ 12 条。
3. 假壳缝狭窄，呈线形，中心区呈横矩形或无，带面呈线形。

分布：普生性种类。西拉木伦河、黑里河、二道河、寇河、柴河、清河、秀水河、柳河可见。

双头针杆藻 *Synedra amphicephala*

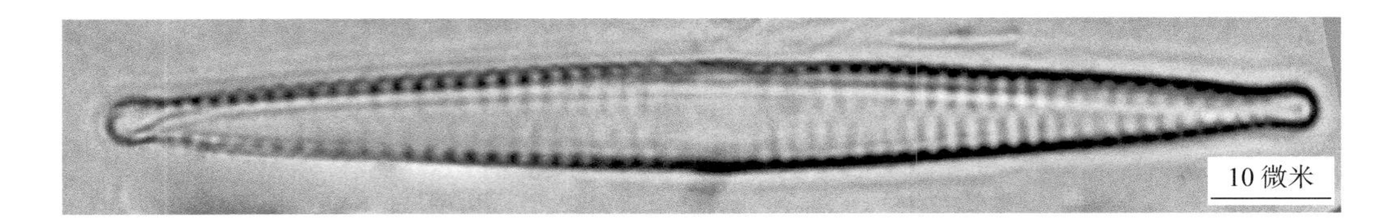

形态特征：

1. 壳面呈狭披针形，从中部向两端逐渐尖细，末端呈明显的头状。
2. 细胞长 20 ～ 75 微米，宽 2.5 ～ 4 微米，横线纹细，10 微米内具 11 ～ 16 条。
3. 假壳缝呈线形，有中心区或无，带面呈矩形。

分布：普生性种，西辽河干流、汤河可见。

寄生针杆藻 *Synedra parasitica*

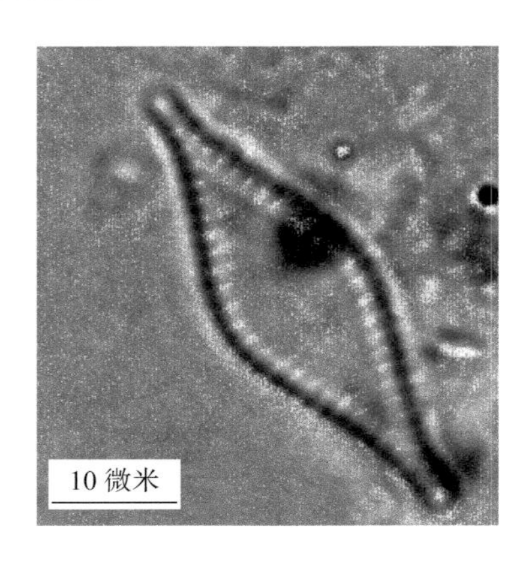

形态特征：

1. 壳面宽 3.5 ～ 6.5 微米，长 12 ～ 24 微米。
2. 横线纹在 10 微米内具 14 ～ 18 条。
3. 分布：在水沟、池塘均有分布。

爆裂针杆藻 *Synedra rumpens*

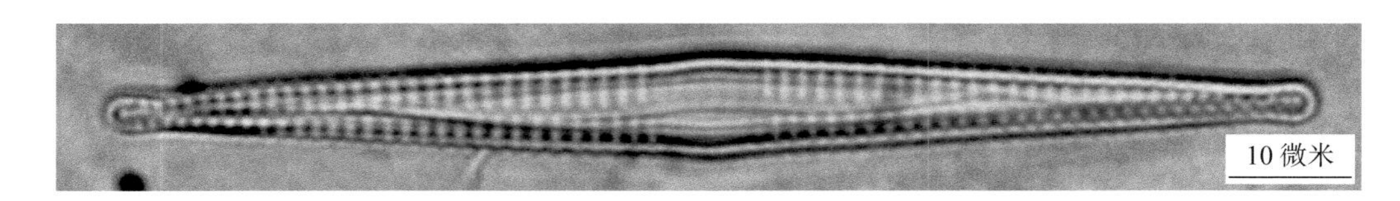

形态特征：

壳面宽 2 ～ 3 微米，长 26 ～ 74.5 微米，横线纹在 10 微米内具 10 ～ 20 条。

分布：亮子河、寇河、清河、秀水河、柳河、浑河、太子河。

平片针杆藻 *Synedra tabulata*

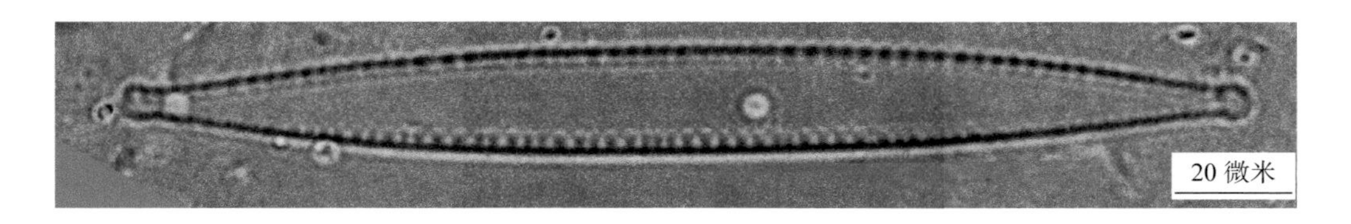

形态特征：

1. 壳面呈狭披针形，从中部向两端逐渐狭窄，两端呈头状，末端呈圆形。
2. 假壳呈缝宽披针形，无中央区，横线纹很短，在中部间断，10 微米内具 10 ～ 18 条。
3. 带面呈线形长方形，细胞长 60 ～ 150 微米，宽 4 ～ 5 微米。

分布：西拉木伦河、嘎苏代河、锡泊河、西辽河干流、东辽河、二道河、秀水河、浑河、太子河。

短壳缝目 Raphidionales

单细胞或连成带状群体。仅在细胞的上下壳面两端具很短的壳缝，两端各有一个明显的极节。多数具有两块大型片状色素体。

短缝藻科 Eunotiaceae

植物体为单细胞，或连成带状群体，或为树状分枝的群体，壳面两端均具短壳缝，壳缝由腹侧向末端延伸，经过壳缘弯入壳面，具结节，假壳缝靠近腹侧，色素体两块，通常为大型片状，浮游或着生。

短缝藻属 *Eunotia*

植物体为单细胞，或由壳面相互连接成带状群体。壳面呈弓形，背缘凸出，拱形或呈波状弯曲，腹缘平直或凹入，两端大小相等，每一端具一个明显的极节，短壳缝从极节斜向腹侧边缘，没有中央节，带面呈长方形，常具间生带，色素体两块，呈片状，无蛋白核。

弧形短缝藻 *Eunotia arcus*

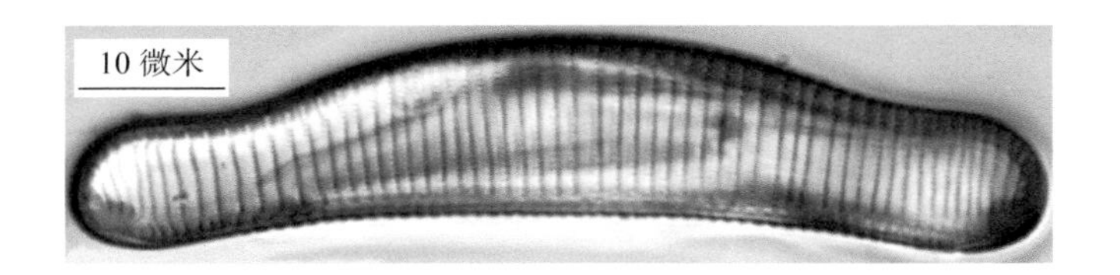

形态特征：

1. 壳面呈弓形，背缘外凸，中部平直，腹缘明显凹入，两端显著缢缩并向背侧反曲，末端呈头状。
2. 细胞长 25 ～ 70 微米，宽 3 ～ 9 微米，10 微米内具 12 ～ 18 条横线纹。

分布：苏子河。

篦形短缝藻 *Eunotia pectinalis*

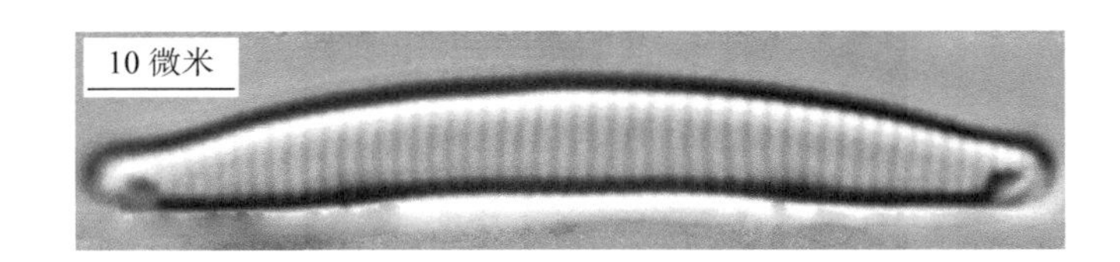

形态特征：

1. 壳面呈狭长线形，背缘平直或略凸出，末端钝圆，长 15 ～ 50 微米，宽 7 ～ 8 微米。
2. 横线纹在壳面中部较稀，在两端较密，10 微米内具 8 ～ 11 条。

分布：浑河。

双壳缝目 Biraphidinales

细胞舟形、楔形、弓形、月形、S形或披针形等。细胞上下壳面均具真壳缝。壳缝位于长壳面正中线，在边缘或四周。

舟形藻科 Naviculaceae

壳体一般呈舟形，上下壳面均具壳缝、中央节和极节，上下壳面花纹相同。色素体呈大型片状，通常具 1 ～ 2 个。

肋缝藻属 *Frustulia*

单细胞浮游种类，也有具胶质着生的种类。有时胶质呈管状，管内每个细胞互相平行的排列，壳面呈披针形或长菱形，中轴区中部具一短的中央节，两条硅质肋条从中央节向极节延伸，其顶端与极节相连，壳缝位于两肋条之间，壳面具由细点纹组成的横线纹，中部略呈放射状排列，带面呈长方形，没有间生带，色素体两块，呈片状。

普通肋缝藻 *Frustulia vulgaris*

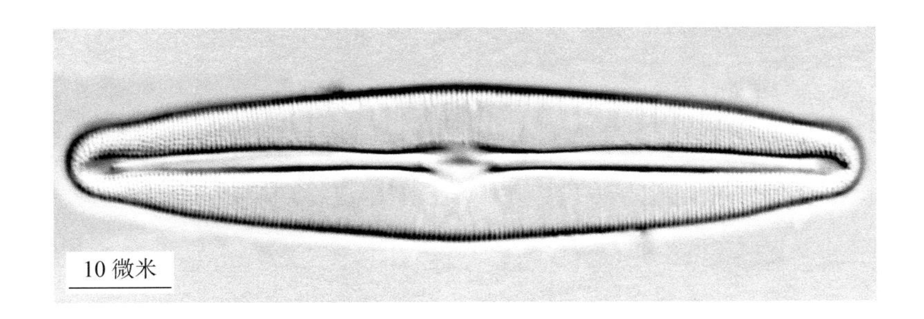

形态特征：

1. 壳面呈线性披针形，末端喙状，长 50 ～ 70 微米，宽 10 ～ 13 微米。
2. 横线纹很细，在中部较疏，10 微米内具 24 条。

分布：普生性种类，可见于太子河。

布纹藻属 *Gyrosigma*

壳面呈“S”形，从中部向两端逐渐尖细，末端尖细或钝圆，花纹由纵横线纹十字形交叉构成的布纹，中轴区狭，呈“S”形，中央节处略膨大，壳缝呈“S”形弯曲，具小中央节和极节。带面呈宽披针形。色素体两块，呈片状，常具几个蛋白核。

尖布纹藻 *Gyrosigma acuminatum*

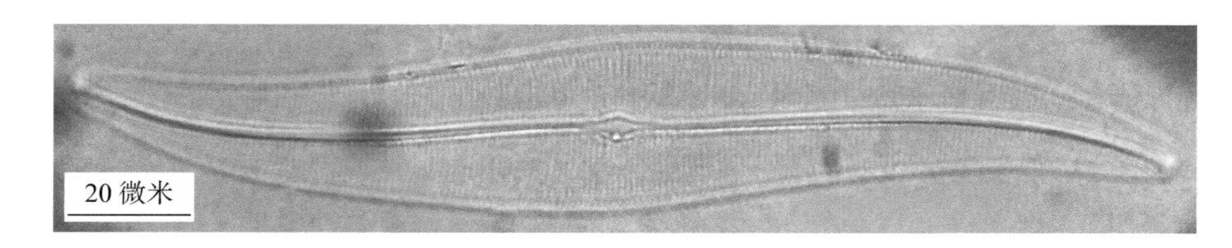

形态特征：

1. 壳面呈披针形，略呈“S”形弯曲，末端钝圆，长 90 ～ 200 微米，宽 15 ～ 20 微米。

2. 横线纹和纵线纹等粗、等距离，10 微米内具 18 ～ 20 条。

分布：普生性种类，可见于浑河、太子河、招苏台河、寇河、西拉木伦河、黑里河、西辽河干流、东辽河。

细布纹藻 *Gyrosigma kutzingii*

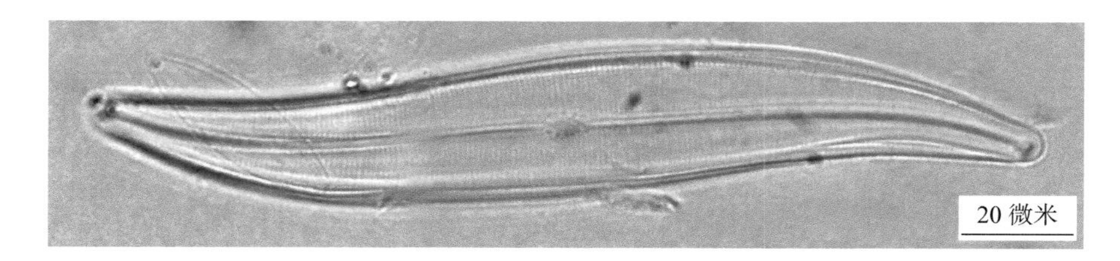

形态特征：

1. 壳面呈披针形，略呈“S”形，末端呈尖钝圆形，长 80 ～ 120 微米，宽 12 ～ 15 微米。

2. 壳面中部横线纹 10 微米内具 20 ～ 23 条，纵线纹 10 微米内具 24 ～ 26 条。

分布：碧柳河、东辽河、亮子河、柴河、浑河、太子河。

锉刀状布纹藻 *Gyrosigma scalproides*

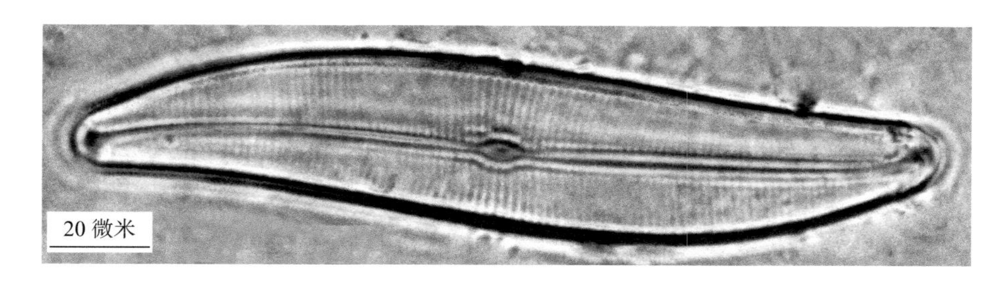

形态特征：

1. 壳面呈锉刀状。

2. 壳面宽 9 ～ 12 微米，长 53 ～ 70.5 微米，10 微米内具横线纹 18 ～ 35 条，具纵线纹 28 ～ 33 条。

分布：招苏台河、浑河、太子河、寇河。

美壁藻属 *Caloneis*

壳面呈线形、狭披针形、椭圆形或提琴形，中部两侧常膨大，壳缝直，具圆形的中央节和极节，横线纹相互平行，中部略呈放射状，末端有时略斜向极节，壳面侧缘内具一至多条纵线纹与横线纹垂直交叉。带面呈长方形，色素体两块，呈片状，每块色素体具两个蛋白核。

短角美壁藻 *Caloneis silicula*

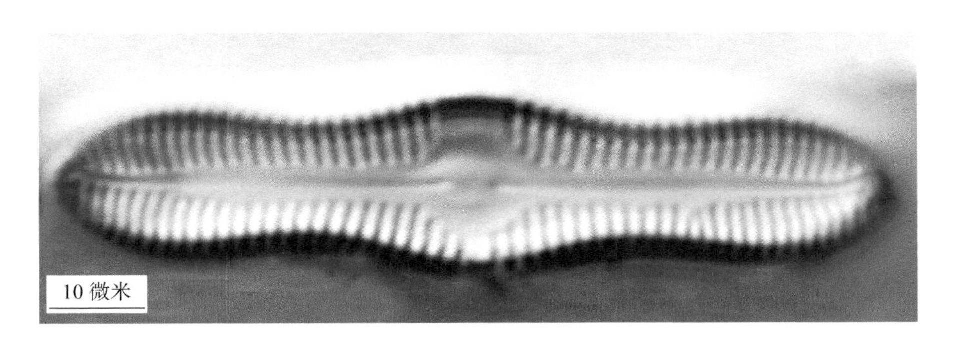

形态特征：

1. 壳面呈线形至线性披针形，壳缘两侧各具三个波状突起，末端呈楔形至广圆形，长 25 ～ 120 微米，宽 6 ～ 20 微米。

2. 壳缝直，通常从侧面弯向中央节，中轴区呈线性披针形，中心区呈圆形，壳面边缘两侧各具一条纵线纹，横线纹略呈放射状排列，10 微米内具 16 ～ 20 条。

分布：柳河、萨岭河、浑河。

长蓖藻属 *Neidium*

壳面呈线形、狭披针形、椭圆形，两端渐狭窄，末端钝圆，近头状或近喙状。壳缝直，近中心区的一端呈相反方向弯曲，在近极节的一端常分叉。中轴区呈狭线形，中心区小，呈圆形、横卵圆形或斜方形，壳面具点线纹连成的横线纹，两侧横线纹有规则的间断形成一至数条纵长的空白条纹或纵线纹。带面呈长方形。没有间生带，具两块纵长断开的色素体，每块色素体具一个蛋白核，有时因缺刻很深而形成 4 块色素体。

细纹长蓖藻 *Neidium affine*

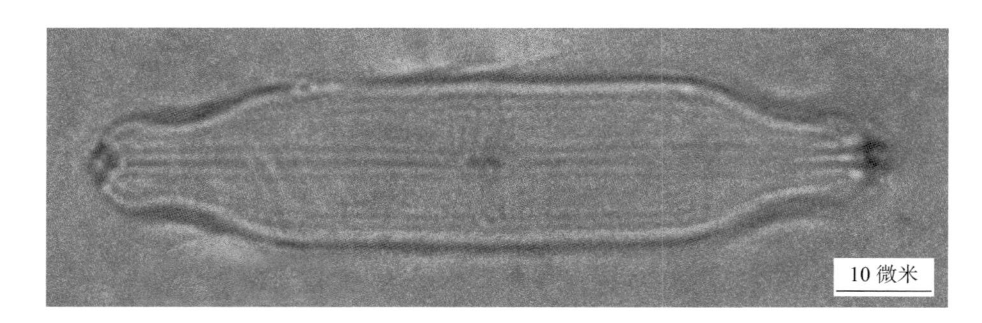

形态特征：

1. 壳面呈线性披针形，两侧平行或略凸出，末端钝圆，较窄，长 20 ～ 150 微米，宽 4 ～ 20 微米。

2. 中轴区狭窄，中部略宽，中心区呈横椭圆形，横线纹明显由点纹组成，10 微米内具 22 ～ 29 条。

3. 壳缘具一条纵长的空白区与横线纹交叉。

分布：亮子河、浑河、太子河。

斜纹长蓖藻 *Neidium kozlowi*

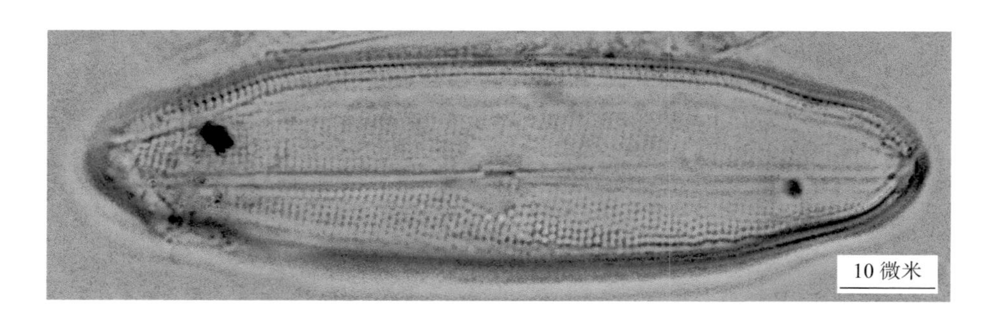

形态特征：

1. 壳面呈椭圆披针形，两端略延长，末端呈广圆形，长 44 ～ 78 微米，宽 11 ～ 24 微米。

2. 中轴区狭窄，呈线形，中心区横斜方向。

3. 明显由粗点线纹组成的横线纹斜向平行，10 微米内具 10 ～ 12 条，壳缘具纵线纹。

分布：浑河。

双壁藻属 *Diploneis*

壳面多数呈椭圆形，少数呈线形或提琴形，壳缝直，壳缝两侧具由中央节侧缘延长而成的角状突起，角状突起的外侧具宽的或窄的纵沟，纵沟的外侧是横肋纹或由点纹连成的横线纹。带面呈长方形，色素体两块。

卵圆双壁藻 *Diploneis ovalis*

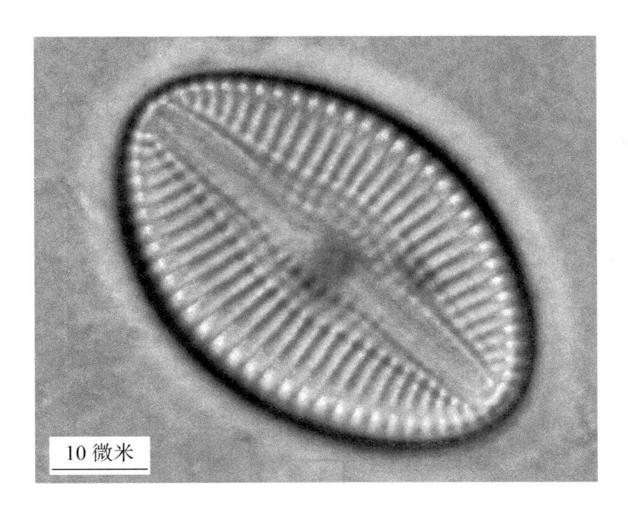

形态特征：

1. 壳面呈椭圆形，两侧边缘略凸出，长 20 ～ 100 微米，宽 10 ～ 35 微米。
2. 中央节很大，近圆形，具明显的平行角状突起，两侧纵沟狭窄，中部略宽，明显弯曲。
3. 横肋纹粗，略呈放射状排列，10 微米内具 10 ～ 19 条，肋纹间有小点纹。

分布：浑河、太子河。

舟形藻属 *Navicula*

细胞两侧对称。壳面呈线形、披针形、椭圆形或菱形，末端呈头状、钝圆形或喙状；中轴区狭窄，壳缝发达，具中央节和极节，大部分种类中央节不大，呈圆形或菱形，有的种类极节呈扁圆形，壳面具横线纹、布纹或窝孔纹。带面呈长方形，平滑，无间生带。色素体呈片状或带状，多为 2 块，罕为 4 ～ 8 块。

放射舟形藻 *Navicula radiosa*

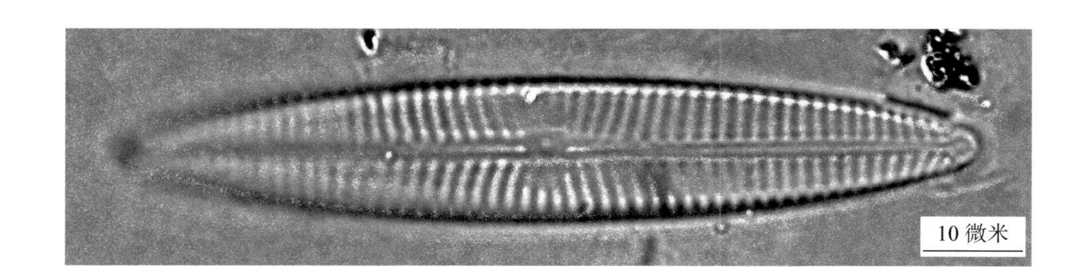

形态特征：

1. 壳面呈狭披针形，两端逐渐狭窄，末端呈狭钝圆形，长 40 ～ 120 微米，宽 5 ～ 10 微米。

2. 中轴区狭窄，中心区小，呈菱形。

3. 横线纹呈放射状排列，两端斜向极节，10 微米内具 10 ～ 13 条。

分布：萨岭河、西拉木伦河、古力古台河、西路嘎河、浑河、太子河、辽河干流。

喙头舟形藻 *Navicula rhynchocephala*

形态特征：

1. 壳面呈披针形，末端呈喙状至头状，长 35 ～ 60 微米，宽 9 ～ 13 微米。

2. 中轴区狭窄，中心区大，呈圆形。

3. 横线纹呈放射状排列，两端斜向极节，10 微米内具 9 ～ 12 条。

分布：水坑、池塘、湖泊、江河普遍存在，辽河流域广泛分布。

高舟形藻 *Navicula excelsa*

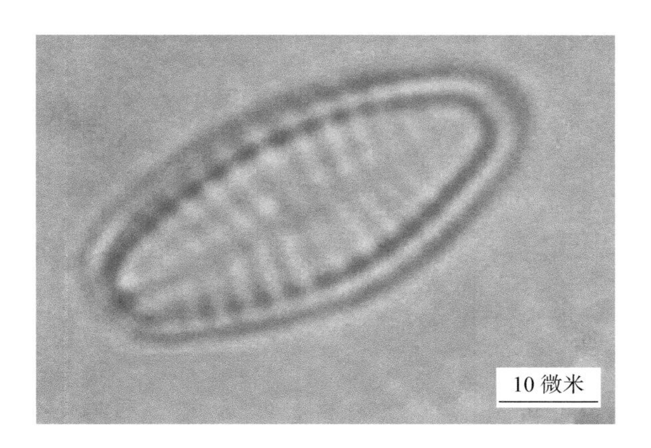

形态特征：

1. 壳面呈椭圆形，末端呈宽圆形，壳缝呈直线形，中轴区呈披针形，中心区不放宽，壳面宽 3 ～ 6.5 微米，长 6.6 ～ 12.5 微米。

2. 横线纹粗，全部呈放射状，10 微米内中部具 12 ～ 16 条横线纹，两端具 20 ～ 28 条。

分布：西拉木伦河、白岔河、西路嘎河、西辽河干流。

隐头舟形藻 *Navicula cryptocephala*

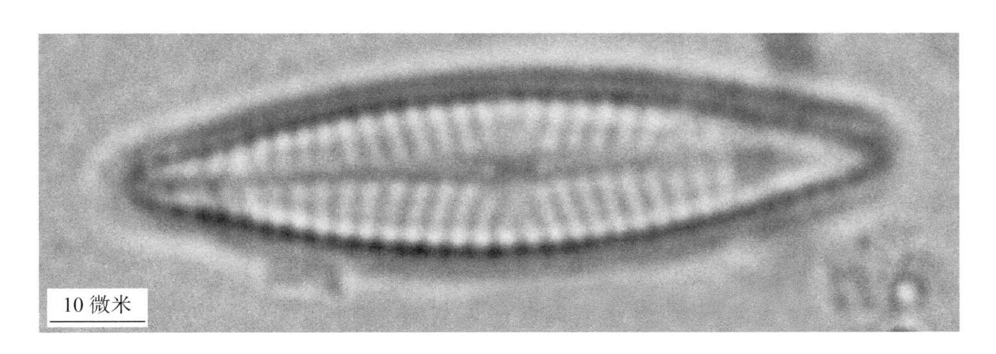

形态特征：

1. 壳面呈披针形，两端延长，末端略呈头喙状，中轴区狭窄，中心区横向放宽。

2. 横线纹很细，呈放射状排列，10 微米内具 10 ～ 24 条，两端斜向极节。

3. 壳面宽 4 ～ 9 微米，长 13 ～ 45 微米。

分布：池塘、水库、湖泊、江河。

隐头舟形藻威蓝变种 *Navicula cryptocephala* var. *venta*

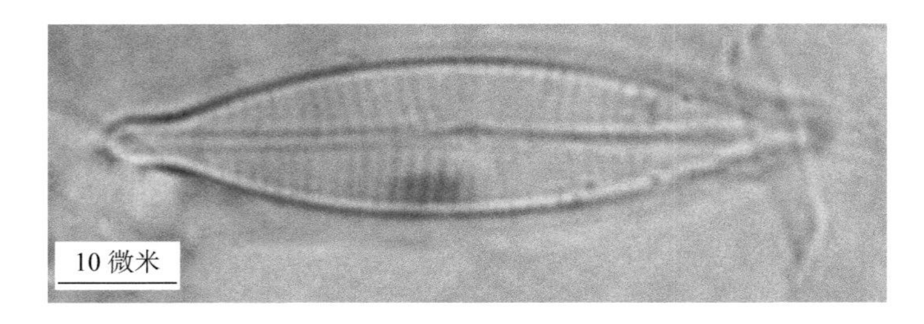

形态特征：

1. 壳面宽 5 ～ 7 微米，长 19 ～ 34 微米。
2. 横线纹 10 微米内具 12 ～ 16 条。

分布：辽河流域。

细长舟形藻 *Navicula gracilis*

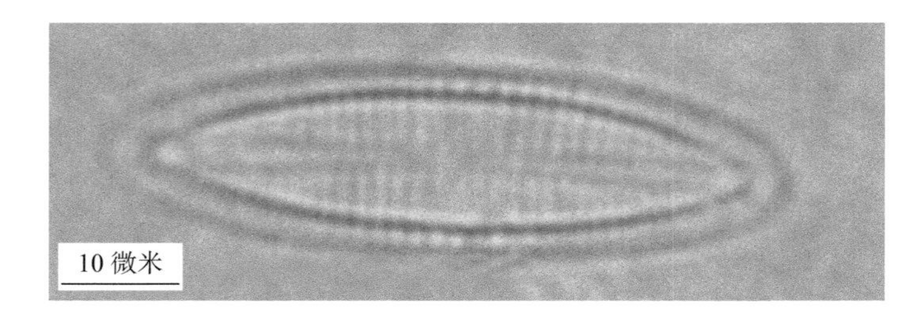

形态特征：

1. 壳面宽 4.4 ～ 9.5 微米，长 28 ～ 59 微米。
2. 横线纹 10 微米内具 9 ～ 22 条。

分布：太子河。

系带舟形藻 *Navicula cincta*

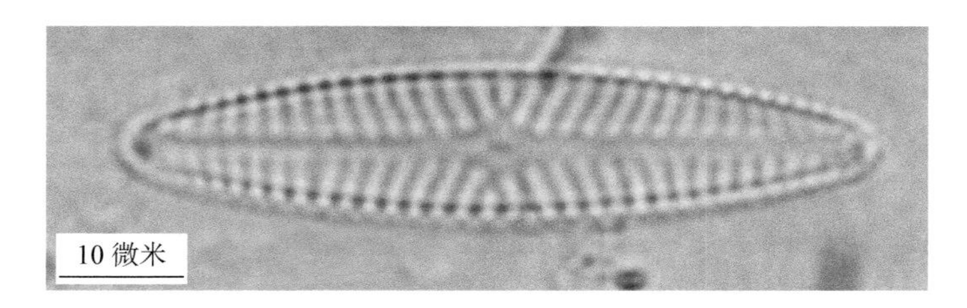

形态特征：

1. 壳面呈线性披针形，末端呈钝圆形；中轴区狭窄；中心区小，略横向放宽。
2. 壳面宽 3.7 ～ 8 微米，长 16 ～ 42 微米。
3. 横线纹呈放射状排列，横线纹 10 微米内中部具 8 ～ 17 条，两端具 12 ～ 20 条。

分布：辽河流域。

类嗜盐舟形藻 *Navicula halophilioides*

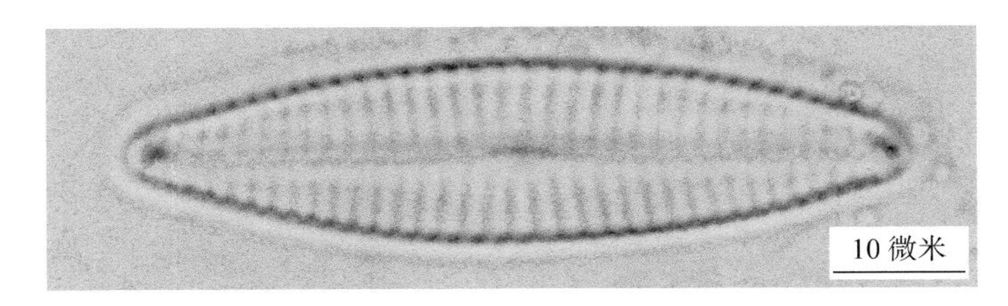

形态特征：

1. 壳面呈披针形，末端略呈喙状，壳缝呈直线形，中轴区呈窄线形，中心区不放宽。
2. 壳面宽 6 微米，长 24 微米。
3. 横线纹垂直于中轴区或略呈放射状，10 微米内具 18 条。

分布：太子河。

简单舟形藻 *Navicula simplex*

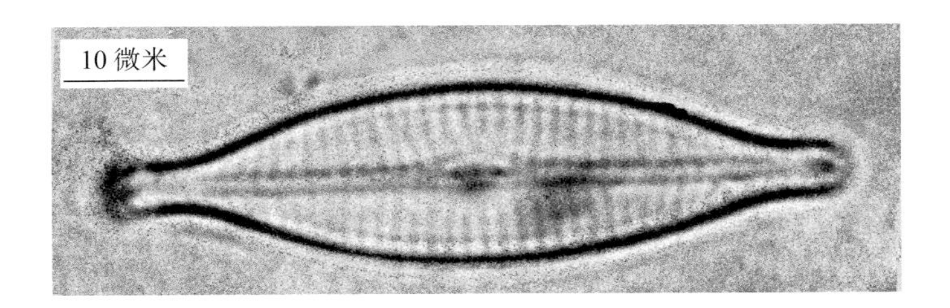

形态特征：

1. 壳面呈披针形，末端呈喙状；中轴区狭窄；中心区小，呈圆形。
2. 壳面宽 4 ～ 10 微米，长 15 ～ 45 微米。
3. 横线纹略呈放射状排列，两端斜向极节，10 微米内具 15 ～ 20 条。

分布：辽河流域。

长圆舟形藻 *Navicula oblonga*

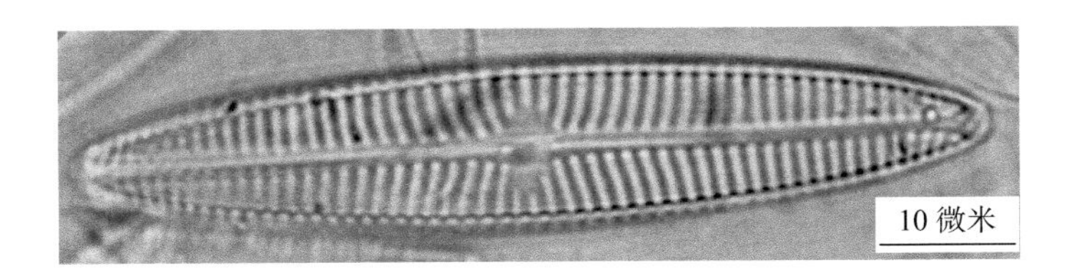

形态特征：

1. 壳面呈线性披针形，末端呈广圆平截形，长 70 ～ 220 微米，宽 14 ～ 28 微米。
2. 中轴区狭窄，中心区大小相等，呈圆形。
3. 横线纹粗，呈放射状排列，10 微米内具 6 ～ 8 条。

分布：浑河。

瞳孔舟形藻 *Navicula pupula*

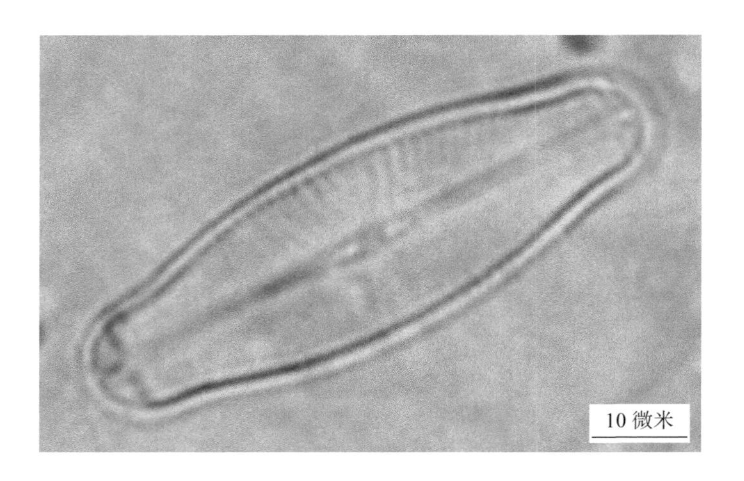

形态特征：

1. 壳面呈线性披针形，壳缘两侧中部略凸出，末端呈广圆形；中轴区狭窄；中心区较宽，呈横矩形；壳缝直。
2. 壳面宽 6 ～ 9 微米，长 17.6 ～ 45 微米。
3. 横线纹纤细，呈放射状排列，10 微米内中部具 14 ～ 24 条，两端具 24 ～ 28 条。

分布：辽河流域。

淡绿舟形藻 *Navicula viridula*

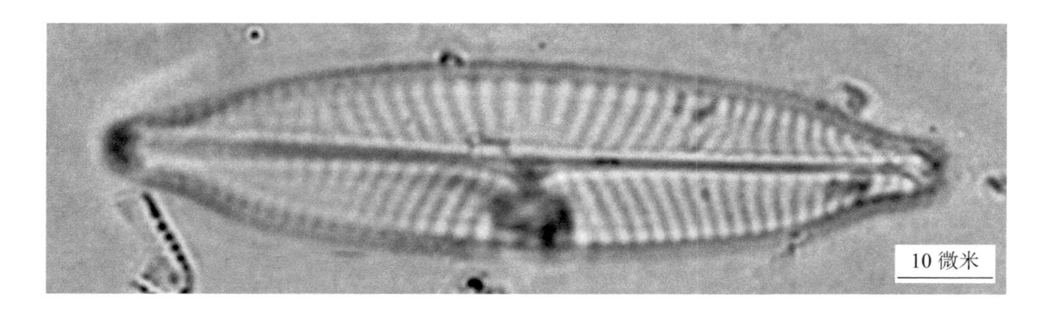

形态特征：

1. 壳面呈线性披针形，两端略延长，末端呈广圆形；中轴区狭窄；中心区大，呈圆形。
2. 壳面宽 10 ～ 15 微米，长 40 ～ 80 微米。
3. 横线纹较粗，在中部呈放射状排列，两端略斜向极节，10 微米内具 10 条左右。

分布：辽河流域。

急尖舟形藻 *Navicula cuspidata*

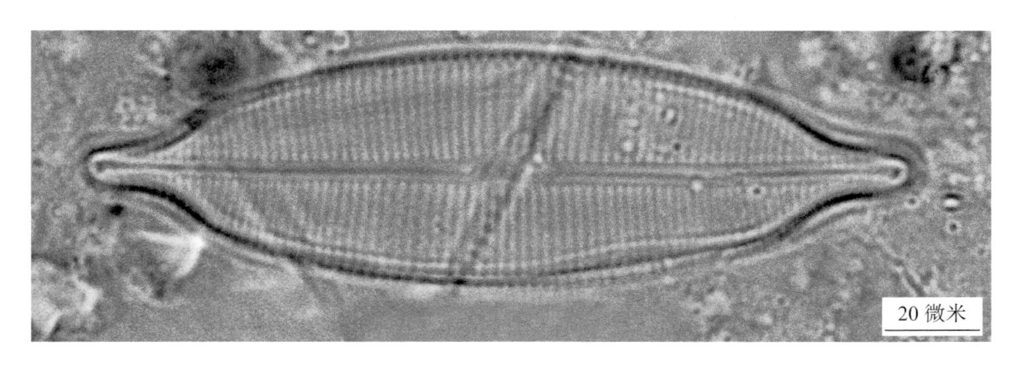

形态特征：

1. 壳面呈菱形披针形，末端略呈喙状，中轴区呈狭线性，中心区略放宽。
2. 壳面宽 17 ～ 37 微米，长 50 ～ 170 微米。
3. 横线纹平行排列与纵线纹十字交叉形成布纹，横线纹 10 微米内具 11 ～ 18 条，纵线纹 10 微米内具 22 ～ 28 条。

分布：辽河流域。

戟形舟形藻 *Navicula hasta Pantocsek*

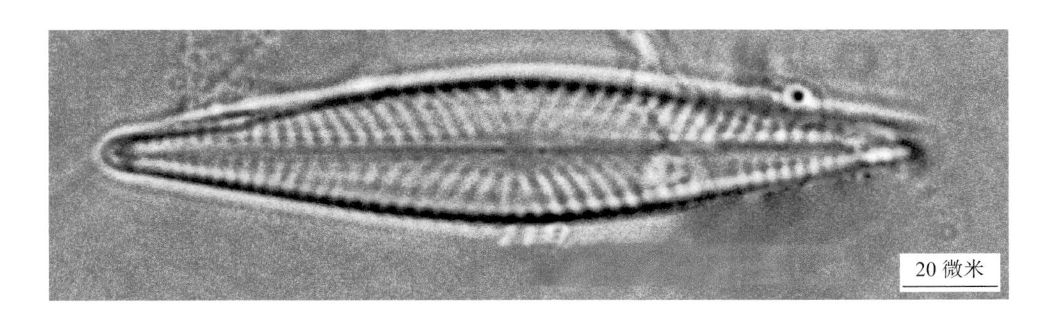

形态特征：

1. 壳面宽 9 ～ 10 微米，长 49.5 ～ 52 微米。
2. 横线纹在中部较粗，10 微米内中部具 6 ～ 9 条，两端较细，10 微米内具 12 条。

分布：招苏台河、亮子河、柴河、浑河、太子河。

卡里舟形藻 *Navicula cari*

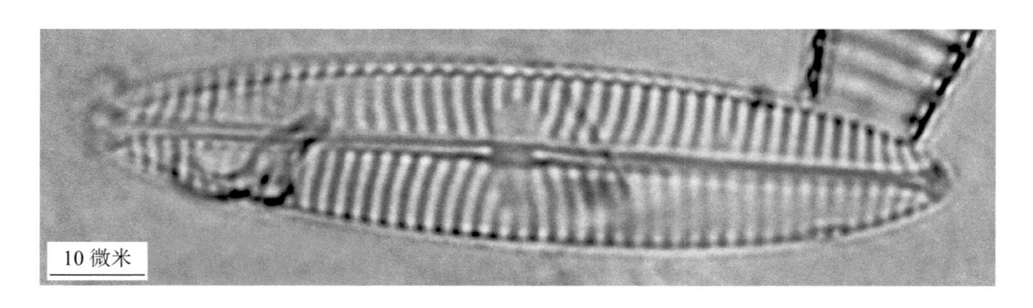

形态特征：

1. 壳面呈狭披针形，两端逐渐狭窄，末端呈尖钝圆形，中轴区狭窄，中心区呈横矩形。
2. 壳面宽 5 ～ 10 微米，长 30 ～ 54 微米。
3. 横线纹在壳面中部略呈放射状排列，两端斜向极节，10 微米内具 10 ～ 13 条。

分布：招苏台河、寇河、浑河、太子河。

披针舟形藻 *Navicula lanceolata*

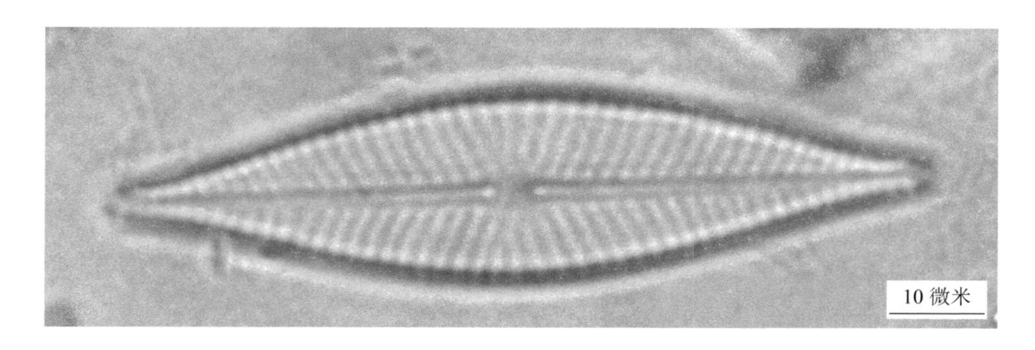

形态特征：

1. 壳面宽 7.5 ～ 9 微米，长 40 ～ 53 微米。
2. 横线纹全部呈放射状排列，10 微米内具 8 ～ 17 条。

分布：招苏台河、浑河、太子河。

峭壁舟形藻 *Navicula muralis*

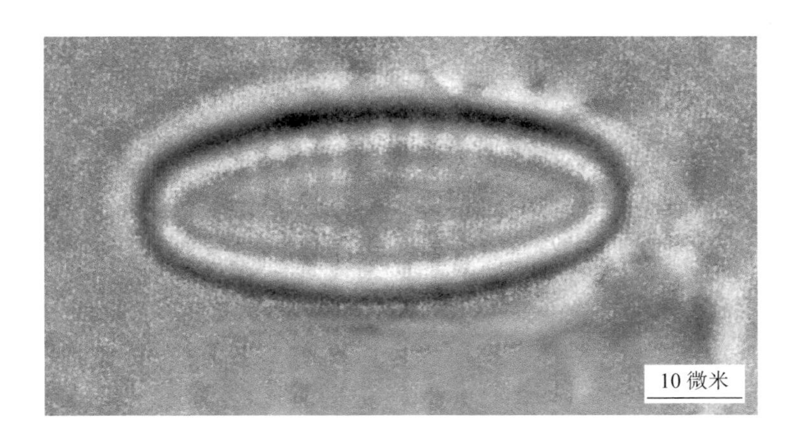

形态特征：

1. 壳面呈椭圆形至线形椭圆形，末端钝圆，壳缝呈直线形，中轴区呈窄线形，无中心区。
2. 壳面宽 4 ～ 5 微米，长 11 ～ 15.5 微米。
3. 横线纹垂直于中轴区，10 微米内具 20 ～ 28 条。

分布： 西拉木伦河、锡泊河、西辽河干流、东辽河、二道河、寇河。

弯月形舟形藻 *Navicula menisculus*

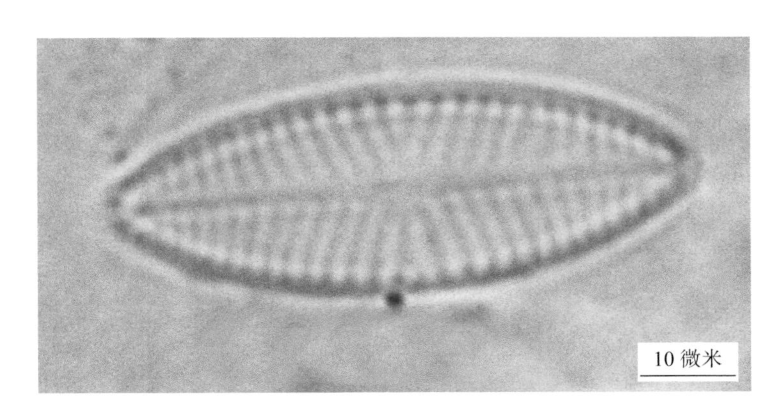

形态特征：

1. 壳面宽 3.7 ～ 10 微米，长 11.7 ～ 33 微米。
2. 横线纹 10 微米内具 10 ～ 17 条。

分布：亮子河、柴河、浑河、太子河、饶阳河。

显喙舟形藻 *Navicula perrostrata*

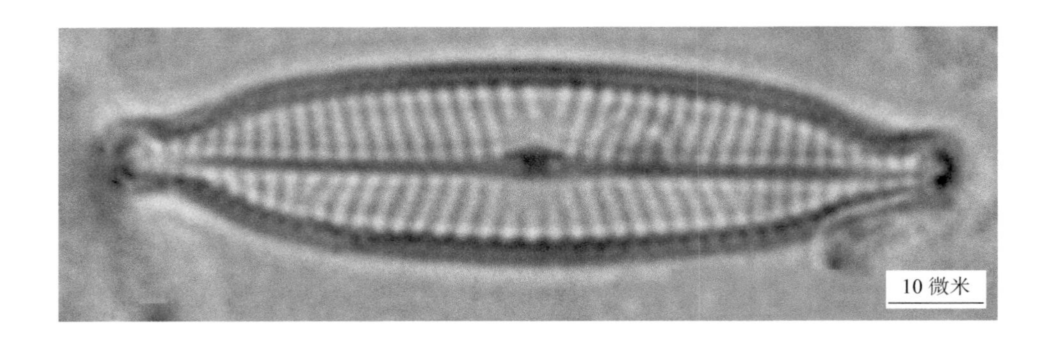

形态特征：

1. 壳面宽 5 微米，长 23 ～ 25 微米。
2. 横线纹 10 微米内具 20 ～ 22 条。

分布：清河、秀水河、浑河、太子河。

矮小舟形藻 *Navicula pygmaea*

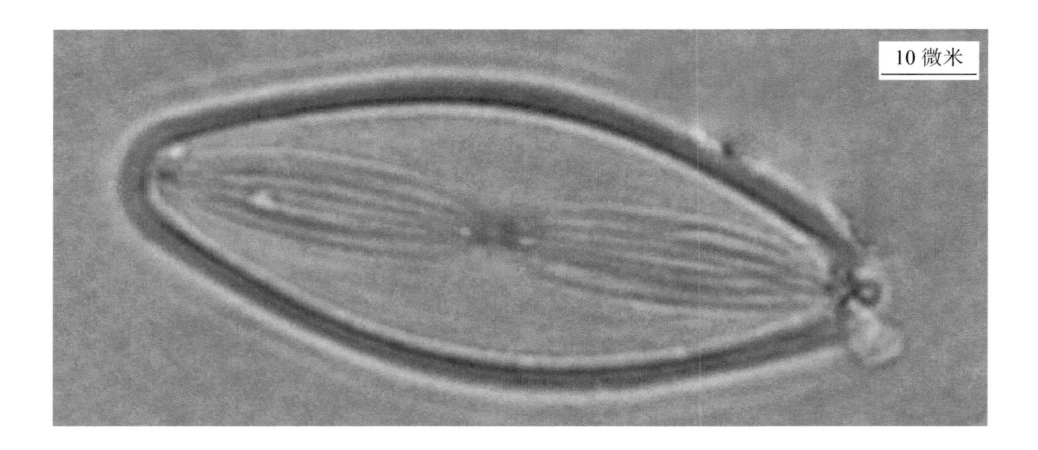

形态特征：

1. 壳面宽 7 ～ 10 微米，长 15 ～ 26.5 微米。
2. 横线纹 10 微米内具 24 ～ 28 条。

分布：柳河、东沙河、饶阳河、东辽河、西拉木伦河、坤兑河。

双头舟形藻 *Navicula dicephala*

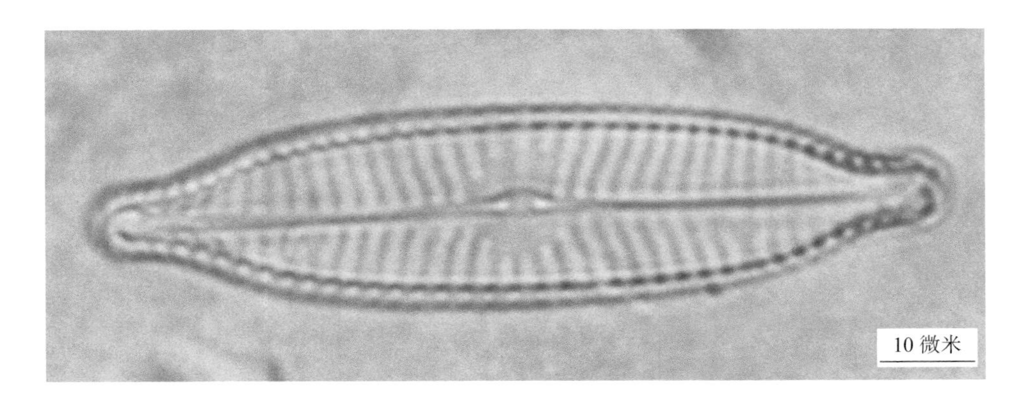

形态特征：

1. 壳面呈宽线形至线性披针形，两端延长，末端呈喙状至头状，长 20 ～ 40 微米，宽 7 ～ 13 微米。

2. 中轴区狭窄，中心区呈横矩形。

3. 横线纹较粗，呈放射状排列，10 微米内具 9 ～ 16 条。

分布：辽河流域。

近杆状舟形藻 *Navicula subbacillum*

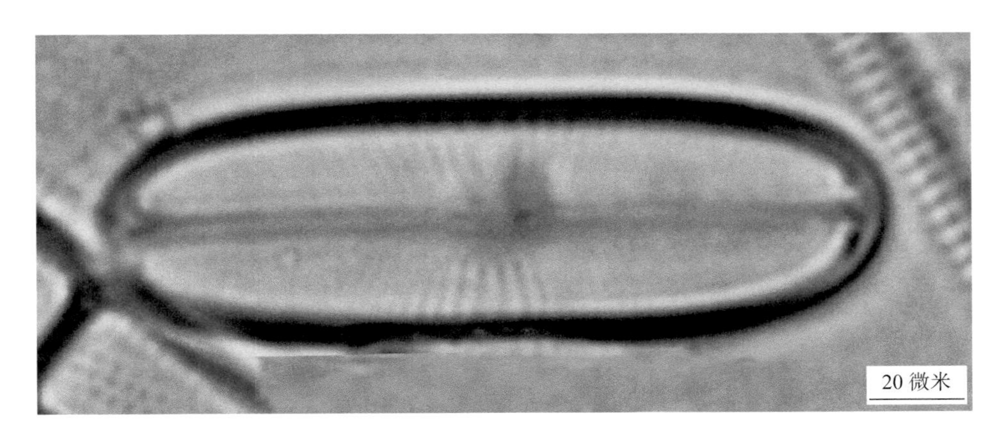

形态特征：

1. 壳面宽 5 ～ 5.5 微米，长 22 ～ 24 微米。

2. 横线纹 10 微米内中部具 14 ～ 20 条，两端具 25 ～ 30 条。

分布：柳河、东沙河、饶阳河、浑河、太子河。

钝舟形藻 *Navicula mutica*

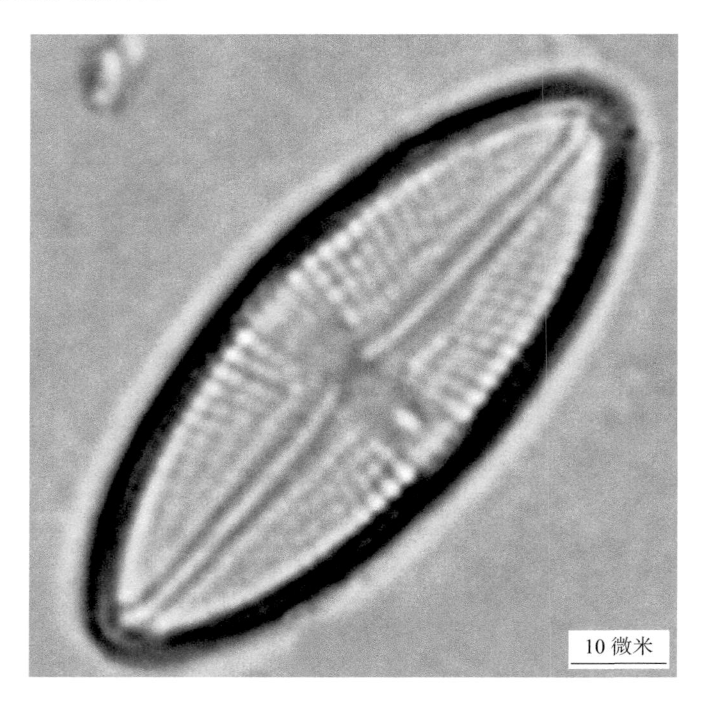

形态特征：

1. 壳面宽 5 ～ 8.5 微米，长 9 ～ 44 微米。
2. 横线纹 10 微米内具 10 ～ 24 条。

分布：招苏台河、浑河、太子河。

钝舟形藻科恩变种 *Navicula mutica* var. *cohnii*

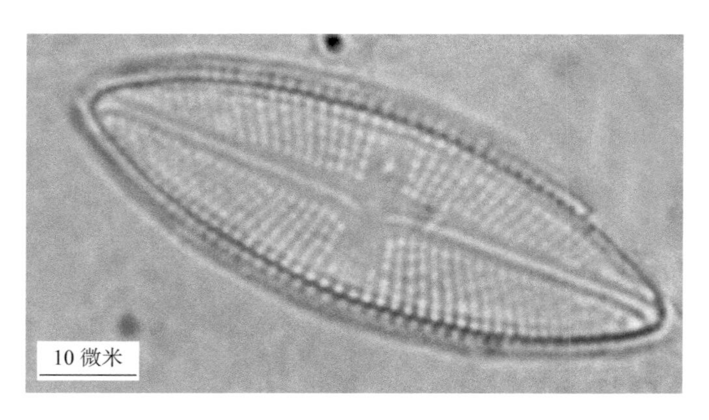

形态特征：

1. 壳面宽 4 ～ 9 微米，长 13 ～ 29.5 微米。
2. 横线纹 10 微米内具 14 ～ 22 条。

分布：招苏台河、浑河、太子河。

头端舟形藻 *Navicula capitata*

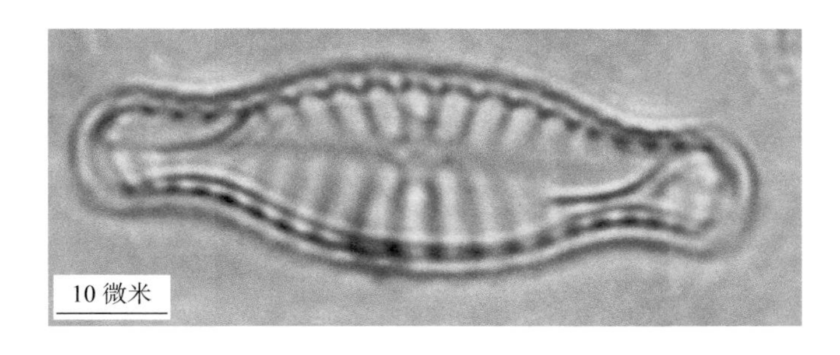

形态特征：

1. 壳面宽 6 ～ 8 微米，长 20 ～ 28 微米。
2. 横线纹 10 微米内具 6 ～ 9 条，两端具 10 ～ 12 条。

分布：二道河、清河、饶阳河、浑河、太子河。

短小舟形藻 *Navicula exigua*

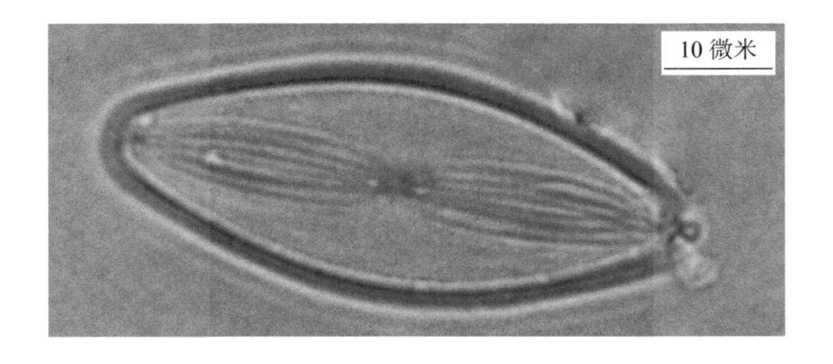

形态特征：

1. 壳面呈椭圆披针形，末端略呈头状，长 16 ～ 35 微米，宽 7 ～ 15 微米。
2. 中轴区狭窄，中心区大小相等，横向放宽。
3. 横线纹呈放射状排列，在中心区两侧为长短交替排列，10 微米内具 12 ～ 14 条。

分布：淡水普生性种类，可见于招苏台河、寇河、清河、柳河、浑河、太子河。

羽纹藻属 *Pinnularia*

植物体为单细胞，或连成丝状群体。壳面呈线形椭圆形至披针形，两侧平行，少数种类两侧中部膨大或呈对称的波状。中轴区宽，有时超过壳面宽度的 1/3，常在近中央节和极节处膨大。壳缝发达，直或弯曲。壳面具横的、平行的肋纹，小型种类的肋纹常很细，似线纹，有些种类在近中央节和极节处呈放射状排列，每条肋纹系 1 条管沟，每条管沟内具 1 ～ 2 个纵隔膜，将管沟隔成 2 ～ 3 个小室，壳面观肋纹间形成 1 ～ 2 条纵线纹。带面呈长方形，无间生带。

磨石羽纹藻 *Pinnularia molaris*

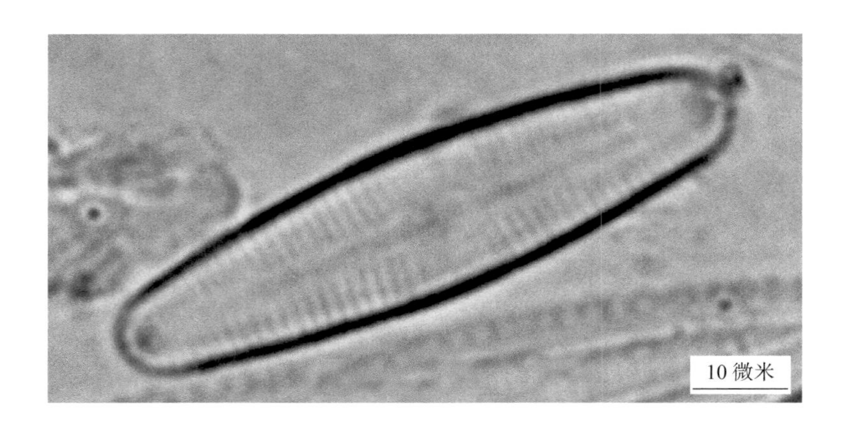

形态特征：

1. 壳面呈线形至线性披针形，末端呈广圆形，中轴区很窄，中心区呈宽横带状，横肋纹在壳面中部明显呈放射状排列，两端斜向极节。

2. 壳面宽 4 ～ 9 微米，长 25 ～ 58 微米。

3. 横肋纹 10 微米内具 12 ～ 24 条。

分布：西路嘎河、西辽河干流、二道河、寇河、清河、柴河。

仰光羽纹藻 *Pinnularia rangoonensis*

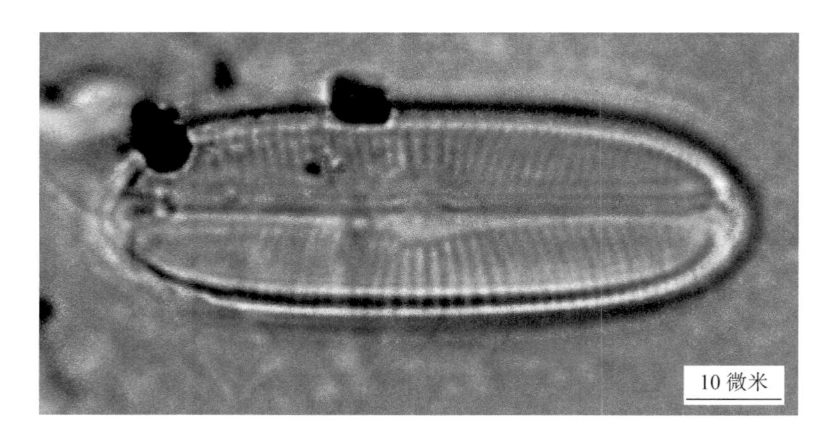

形态特征：

1. 壳面呈线形，末端呈圆形，中部两侧平行或有时外凸，壳缝呈线形，顶壳缝呈半圆形，轴区宽占壳面宽的 1/5 ～ 1/3。

2. 中心区呈圆形或椭圆形，壳面宽 11.6 ～ 16 微米，长 43.5 ～ 82 微米。

3. 横肋纹细，中部呈放射状排列，两端斜向极节，10 微米内具 8 ～ 12 条。

分布：太子河。

二棒羽纹藻 *Pinnularia biglobosa*

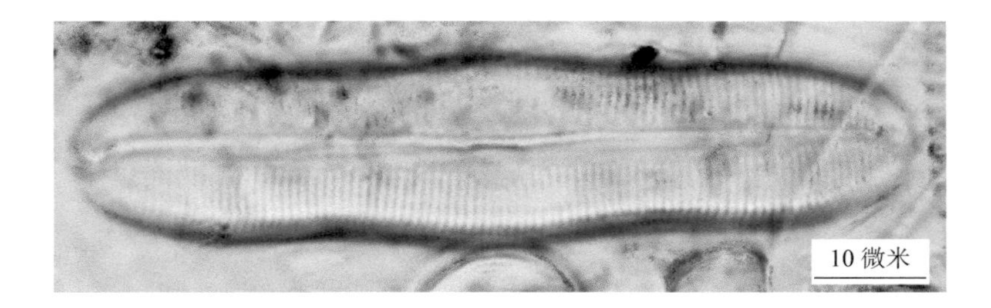

形态特征：

1. 壳面呈棒状，中部及两端膨大，末端呈楔圆形，壳缝复杂，轴区呈宽披针形，约占壳面宽的 1/4 或 1/3。

2. 中心区横向放宽，壳面宽 14 ～ 16 微米，长 100 ～ 111 微米。

3. 横肋纹在壳面中部呈放射状排列，两端斜向极节，10 微米内具 9 ～ 10 条，由肋纹的纵隔膜形成的纵线纹明显。

分布：太子河。

绿色羽纹藻 *Pinnularia viridis*

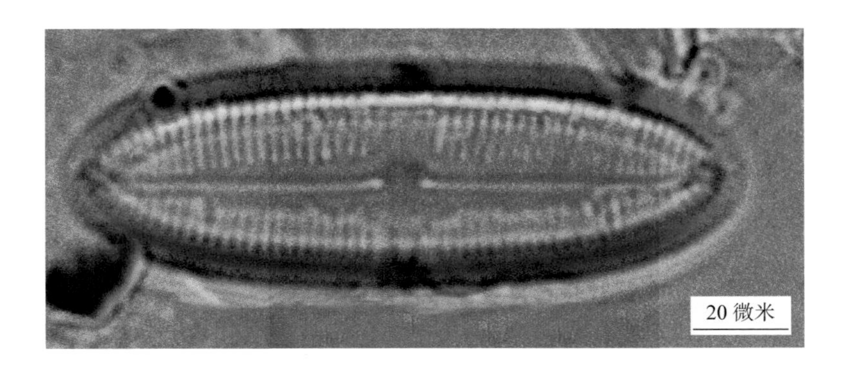

形态特征：

1. 壳面呈线形至椭圆线形，两侧边缘略凸出，中部略横向扩大，末端呈广圆形，长 50 ～ 70 微米，宽 10 ～ 30 微米。

2. 中轴区狭窄，仅占壳面宽度的 1/4，中心区略膨大，壳缝构造复杂。

3. 横肋纹 10 微米内具 6 ～ 12 条。

分布：辽河干流、柳河、秀水河。

桥弯藻科 Cymbellaceae

壳面两侧不对称。

双眉藻属 *Amphora*

多数种类为单细胞，着生或浮游。壳面略呈镰刀形，末端呈钝圆形或两端延长呈头状。中轴区更明显地偏于壳面凹入的一侧。带面呈椭圆形，末端呈截形，从带面可见由点连成的长线状的间生带，不具隔膜。色素体 1 块或 2 ～ 4 块。

波罗的海双眉藻 *Amphora baltica*

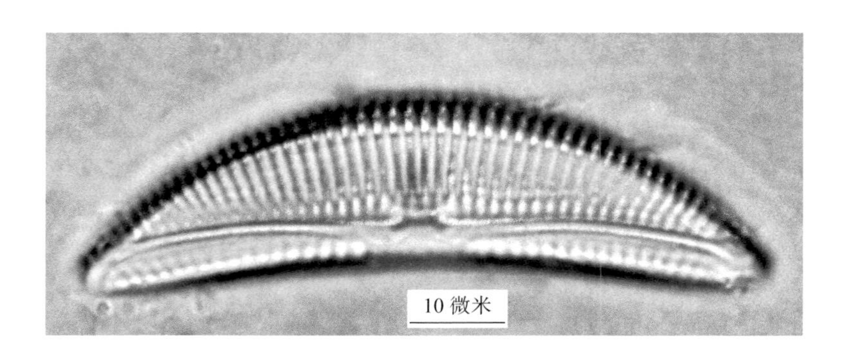

形态特征：

1. 壳面宽 6.6 ～ 8.7 微米，长 33 ～ 46 微米。
2. 横线纹 10 微米内背腹两侧均为 23 条。

分布：亮子河、柴河、秀水河、饶阳河、浑河、太子河。

咖啡形双眉藻北方变种 *Amphora coffaeiformis* var. *borealis*

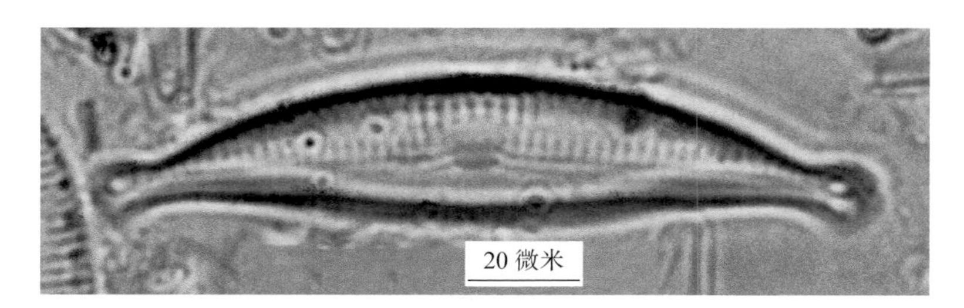

形态特征：

1. 壳面宽 3 ～ 6 微米，长 23.5 ～ 44 微米。
2. 横线纹 10 微米内有（15 ～）17 ～ 28（～ 32）条。

分布：太子河、浑河。

桥弯藻属 *Cymbella*

植物体为单细胞，浮游或着生，着生种类细胞位于短胶质柄的顶端或在分枝的胶质管中。壳面具明显的背、腹两侧，背侧凸出，腹侧平直或中部略凸出。呈新月形、线形、半椭圆形、半披针形、舟形或菱形披针形。末端钝圆或渐尖。中轴区两侧略不对称。壳缝略弯曲，具清晰的中央节和极节。具线纹或点纹，常略呈放射状排列。带面呈长方形，两侧平行。无间生带和隔膜。具一块侧生片状色素体。

埃伦拜格桥弯藻 *Cymbella ehrenbergii*

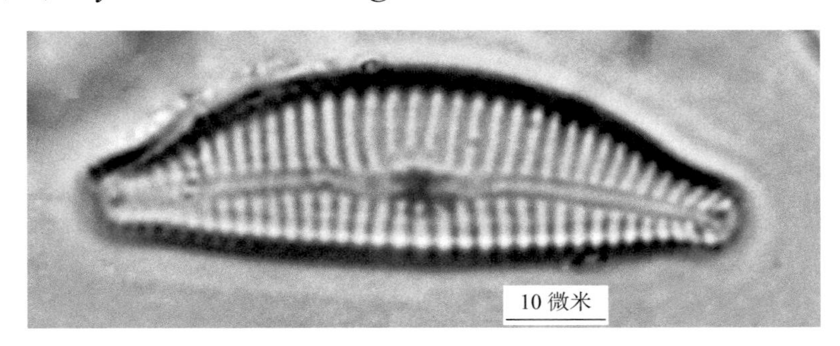

形态特征：

1. 壳面呈广椭圆形至菱形披针形，不对称，末端呈钝圆形，常略呈喙状，中轴区很宽，呈披针形，中央节呈圆形扩大，壳缝直，略偏于一侧。

2. 壳面宽 15 ～ 34 微米，长 50 ～ 117 微米。

3. 横线纹 10 微米内背侧中部具 5 ～ 9 条，两端具 9 ～ 15 条，腹侧中部具 7 ～ 10 条，两端具 11 ～ 16 条。

分布：柴河、浑河、太子河。

近缘桥弯藻 *Cymbella aequalis*

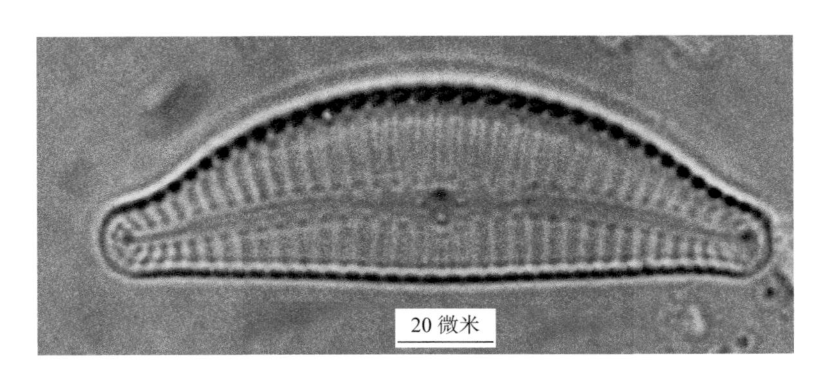

形态特征：

1. 壳面明显不对称，呈半披针形至半椭圆形，背侧凸出，腹侧略凸出或近于平直，末端多呈短喙状，呈钝圆形至截形，中轴区狭窄，至中央节处略扩大。

2. 壳面宽 7.5 ～ 9 微米，长 23 ～ 34.5 微米。

3. 横线纹 10 微米内背侧具（7 ～）10 ～ 13 条，腹侧具 8 ～ 14 条。

分布：辽河流域。

膨胀桥弯藻 *Cymbella tumida*

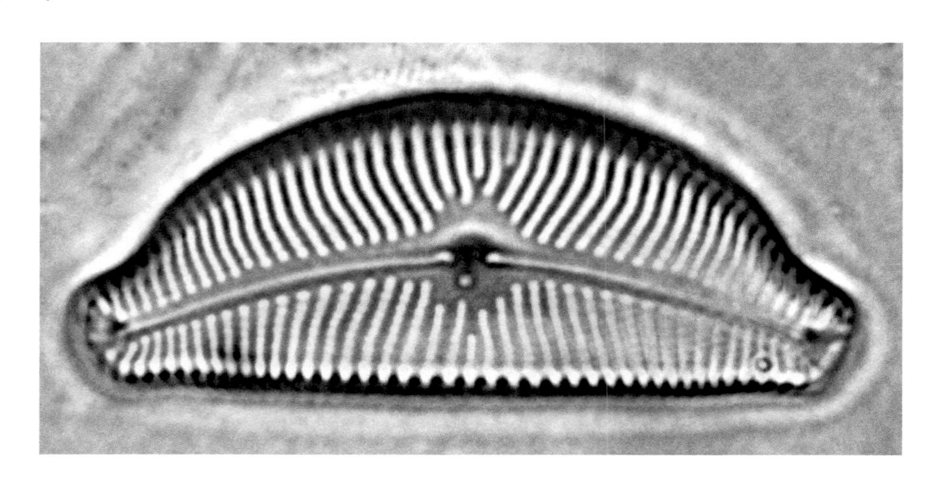

形态特征：

1. 壳面呈新月形，末端呈钝圆形至截形，中轴区狭窄，至中央节处略扩大。

2. 壳面宽 15.6 ～ 19.5 微米，长 37 ～ 75 微米。

3. 横线纹 10 微米内背侧具 8 ～ 13 条，腹侧具 8 ～ 14 条，点纹具 16 ～ 22 个。

分布：浑河、太子河。

膨大桥弯藻 *Cymbella turgida*

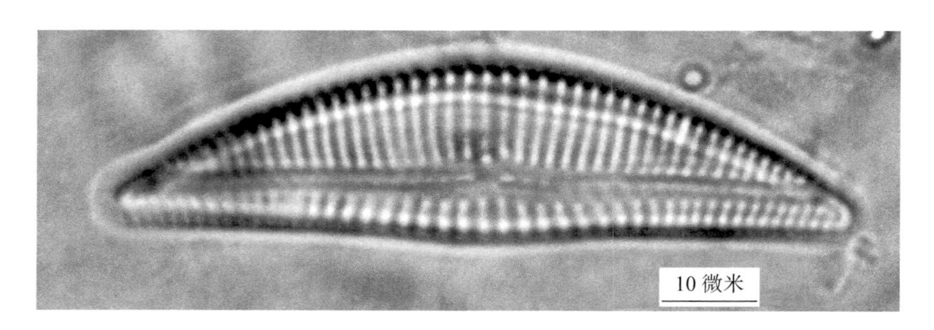

形态特征：

1. 壳面宽（6 ～）7 ～ 11.5（～ 13）微米，长（15 ～）20 ～ 49（～ 66）微米。

2. 横线纹 10 微米内背侧中部具 7 ～ 12 条，两侧具 10 ～ 16 条，腹侧中部具 8 ～ 13 条，两侧具 10 ～ 18 条。

分布：浑河、太子河。

胡斯特桥弯藻 *Cymbella hustedtii*

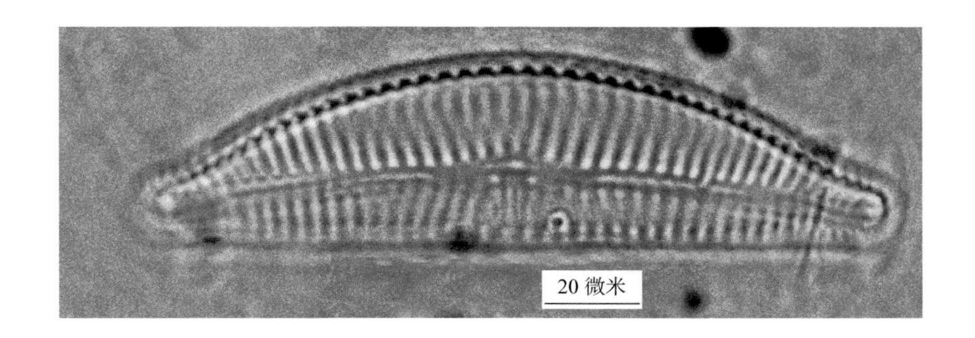

形态特征：

1. 壳面呈椭圆披针形，不对称，末端呈钝圆形，中轴区狭窄，中心区不扩大。

2. 壳面宽 6 ～ 9 微米，长 12 ～ 35 微米。

3. 横线纹 10 微米内背侧具 8 ～ 12 条，腹侧具 10 ～ 14 条。

分布：西拉木伦河、古力古台河、查干木伦河、西辽河干流、清河、浑河、小汤河。

箱形桥弯藻 *Cymbella cistula*

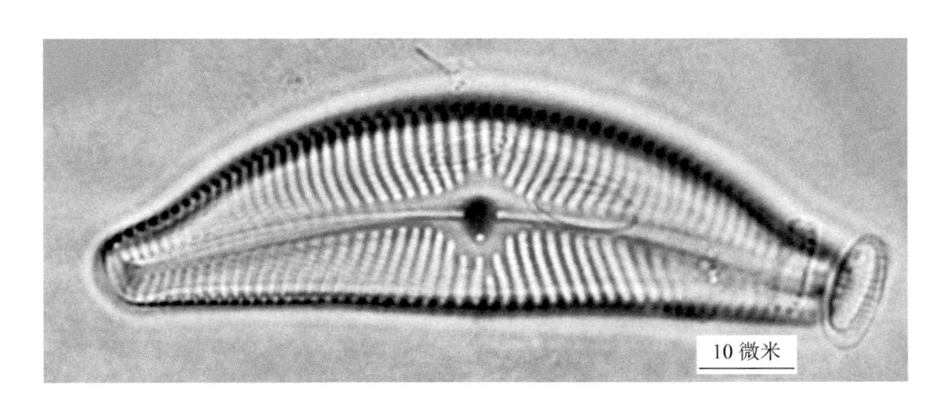

形态特征：

1. 壳面呈新月形，两侧明显不对称，末端呈钝圆形至截形，中轴区狭窄，至中央节处略扩大。

2. 壳面宽 10 ～ 24 微米，长 31 ～ 100 微米。

3. 横线纹 10 微米内背侧中部具 5 ～ 12 条，两端具 8 ～ 14 条，腹侧中部具 6 ～ 11 条，两端具 8 ～ 14 条，点纹具 19 ～ 24 个。

分布：辽河流域。

箱形桥弯藻具点变种 *Cymbella cistula* var. *maculata*

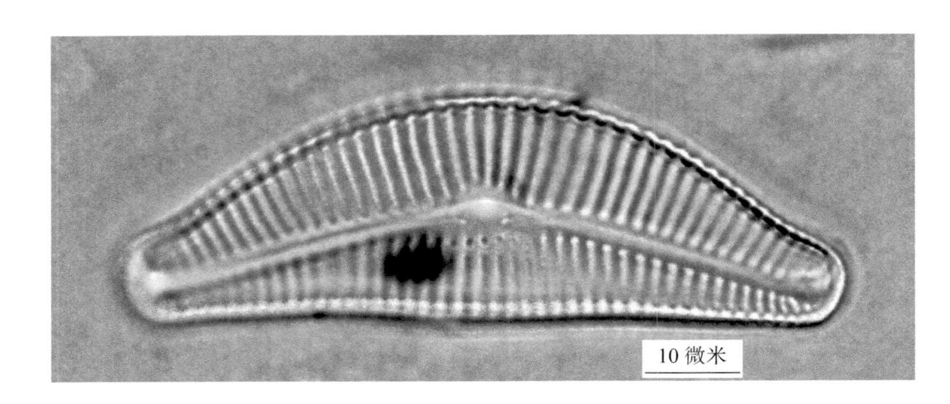

形态特征：

1. 壳面宽 7.5 ～ 15 微米，长 21.5 ～ 65.5 微米。
2. 横线纹 10 微米内背侧具 5 ～ 15 条，腹侧具 6 ～ 14 条。

分布：辽河流域。

具球桥弯藻 *Cymbella sphaerophora*

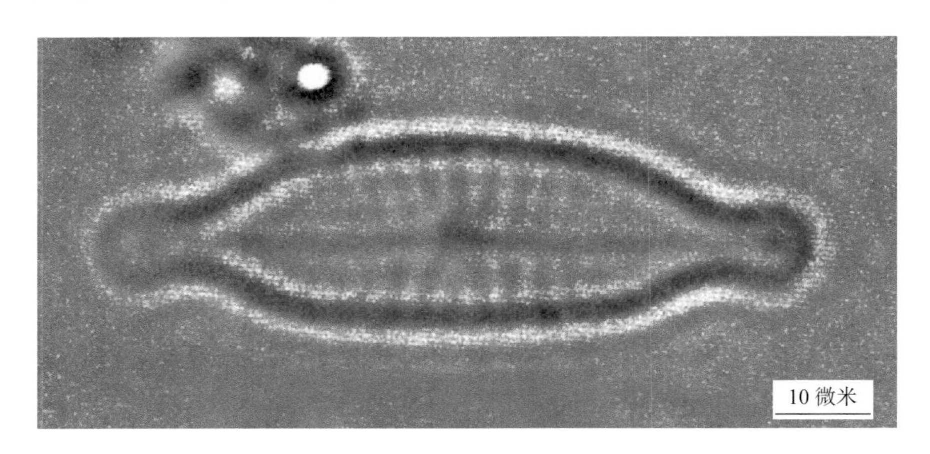

形态特征：

1. 壳面呈披针形，两侧近于对称，末端呈头状，壳缝呈直线形，轴区窄线形，中心区不扩大。
2. 壳面宽 4 ～ 6 微米，长 14.5 ～ 25.5 微米。
3. 横线纹全部呈放射状排列，10 微米内背侧具 18 ～ 24 条，腹侧具 20 ～ 22 条。

分布：太子河。

拉普兰桥弯藻 *Cymbella lapponica*

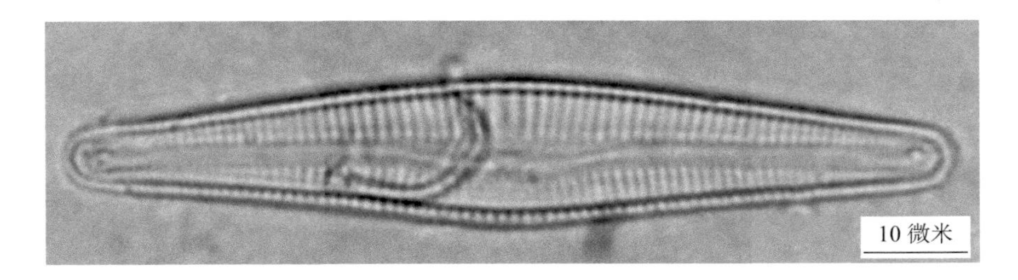

形态特征：

1. 壳面呈近披针形，背、腹两侧近于对称，边缘均呈弧形外凸，从壳面中部向两端逐渐狭窄，壳缝窄，靠近壳面中部，略偏于腹侧，轴区窄，中心区呈圆形放宽。

2. 壳面宽 6.5 ～ 11 微米，长 33.6 ～ 53 微米，横线纹 10 微米内背侧中部具 9 ～ 18 条，两端具 16 ～ 24 条，腹侧中部具 10 ～ 16 条，两端具 16 ～ 24 条。

分布：太子河。

两头桥弯藻 *Cymbella amphicephala*

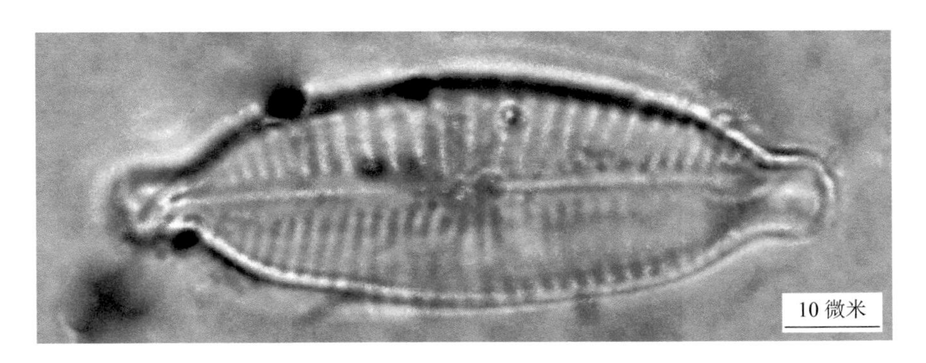

形态特征：

1. 壳面宽 5 ～ 11 微米，长 21 ～ 38 微米。

2. 横线纹 10 微米内背侧具 10 ～ 20 条，腹侧具 10 ～ 22 条。

分布：招苏台河、太子河。

偏肿桥弯藻 *Cymbella ventricosa*

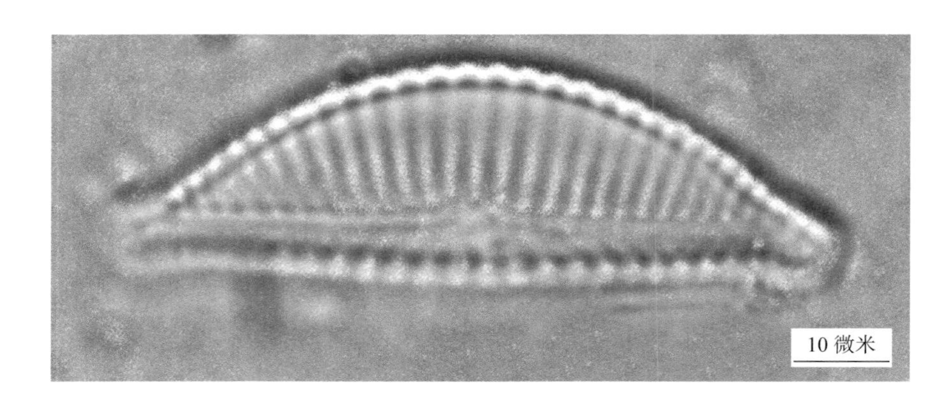

形态特征：

1. 壳面呈月形至半椭圆形，两端略延长，末端呈尖圆形，中轴区狭窄，壳缝直。
2. 壳面宽（3～）4～8（～13）微米，长（10～）12～29（～37）微米。
3. 横线纹 10 微米内背侧具 8～17 条，腹侧具 8～24 条，点纹具 33～35 个。

分布：辽河流域。

平卧桥弯藻 *Cymbella prostrata*

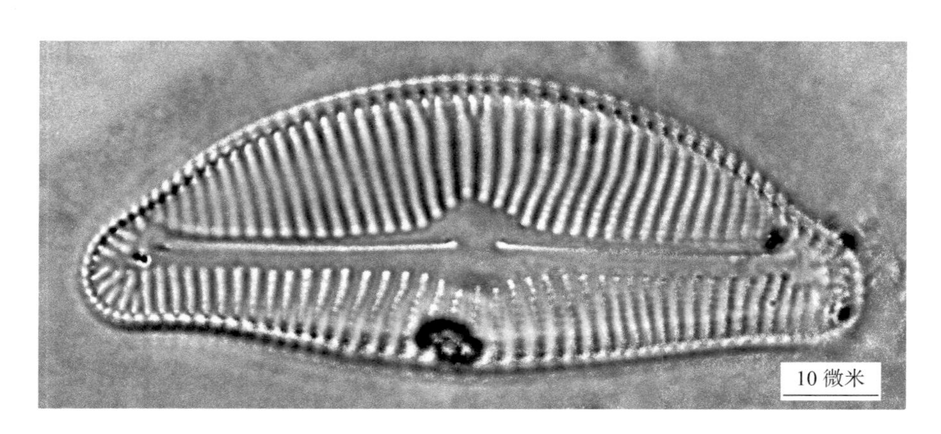

形态特征：

1. 壳面宽 7～10 微米，长 17～28 微米。
2. 横线纹 10 微米内背侧具 11～12 条，腹侧具 10～12 条。

分布：亮子河、柳河、饶阳河。

嗜冷桥弯藻 *Cymbella algida*

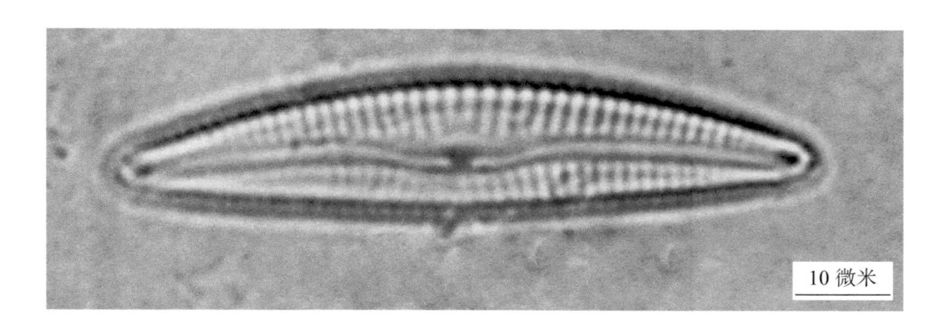

形态特征：

1. 壳面呈窄披针形，末端呈钝圆形，壳缝略弯向腹侧，靠近壳面中部，轴区呈披针形，中心区略放宽。

2. 壳面宽 6 ～ 7 微米，长 36 ～ 41.5 微米。

3. 横线纹 10 微米内背侧具 9 ～ 18 条，腹侧具 11 ～ 21 条。

分布：太子河。

弯曲桥弯藻 *Cymbella sinnata*

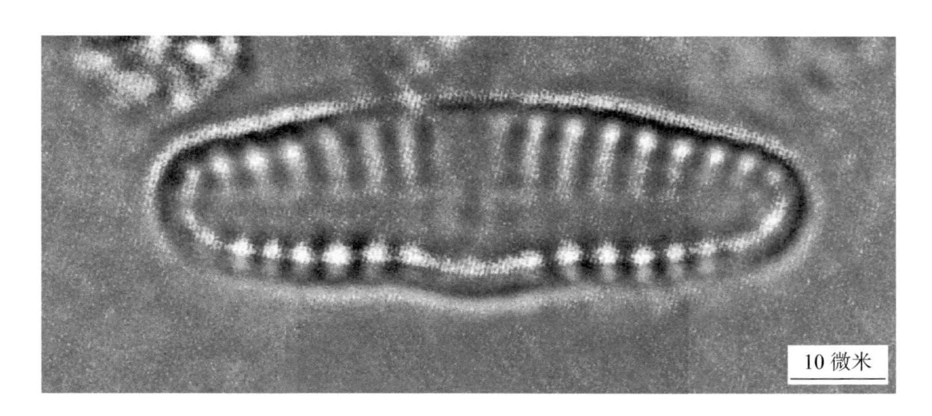

形态特征：

1. 壳面略明显不对称，呈线形，腹侧边缘呈波状，背侧边缘略凸出，末端呈广圆形至截形，中轴区很窄，中心区呈横矩形，壳缝偏于腹侧，直或略弯曲。

2. 壳面宽（3 ～）4 ～ 5（～ 6.6）微米，长 12 ～ 28 微米。

3. 横线纹 10 微米内背侧具（8 ～）10 ～ 12（～ 15）条，腹侧具 10 ～ 14 条。

分布：查干木伦河、东辽河、西路嘎河、招苏台河、寇河、柴河。

微细桥弯藻 *Cymbella parva*

形态特征：

1. 壳面呈半披针形，两侧不对称，末端呈钝圆形，多数略呈喙状，中轴区狭窄，中央节略扩大，壳缝偏于一侧。

2. 壳面宽 6 ～ 13 微米，长 25.6 ～ 69.5 微米。

3. 横线纹 10 微米内背侧中部具 6 ～ 10（～ 13）条，两端具 9 ～ 14 条，腹侧中部具 9 ～ 12 条，两端具 8 ～ 14（～ 20）条，点纹具 19 ～ 20 个。

分布：浑河、太子河。

切断桥弯藻 *Cymbella excisa*

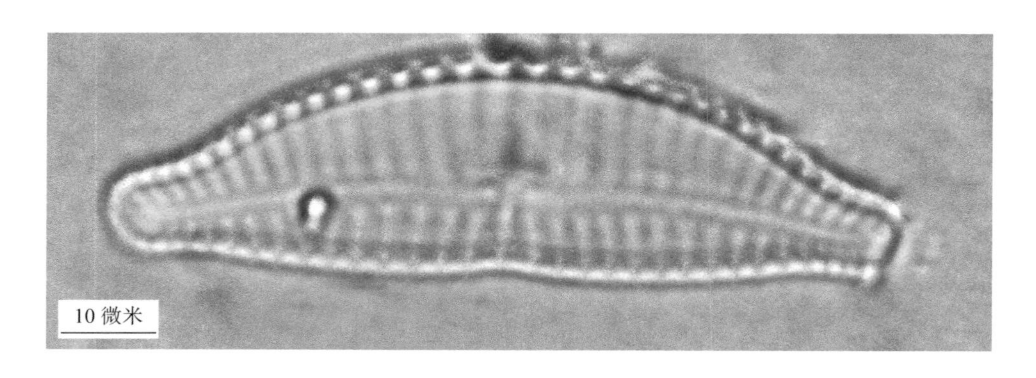

形态特征：

1. 壳面宽 7.5 ～ 9 微米，长 27 ～ 39 微米。

2. 横线纹 10 微米内背侧具 11 ～ 15 条，腹侧具 11 ～ 15 条。

分布：寇河、柳河、西辽河干流、浑河、太子河。

极小桥弯藻 *Cymbella perpusilla*

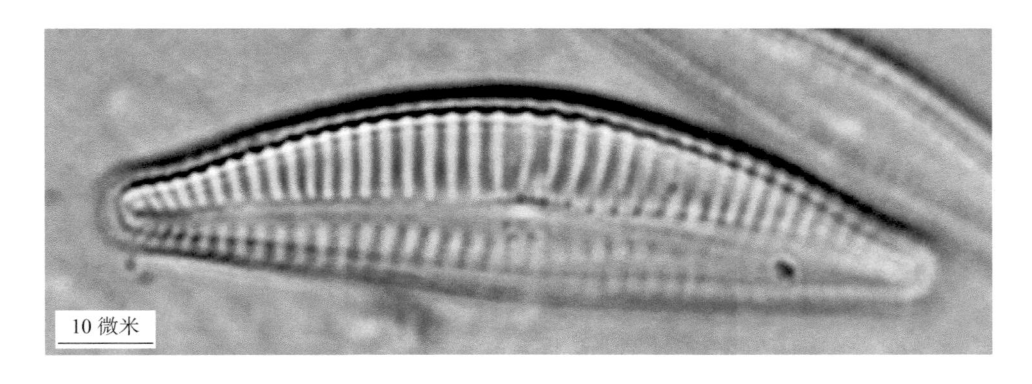

形态特征：

1. 壳面宽 3.6 ～ 6 微米，长 16 ～ 29.5 微米。

2. 横线纹 10 微米内背侧具 8 ～ 9 条，腹侧具 9 ～ 29 条。

分布：古力古台河、浑河。

北方桥弯藻 *Cymbella borealis*

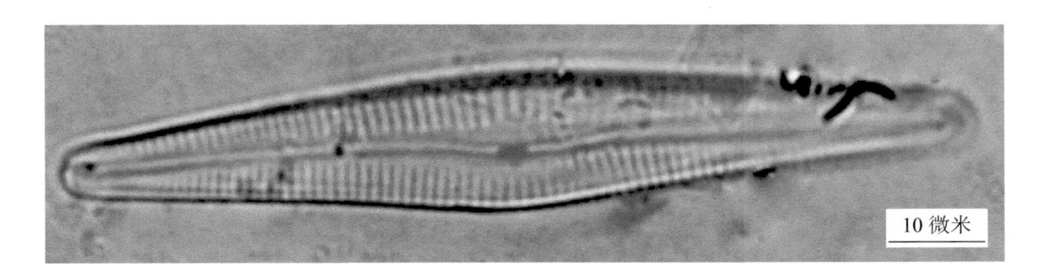

形态特征：

1. 壳面呈狭长披针形，从中部向两端逐渐狭窄，末端略呈小头状、钝圆形，背侧略弯，腹侧中外凸，壳缝直，靠近壳面中部，轴区呈窄线形，中心区略扩大。

2. 壳面宽 5 ～ 6.6 微米，长 36.5 ～ 41 微米，横线纹在壳面中部呈放射状排列，两端近平行排列。

3. 横线纹 10 微米内背侧具 12 ～ 18 条，腹侧具 12 ～ 16 条。

分布：浑河、小汤河、海城河。

优美桥弯藻 *Cymbella delicatula*

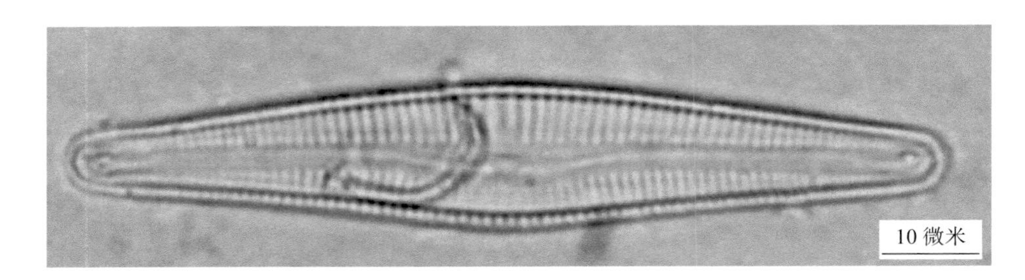

形态特征：

1. 壳面宽 5 ～ 9 微米，长 19 ～ 42 微米。

2. 横线纹 10 微米内背侧具 7 ～ 20 条，两端具 12 ～ 28 条，腹侧中部具 10 ～ 22 条，两端具 14 ～ 30 条。

分布：招苏台河、寇河、碧柳河、查干木伦河。

高山桥弯藻 *Cymbella alpina*

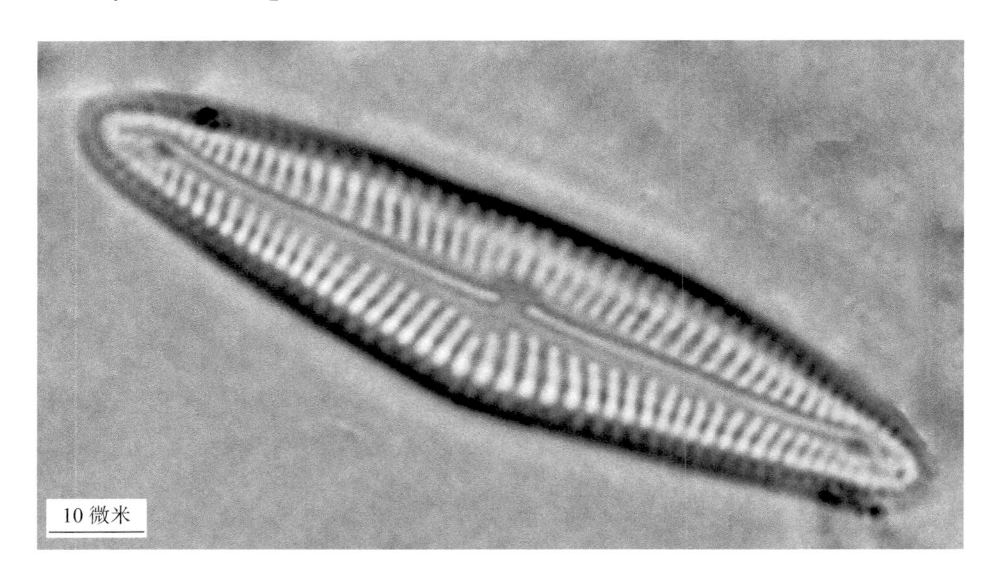

形态特征：

1. 壳面宽 5 微米，长 27 微米。

2. 横线纹 10 微米内背侧具 10 ～ 13 条，腹侧具 11 ～ 12 条。

分布：秀水河、柳河、饶阳河、浑河、太子河。

新月形桥弯藻 *Cymbella cymbiformis*

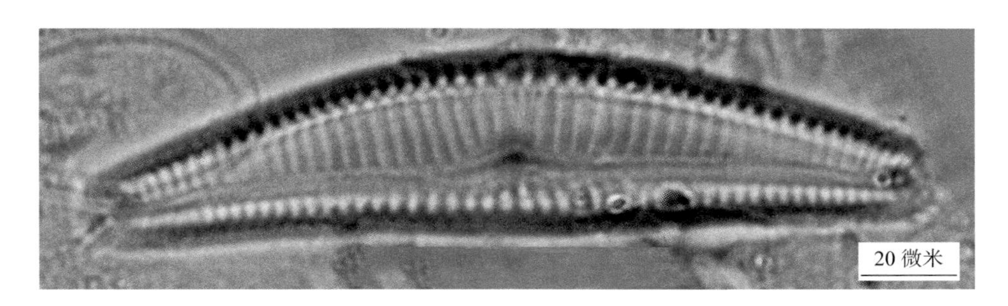

形态特征：

1. 壳面呈新月形，两侧明显不对称，背侧边缘凸出，腹侧边缘平直，中部略凸出，末端呈钝圆形。

2. 壳面宽 9.5 ～ 16 微米，长 37 ～ 86 微米。

3. 横线纹 10 微米内背侧中部具 6 ～ 9 条，两侧具 10 ～ 14 条，腹侧中部具 8 ～ 10 条，两端具 12 ～ 15 条。

分布：嘎苏代河、西路嘎河、浑河、太子河。

异极藻科 Gomphonemaceae

壳面两端明显不对称。

双楔藻属 *Didymosphenia*

壳面呈棒状，两侧及上下两端明显不对称。在中心区的腹侧具一个或几个单独的点纹。横线纹明显由粗点纹组成，中部两侧长短线纹交互排列。带面呈楔形，无间生带及隔膜。细胞常以胶质柄着生在水体沿岸带的岩石、水草或其他物体上。

双生双楔藻 *Didymosphenia geminata*

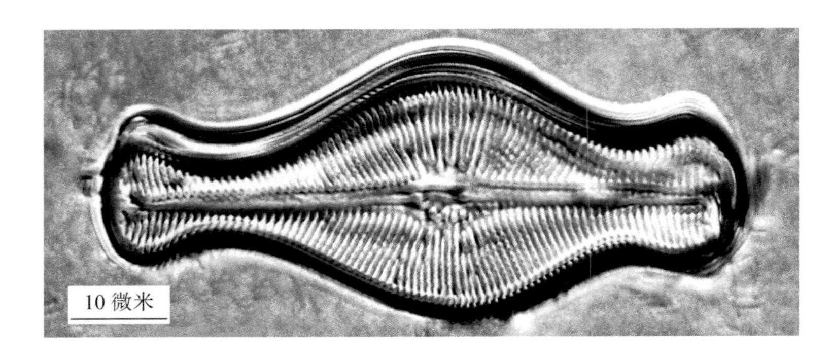

形态特征：

1. 壳面两端显著不对称，两侧略不对称，上部和下部均具缢缩，中部膨大，两端略呈头状，末端呈广圆形，中轴区狭窄至中央节处略扩大。

2. 壳面宽 28 ～ 41.6 微米，长 77 ～ 131 微米。

3. 横线纹 10 微米内具 9 ～ 11 条，点纹具 9 ～ 14 个。

分布：太子河、东辽河。

异极藻属 *Gomphonema*

细胞常生长在叉状分枝的胶质柄上，营着生生活，有时细胞从胶质柄上脱落成为偶然性的单细胞浮游种类。壳面呈披针形或棒状，上端比下端宽。中轴区狭窄，直。壳缝位于中轴区的中央。具明显的中央节和极节。横线纹由粗点纹或细点纹组成，略呈放射状排列。有些种类在中央节的一侧有一个单独的点纹。带面多呈楔形，末端呈截形。

缠结异极藻 *Gomphonema intricatum*

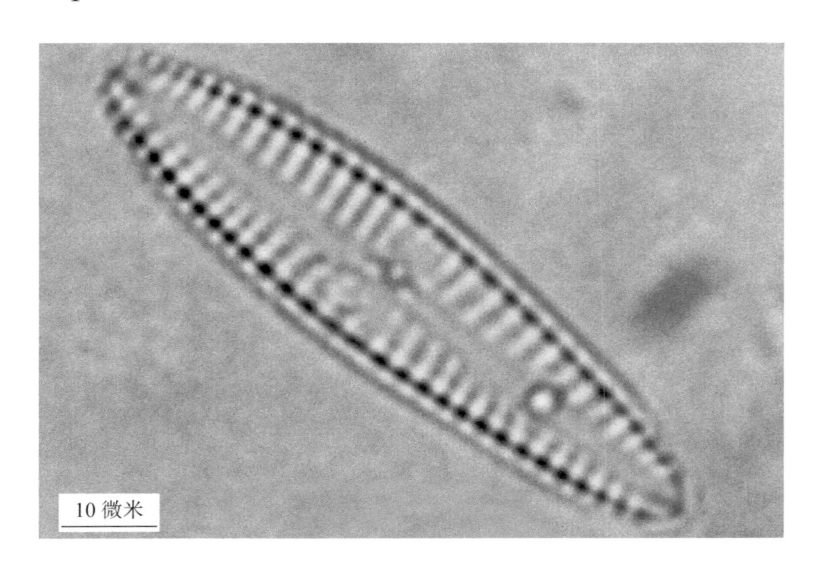

形态特征：

1. 壳面宽 4 ～ 10 微米，长 25 ～ 63 微米。
2. 横线纹 10 微米内中部具 6 ～ 10 条，上端具 12 ～ 20 条，下端具 9 ～ 19 条。

分布：二道河、寇河、柴河、秀水河、柳河、饶阳河、浑河、太子河。

橄榄绿色异极藻 *Gomphonema olivaceum*

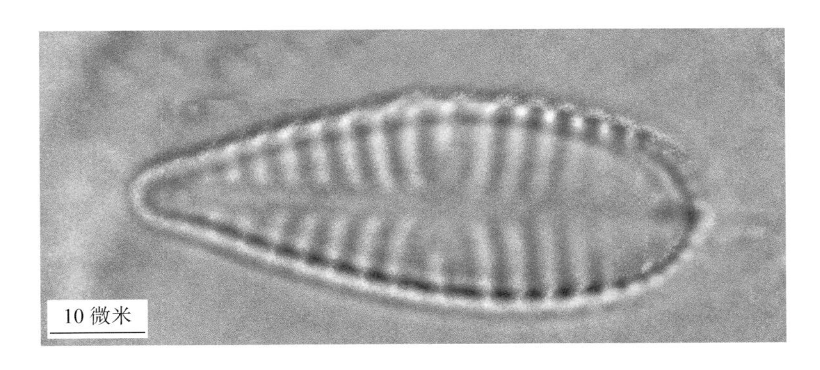

形态特征：

1. 壳面呈卵形棒状，上部末端呈广圆形，下端渐窄，中心区横向放宽。
2. 壳面宽 3.5 ～ 9 微米，长 12.5 ～ 37 微米。
3. 横线纹 10 微米内中部具 10 ～ 14 条，上端具 14 ～ 20 条，下端具 14 ～ 18 条。

分布：辽河流域。

具球异极藻 *Gomphonema sphaerophorum*

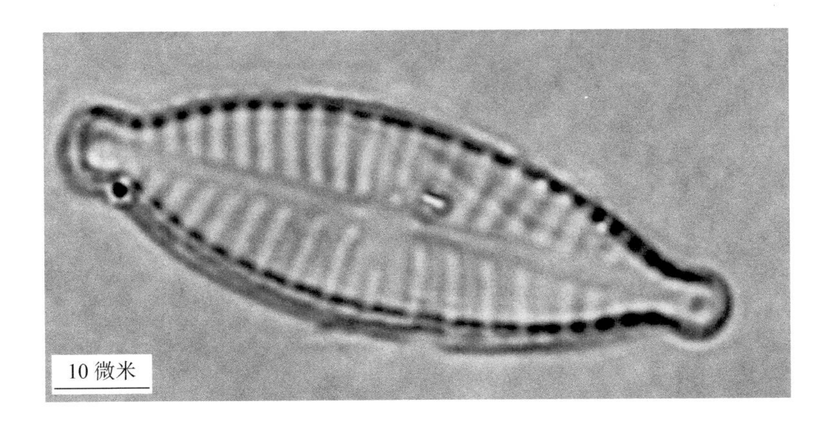

形态特征：

1. 壳面宽 5 ～ 6 微米，长 23 ～ 26 微米。
2. 横线纹 10 微米内中部具 10 ～ 16 条，两端具 18 ～ 20 条。

分布：浑河、太子河、亮子河、寇河。

山地异极尖细变种 *Gomphonema montanum*

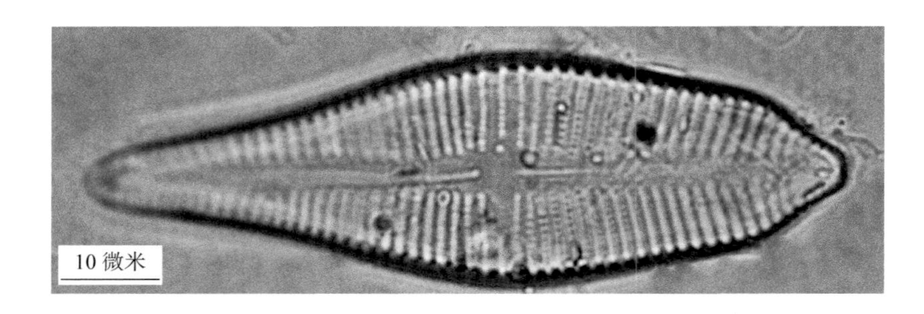

形态特征：

1. 壳面宽 6.5 ～ 8.5 微米，长 44.5 ～ 53 微米。

2. 横线纹 10 微米内中部具 8 ～ 11 条，两端具 12 ～ 14 条。

分布：招苏台河、浑河、太子河。

纤细异极藻 *Gomphonema gracile*

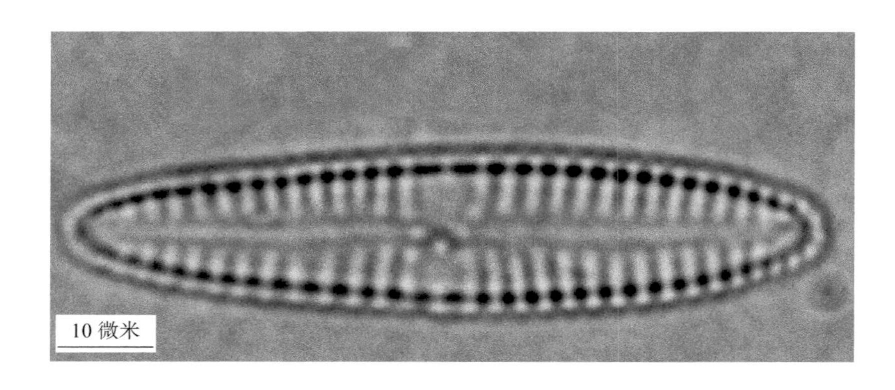

形态特征：

1. 壳面呈披针形，从中部向两端逐渐狭窄，末端呈尖圆形，中轴区狭窄，呈线形，中心区小，呈圆形并略横向放宽。

2. 壳面宽 4 ～ 10 微米，长 22.6 ～ 47 微米。

3. 横线纹 10 微米内中部具 8 ～ 14 条，上端具 14 ～ 18 条，下端具 14 ～ 16 条。

分布：西路嘎河、东辽河、柳河、浑河、太子河。

小形异极藻 *Gomphonema parvulum*

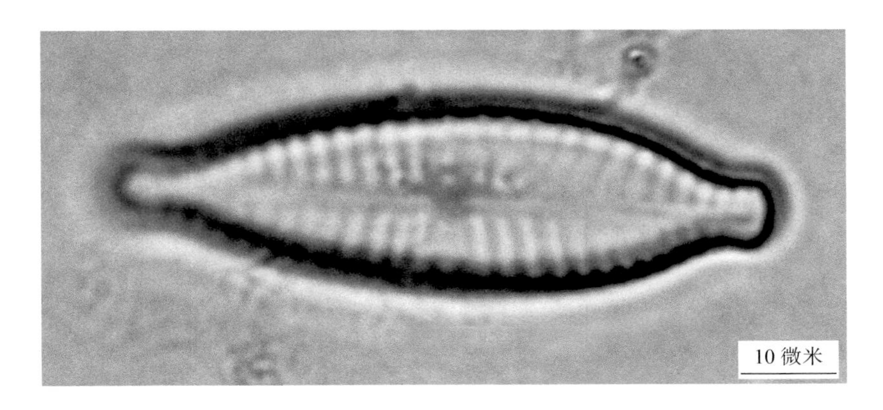

形态特征：

1. 壳面宽（4～）5～7（～10）微米，长 12～26 微米。
2. 横线纹 10 微米内具（8～）10～16（～20）条。

分布：辽河流域。

小形异极藻近椭圆变种 *Gomphonema parvulum* var. *subellipticum*

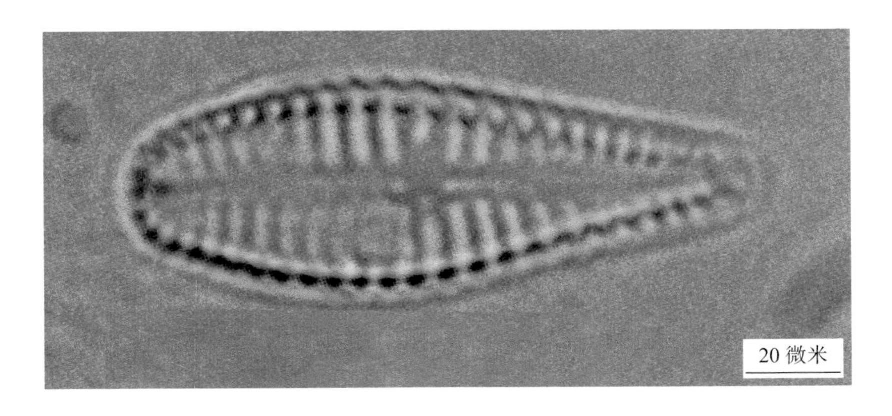

形态特征：

1. 壳面宽 4～8 微米，长 13～29 微米。
2. 横线纹 10 微米内具 6～15 条。

分布：辽河流域。

窄异极藻 *Gomphonema angustatum*

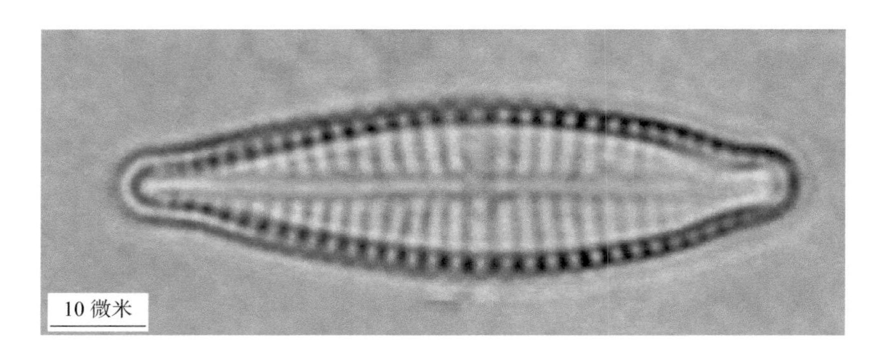

形态特征：

1. 壳面宽 3.5 ～ 8 微米，长 17 ～ 40 微米。

2. 横线纹 10 微米内中部具 8 ～ 11 条，两端具 12 ～ 20 条。

分布：招苏台河、寇河、饶阳河、西拉木伦河、嘎苏代河、查干木伦河、西路嘎河、浑河、太子河。

缢缩异极藻 *Gomphonema constrictum*

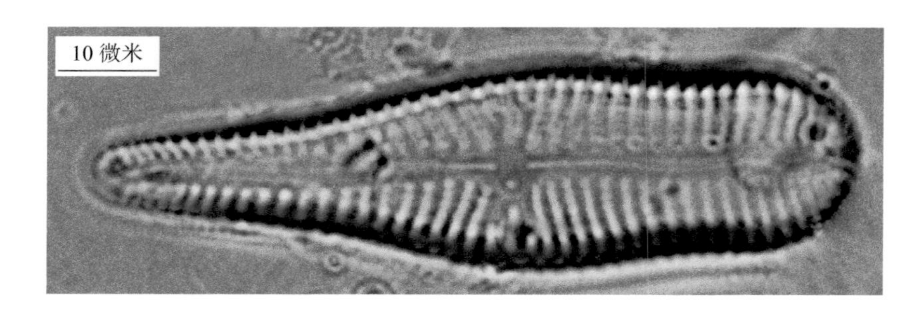

形态特征：

1. 壳面呈棒形，在上部和中部之间有一显著的缢部，末端呈平广圆形或头状，中部到下端逐渐狭窄，长 25 ～ 65 微米，宽 4 ～ 14 微米。

2. 中轴区狭窄，中心区横向放宽，在其一侧有 1 个单独的点纹。

3. 明显由点纹组成的横线纹呈放射状排列，中部两侧横线纹长短交互排列，10 微米内具 10 ～ 14 条。

分布：西辽河干流、寇河、饶阳河。

缢缩异极藻头状变种 *Gomphonema constrictum* var. *capitata*

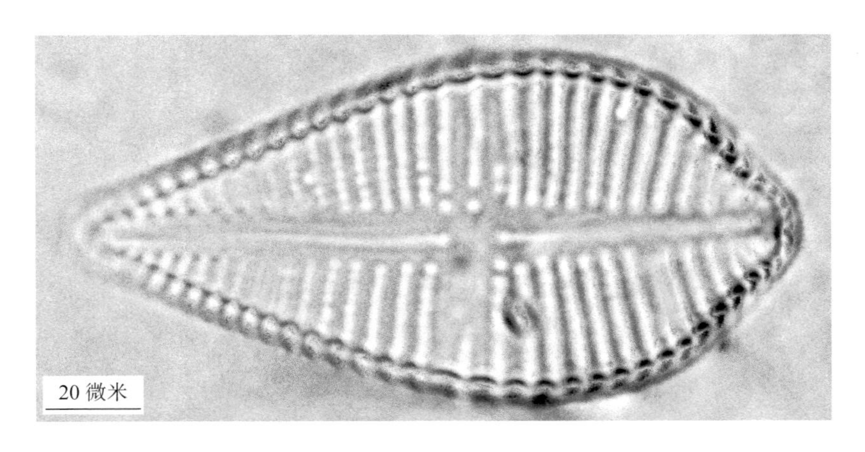

形态特征：

与种的显著差异是上端和中部之间无缢部。长 15 ～ 65 微米。

分布：辽河流域。

长头异极藻 *Gomphonema longiceps*

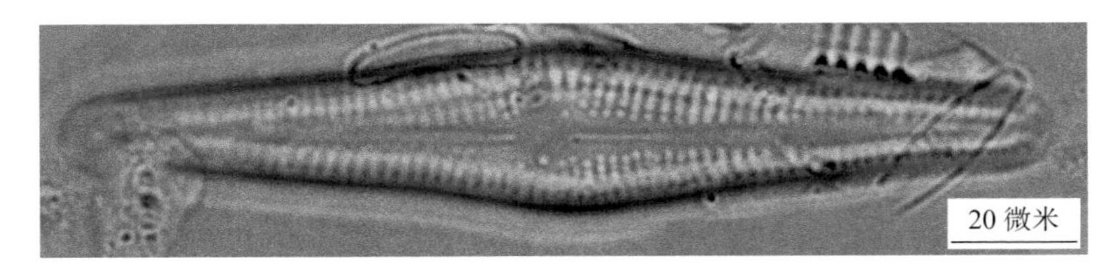

形态特征：

1. 壳面宽 7 ～ 9 微米，长 46 ～ 55 微米。
2. 横线纹 10 微米内具 6 ～ 10 条，两端具 2 ～ 16 条。

分布：太子河。

单壳缝目 Monoraphidinales

单细胞或连成带状群体。在细胞的两个壳面上，仅有一个壳面具真壳缝，另一壳面具有横线纹构成的假壳缝。壳面上的线纹左右两侧对称排列。

曲壳藻科 Achnanthaceae

植物体为单细胞，或连接形成带状群体，有时也形成分枝的树状群体。细胞一壳面具发达的壳缝，另一壳面仅具假壳缝。单细胞种类以具壳缝的一面附着在水中物体上，群体种类以胶质柄着生。

卵形藻属 *Cocconeis*

植物体为单细胞，壳面呈宽椭圆形，上下两壳外形相同，花纹各异或相似。一壳具假壳缝，另一壳具直的或“S”形的壳缝。具中央节和极节。假壳缝或壳缝两侧具横线纹或点纹。带面横向弯曲。具不完全的横隔膜。

虱形卵形藻 *Cocconeis pediculus*

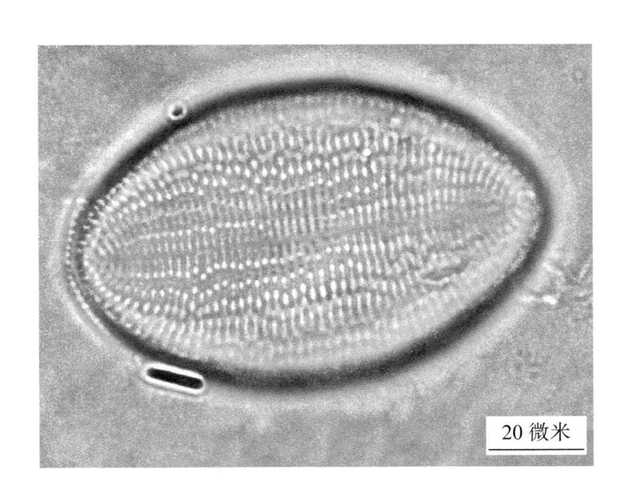

形态特征：

1. 壳面宽 13 ～ 13.5 微米，长 14 ～ 15 微米。
2. 横线纹 10 微米内具 24 ～ 26 条。

分布：西辽河干流、浑河、太子河。

扁圆卵形藻 *Cocconeis placentula*

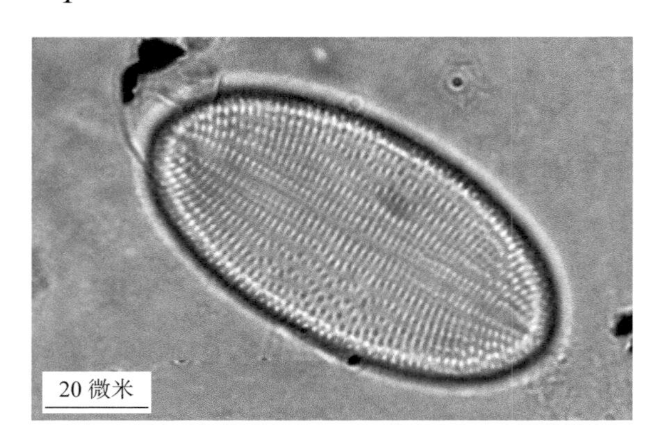

形态特征：

1. 壳面呈椭圆形，具假壳缝的一面为横线纹，由同大的小孔纹连成；具壳缝的一面，各线纹均在近壳的边缘中断，形成一个环绕在近壳缘四周的环状平滑区。

2. 壳面宽 9 ～ 29 微米，长 15 ～ 59 微米。

3. 横线纹 10 微米内上壳面具 15 ～ 20 条，下壳面具 18 ～ 22 条。

分布：辽河流域。

曲壳藻属 *Achnanthes*

植物体为单细胞，或以壳面互相连接成囊状群体，浮游或以胶柄着生。壳面呈线性披针形或线形椭圆形，或少数呈椭圆形。一壳凸出，具假壳缝，另一壳凹入，具壳缝，中央节明显，有时呈十字形，极节不明显。两壳横线纹或点纹相似，或一壳横线纹较平行，另一壳呈放射状。带面纵长弯曲，呈“<”形或弧形，常具明显的花纹。

披针曲壳藻 *Achnanthes lanceolata*

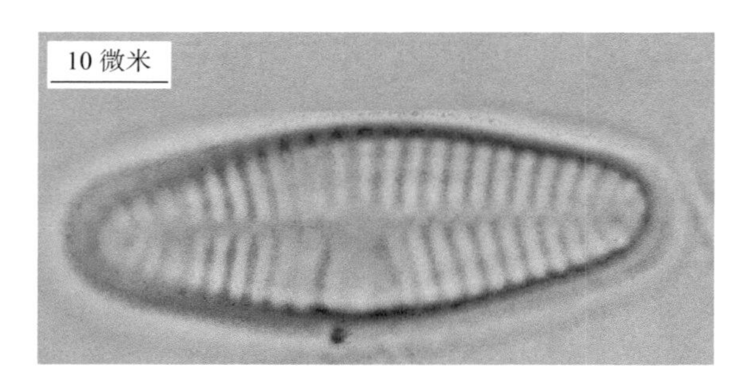

形态特征：

1. 细胞常连接形成丝状群体，壳面呈长椭圆形，中部略膨大，长 8 ～ 40 微米，宽 4 ～ 10 微米。

2. 具假壳缝的一面，假壳缝显著，在中部的一侧有 1 个马蹄形的无纹区。

3. 具壳缝的一面，中央节显著，两个壳面均具横线纹，10 微米内具 13 ～ 17 条。

分布：二道河、寇河、柴河、秀水河、柳河、浑河、太子河、西路嘎河、黑里河。

优美曲壳藻 *Achnanthes delicatula*

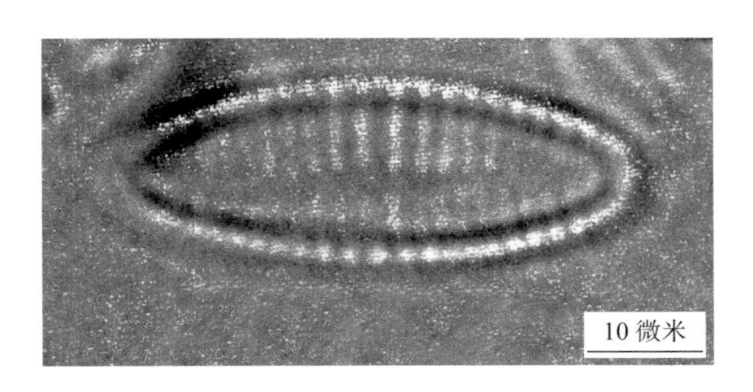

形态特征：

1. 壳面呈椭圆披针形，末端略凸出，略呈喙状，具假壳缝的壳面，假壳缝呈线形，无中心区，具假壳缝的壳面，壳缝呈线形，中心区呈圆形。

2. 壳面宽 5.5 ～ 7.7 微米，长 11 ～ 24 微米。

3. 横线纹 10 微米内上壳面具 12 ～ 14（～ 18）条，下壳面具 12 ～ 15 条。

分布：太子河、浑河。

膨大曲壳藻 *Achnanthes inflata*

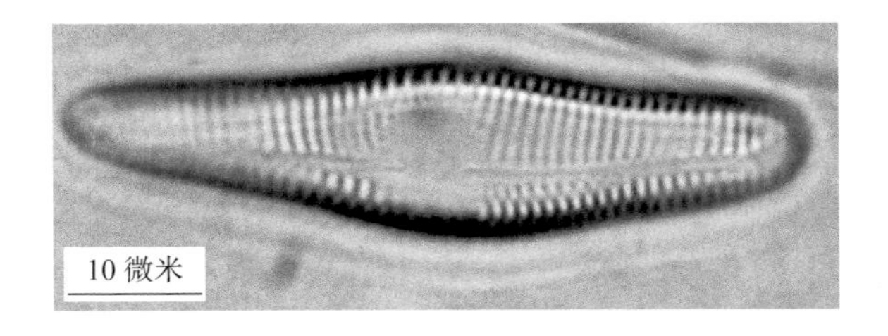

形态特征：

1. 壳面宽 10.5 ～ 15.5 微米，长 38 ～ 54 微米。

2. 横线纹 10 微米内上壳面具 8 ～ 13 条，下壳面具 9 ～ 13 条。

分布：东辽河。

格里门曲壳藻 *Achnanthes grimei*

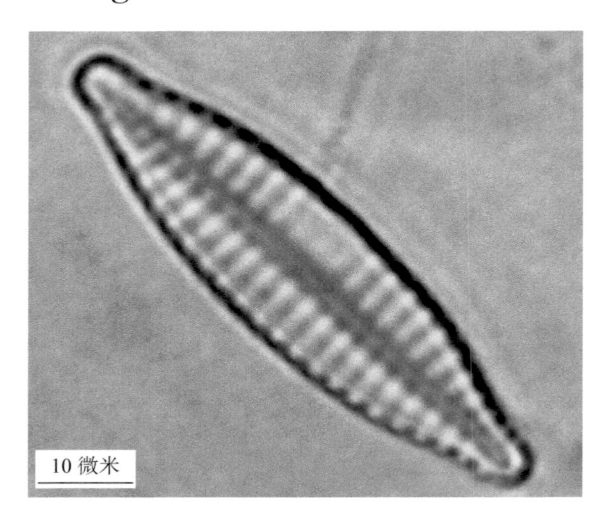

形态特征：

1. 壳面呈线形至椭圆针形，从中部向两端逐渐狭窄，末端钝圆，壳面宽 3.6 ～ 5 微米，长 16 ～ 24 微米。

2. 上壳面假壳缝呈披针形，中心区一侧无线纹，横线纹略呈放射状排列，10 微米内具 18 ～ 22 条，下壳面壳缝呈直线形，中轴区呈窄披针形，中心区横向放宽，横线纹略呈放射状排列，10 微米内具 20 ～ 22 条。

分布：浑河、太子河。

线形曲壳藻 *Achnanthes linearis*

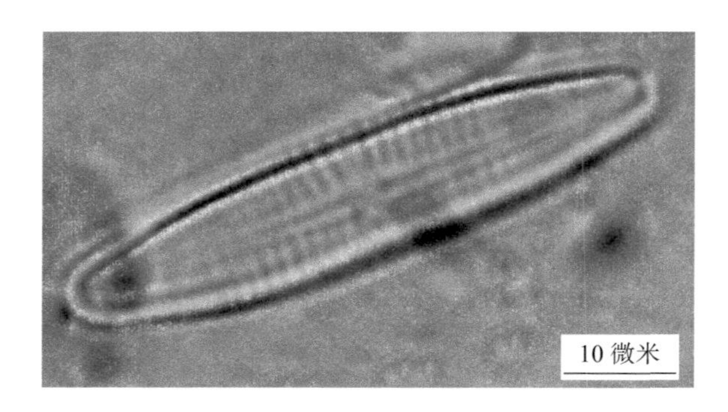

形态特征：

1. 壳面宽 3 ～ 5 微米，长 6.6 ～ 18.5 微米。

2. 横线纹 10 微米内上壳面具 16 ～ 32 条，下壳面具 14 ～ 32 条。

分布：辽河干流、柳河。

弯楔藻属 *Rhoicosphenia*

壳面呈棒状，一壳面的上、下两端仅具发育不全的短壳缝，两侧横线纹极细，另一壳面具壳缝。中央节和极节，横线纹略呈放射状。带面呈楔形、弧形弯曲，具无花纹的间生带。细胞内有两个与壳面平行而等宽，但比壳面稍短的纵长的隔膜。

弯形弯楔藻 *Rhoicosphenia curvata*

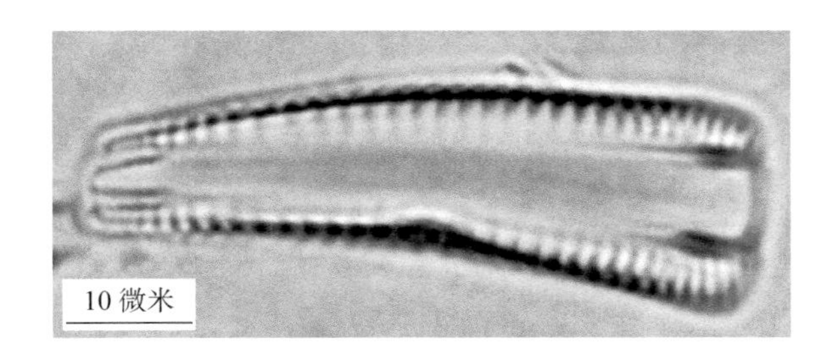

形态特征：

1. 壳面呈棒状，带面呈弯楔形，上端壳缝很短，下端壳缝约为壳面长度的 1/5，无中央节和极节。
2. 壳面宽 4 ～ 8 微米，长 12 ～ 75 微米。
3. 横线纹 10 微米内上壳面具 12 ～ 20 条，下壳面具 10 ～ 19 条。

分布：二道河。

管壳缝目 Aulonoraphidinales

两壳都具管状壳缝，且具有龙骨突和龙骨点。

窗纹藻科 Epithemiaceae

壳面呈舟形至弓形，具发达的管壳缝，管壳缝常在壳面上作角状曲折呈“V”形，或位于背侧边缘的龙骨上，其管内壁上有孔纹。壳面具横肋纹，在肋纹之间具蜂窝状网隙。中央节或极节退化或完全没有。

窗纹藻属 *Epithemia*

壳面略弯曲，背侧凸出，腹侧凹入，末端呈钝圆或近头状。腹侧中部有一条“V”形的管壳缝，其内壁有多个圆形小孔通入细胞内部；具中央节和极节，但不易见到，横贯壳内的横隔壁，构成壳面的肋纹，肋纹间有两条以上的与肋纹平行的点纹或呈网眼状的窝孔纹。有些种类，在壳面和带面连接处有一纵长的隔膜，带面呈长方形，有一块侧生的边缘具裂片的色素体。

光亮窗纹藻 *Epithemia argus*

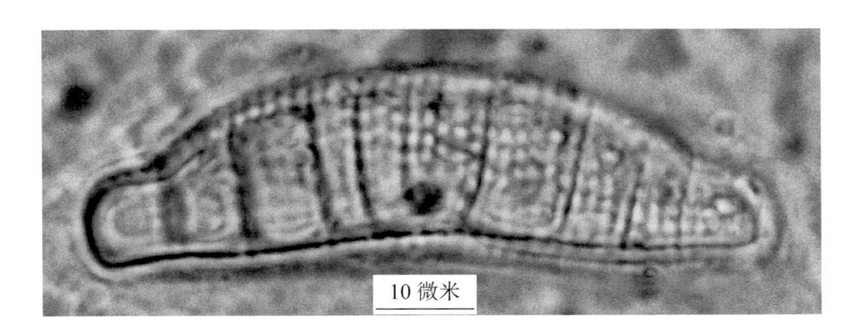

形态特征：

1. 壳面背侧凸出，腹侧略凹入或近平直，两端略延长，末端呈钝圆形，长 30 ～ 130 微米，宽 6 ～ 15 微米。

2. 肋纹粗，呈放射状排列，10 微米内具 1 ～ 3 条，窝孔纹 10 微米内具 10 ～ 15 条，两条肋纹间具 4 ～ 7 条。

3. 有明显的隔膜。

分布：西辽河干流。

斑纹窗纹藻 *Epithemia zebra*

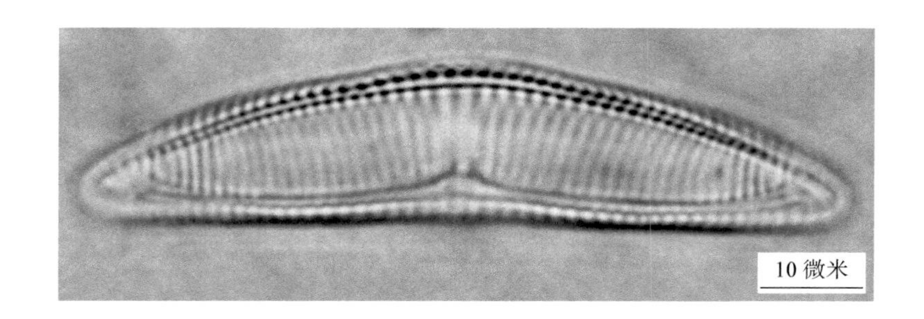

形态特征：

1. 壳面直长，背侧凸出，腹侧略凹入，末端呈钝圆形，具很薄的隔膜。

2. 细胞长 30 ～ 150 微米，宽 7 ～ 14 微米。

3. 肋纹近于平直，10 微米内具 2 ～ 4 条，窝孔纹 10 微米内具 12 ～ 14 条，两条肋纹间具 3 ～ 8 条。

分布：西辽河干流。

菱形藻科 Nitzschiaceae

细胞呈长形，罕呈椭圆形。壳面的一侧具龙骨突起，在龙骨突起上具管壳缝，管壳缝内壁有许多小孔，称为龙骨点，龙骨点与细胞内部相联系。常无间生带和隔膜。

菱板藻属 *Hantzschia*

细胞纵长，壳面呈直或“S”形、线形或椭圆形，两侧边缘缢缩或不缢缩，两端呈尖形、近喙状或渐尖。龙骨突起在壳面一侧的边缘，管壳缝位于龙骨突起上，具小的中央节和极节，管壳缝内壁龙骨点明显，上下壳的龙骨突起彼此平行相对。壳面具横线纹或一列点纹。带面呈矩形，两端呈截形。

双尖菱板藻 *Hantzschia amphioxys*

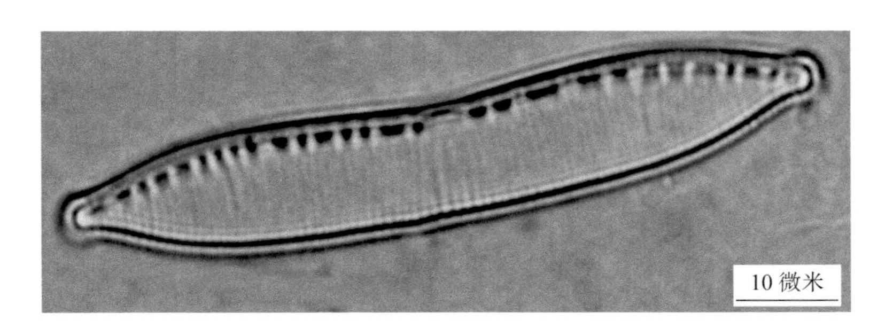

形态特征：

1. 壳面呈弓形，背侧略凸出，腹侧凹入，两端显著逐渐狭窄，末端略呈喙状至头状。
2. 壳面宽 5 ～ 10 微米，长 24 ～ 105 微米。
3. 龙骨点 10 微米内具 5 ～ 10 个，横线纹 10 微米内具 14 ～ 24 条。

分布：招苏台河、寇河、清河、柴河、柳河、浑河、太子河。

菱形藻属 *Nitzschia*

植物体常为单细胞，个别种类细胞位于单一的或分枝的胶质管中。细胞外形、花纹和管壳缝的构造与菱板藻属相同。上下壳的龙骨突起，彼此交叉相对。带面观呈菱形。

池生菱形藻 *Nitzschia stagnorum*

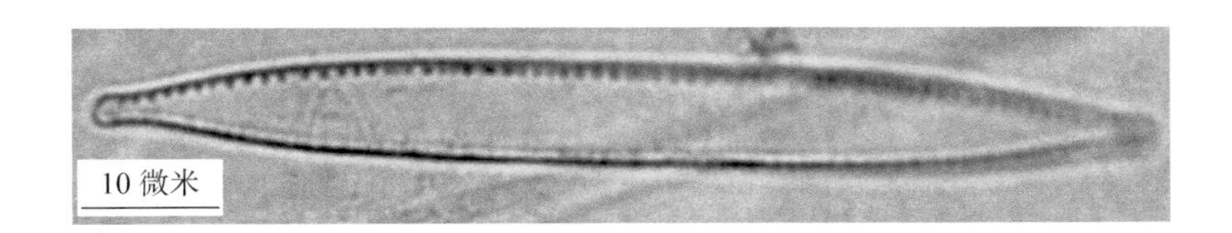

形态特征：

1. 壳面呈线形，两侧中部边缘略凹入，两端逐渐狭窄略延长，末端呈楔形。
2. 壳面宽 3 ～ 6.6 微米，长 22 ～ 55 微米。
3. 龙骨点 10 微米内具 8 ～ 12 个，横线纹 10 微米内具 20 ～ 26 条。

分布：广泛。

谷皮菱形藻 *Nitzschia palea*

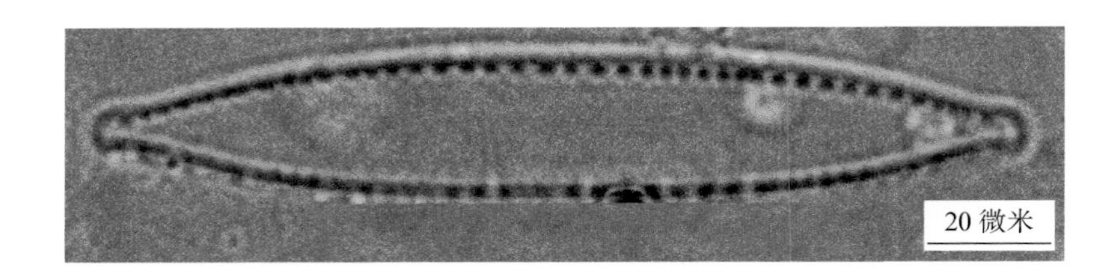

形态特征：

1. 壳面呈线形至线性披针形，两端逐渐渐窄，末端呈楔形。
2. 壳面宽 2.5 ～ 5.5 微米，长（16 ～）20 ～ 30（～ 52）微米。
3. 龙骨点 10 微米内具（7 ～）10 ～ 14（～ 16）个，横线纹 10 微米内具 30 ～ 40 条。

分布：辽河流域。

库津菱形藻 *Nitzschia kuetzingiana*

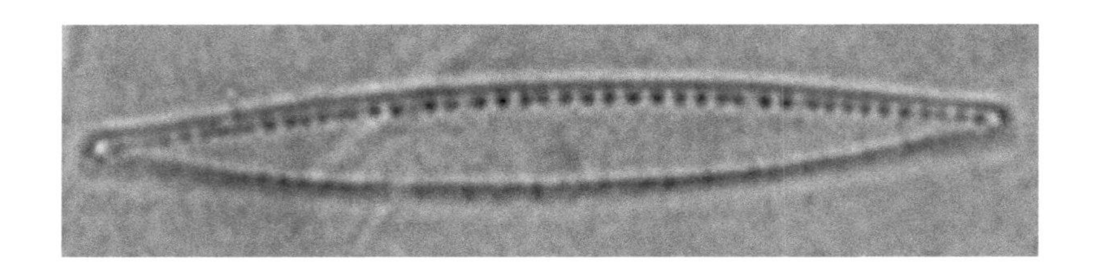

形态特征：

1. 壳面宽 3 ～ 4.5 微米，长 15 ～ 33 微米。
2. 龙骨点 10 微米内具 10 ～ 18 个，横线纹 10 微米内具 25 ～ 37 条。

分布：招苏台河、柴河、柳河。

针形菱形藻 *Nitzschia acicularis*

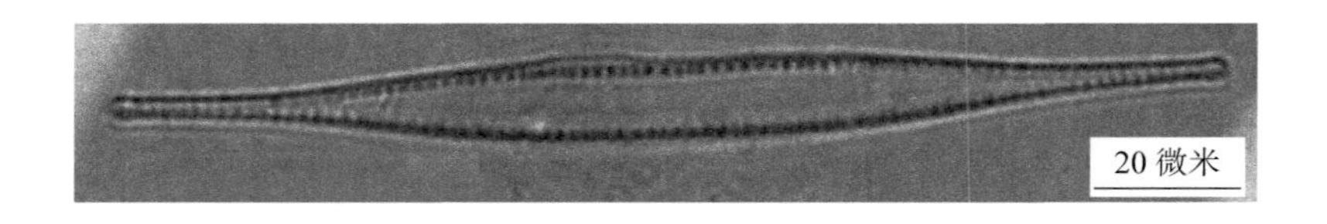

形态特征：

1. 壳面宽 3 ～ 4 微米，长 43 ～ 58 微米。
2. 龙骨点 10 微米内具 17 ～ 20 个，横线纹极细，在光学显微镜下很难分辨。

分布：辽河干流、柳河、苏子河、秀水河。

细端菱形藻 *Nitzschia dissipata*

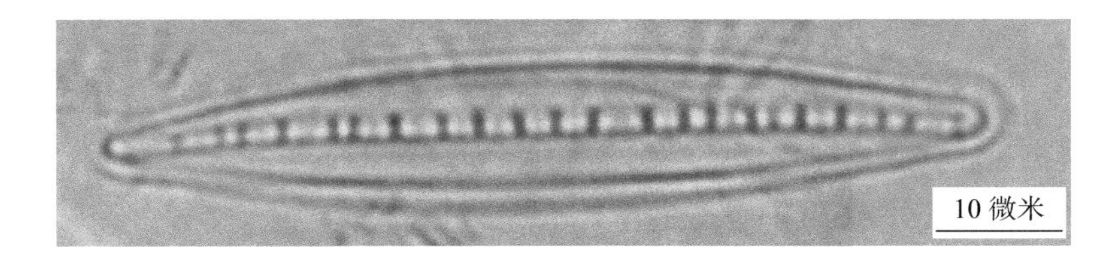

形态特征：

1. 壳面宽 4 ～ 7.5 微米，长 24 ～ 79.6 微米。
2. 龙骨点 10 微米内具 7 ～ 12 个，横线纹极细，在光学显微镜下很难分辨。

分布：西拉木伦河、古力古台河、西路嘎河、西辽河干流、浑河、太子河。

线形菱形藻 *Nitzschia linearis*

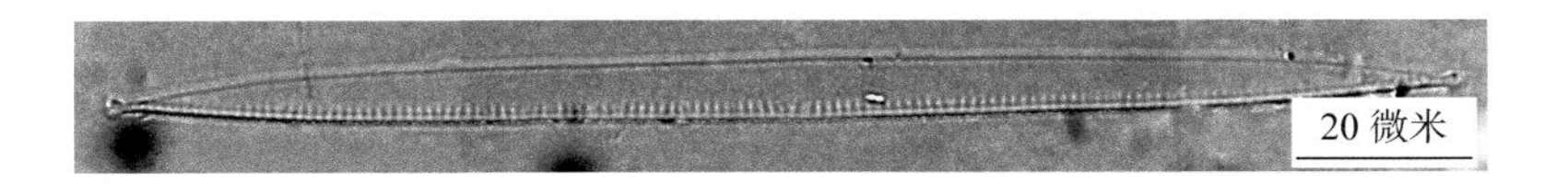

形态特征：

1. 壳面呈棒状，两侧平行，具龙骨突的一侧的中部边缘缢入，两侧渐窄，末端凸出呈头状。
2. 壳面宽（4 ～）5 ～ 6（～ 6.6）微米，长 46 ～ 171.6 微米。
3. 龙骨点 10 微米内具 8 ～ 14 个，横线纹 10 微米内具 28 ～ 32（～ 36）条。

分布：辽河流域。

类“S”状菱形藻 *Nitzschia sigmoides*

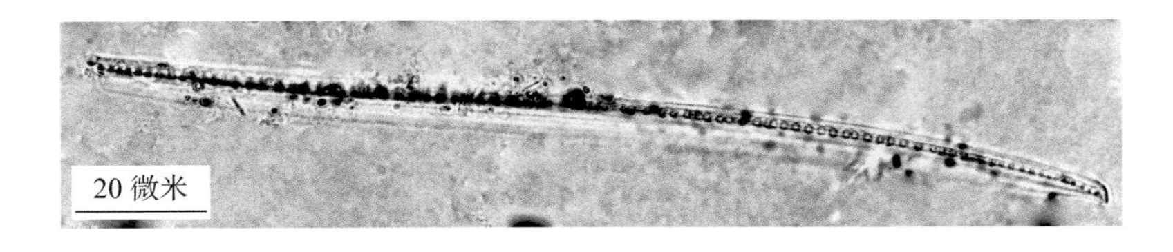

形态特征：

1. 壳面宽 9 ～ 14 微米，长 130 ～ 388 微米。
2. 龙骨点 10 微米内具 22 ～ 28 个，横线纹 10 微米内具 22 ～ 28 条。

分布：招苏台河、清河、秀水河、饶阳河、浑河、太子河。

泉生菱形藻 *Nitzschia fonticola*

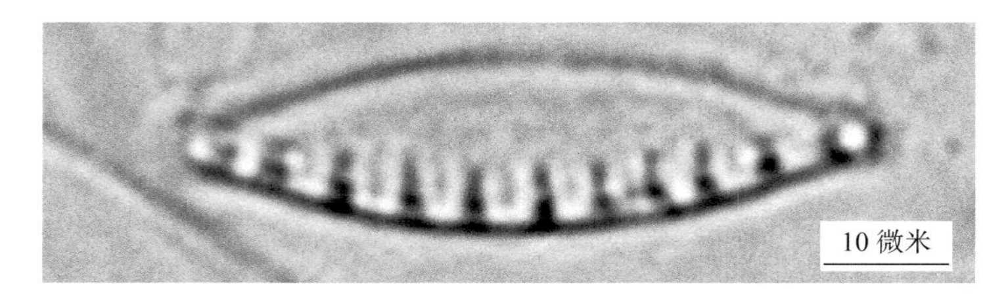

形态特征：

1. 壳面呈披针形，两端略延长，末端呈尖圆形。
2. 壳面宽 3 ～ 4 微米，长 9 ～ 29.5 微米。
3. 龙骨点 10 微米内具 7 ～ 16 个，横线纹 10 微米内具 22 ～ 32 条。

分布：西路嘎河、西辽河干流、招苏台河、浑河。

多变菱形藻 *Nitzschia commutata*

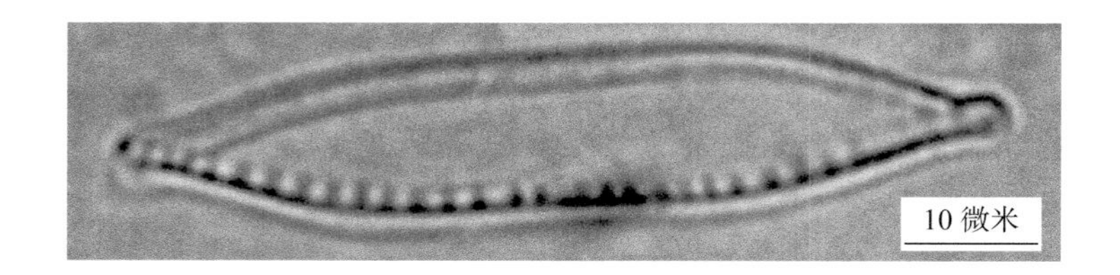

形态特征：

1 . 壳面宽（3.5 ～）5 ～ 8（～ 13.5）微米，长（28 ～）36 ～ 90（～ 100.5）微米。

2 . 龙骨点 10 微米内具（5 ～）7 ～ 10（～ 14）个，横纹线 10 微米内具（16 ～）18 ～ 22（～ 24）条。

分布：西辽河干流、太子河。

弯曲菱形藻平片变种 *Nitzschia sinuata* var. *tabellaria*

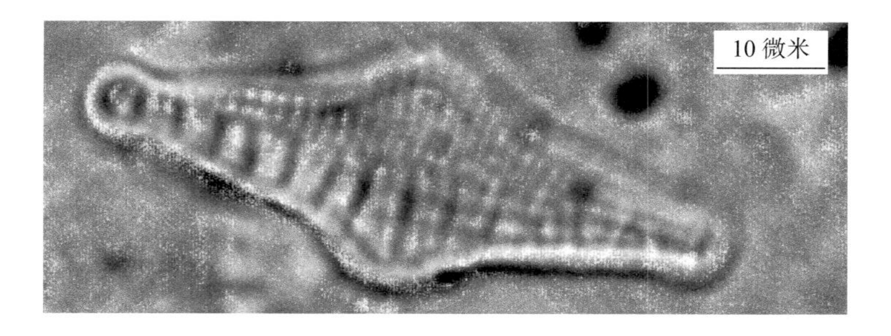

形态特征：

1. 壳面宽 5 ～ 8 微米，长 12 ～ 21.5 微米。
2. 龙骨点 10 微米内具 2 ～ 7 个，横线纹 10 微米内具 18 ～ 26 条。

分布：太子河、蒲河。

小片菱形藻 *Nitzschia frustulum*

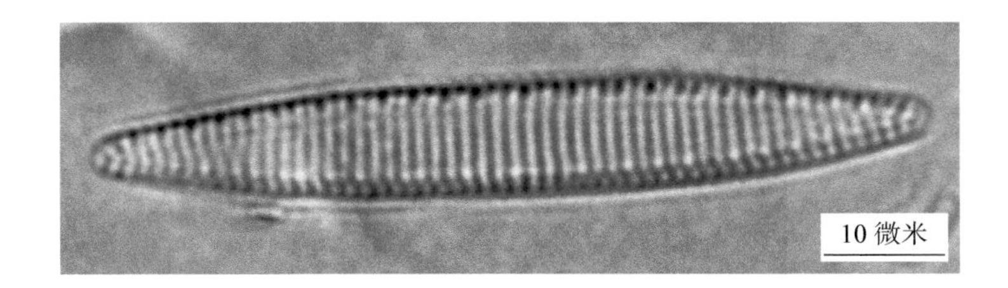

形态特征：

1. 壳面宽 2 ～ 4 微米，长 12.5 ～ 44.5 微米。
2. 龙骨点 10 微米内具 6 ～ 14 个，横纹线 10 微米内具 18 ～ 28 条。

分布：辽河流域。

小片菱形藻很小变种 *Nitzschia frustulum* var. *perpusilla*

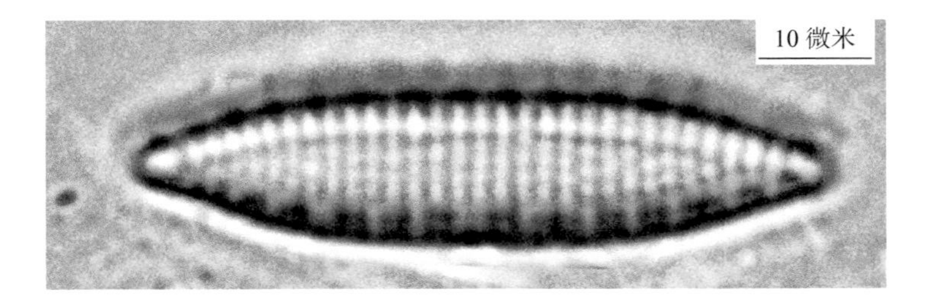

形态特征：

1. 壳面宽 2.5 ～ 4 微米，长 9 ～ 22.6 微米。
2. 龙骨点 10 微米内具 8 ～ 15 个，横线纹 10 微米内具 19 ～ 24 条。

小片菱形藻细微变种 *Nitzschia frustulum* var. *perminuta*

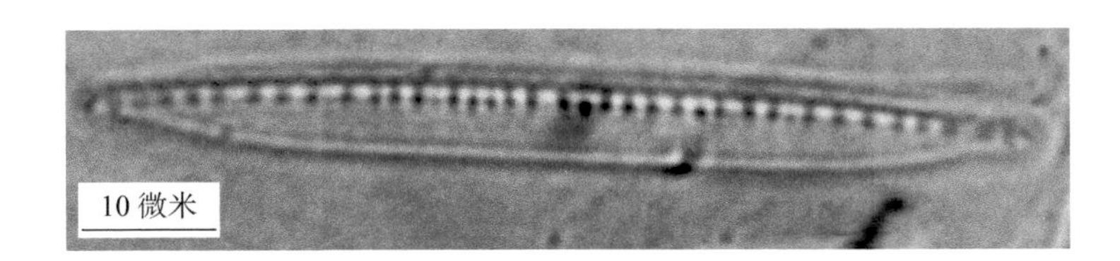

形态特征：

1. 壳面宽 2 ～ 3.6 微米，长 11 ～ 22 微米。
2. 龙骨点 10 微米内具 11 ～ 14 个，横线纹 10 微米内具 25 ～ 32 条。

小头菱形藻 *Nitzschia microcephala*

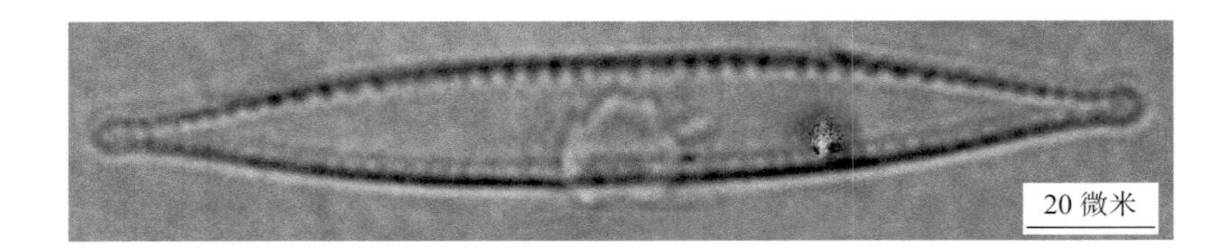

形态特征：

1. 壳面呈线形，两端略延长，末端呈尖圆形。
2. 壳面宽 3 微米，长 17 微米。
3. 龙骨点 10 微米内具 10 ～ 11 个，横线纹 10 微米内具 32 ～ 34 条。

分布：二道河、寇河、太子河。

小头端菱形藻 *Nitzschia capitellata*

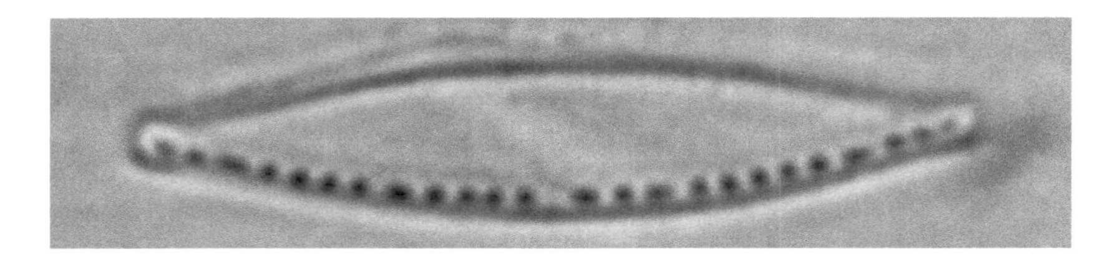

形态特征：

1. 壳面宽 3 ～ 8 微米，长 25.5 ～ 52 微米。
2. 龙骨点 10 微米内具（6 ～）10 ～ 12（～ 14）个，横线纹 10 微米内具（16 ～）24 ～ 30（～ 41）条。

分布：古力古台河、西路嘎河。

直菱形藻 *Nitzschia recta*

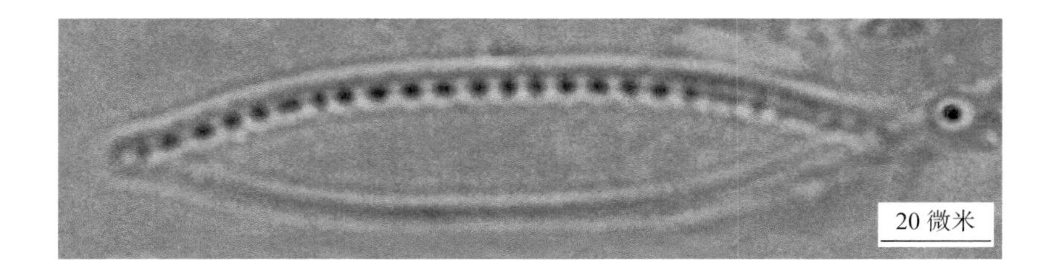

形态特征：

1. 壳面宽 6 ～ 8 微米，长 58 ～ 88 微米。
2. 龙骨点 10 微米内具 5 ～ 10 个，横线纹 10 微米内具 30 ～ 40 条。

分布：太子河。

钝端菱形藻 *Nitzschia obtuse*

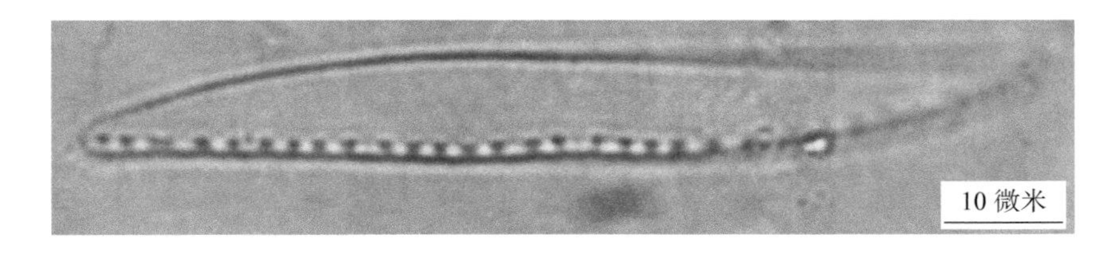

形态特征：

1. 壳面宽 7 微米，长 211 微米。

2. 龙骨点 10 微米内具 6 ～ 7 个，横线纹 10 微米内具 30 条。

分布：亮子河、寇河、柴河、浑河、太子河。

霍弗里菱形藻 *Nitzschia heuflerana*

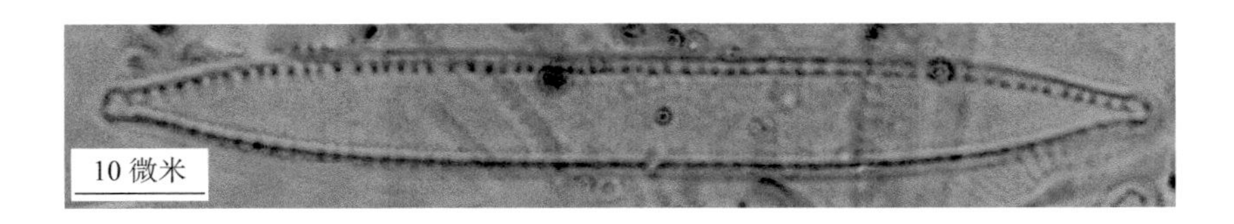

形态特征：

1. 壳面宽 4 ～ 7.6 微米，长 45 ～ 95 微米。

2. 龙骨点 10 微米内具 8 ～ 12 个，横线纹 10 微米内具 20 ～ 26 条。

分布：西路嘎河、浑河、太子河。

近线形菱形藻 *Nitzschia sublinearis*

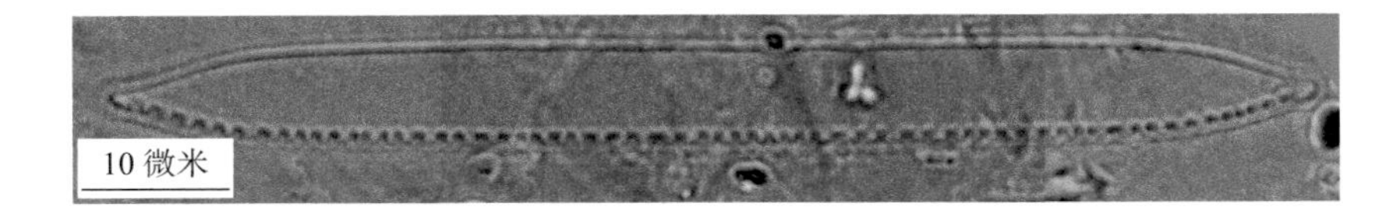

形态特征：

1. 壳面宽 3 ～ 5（～ 6.6）微米，长（27 ～）30 ～ 77（～ 88）微米。

2. 龙骨点 10 微米内具（7 ～）10 ～ 15（～ 16）个，横纹线 10 微米内具（18 ～）20 ～ 35（～ 38）条。

分布：浑河、太子河。

岸边菱形藻 *Nitzschia littoralis*

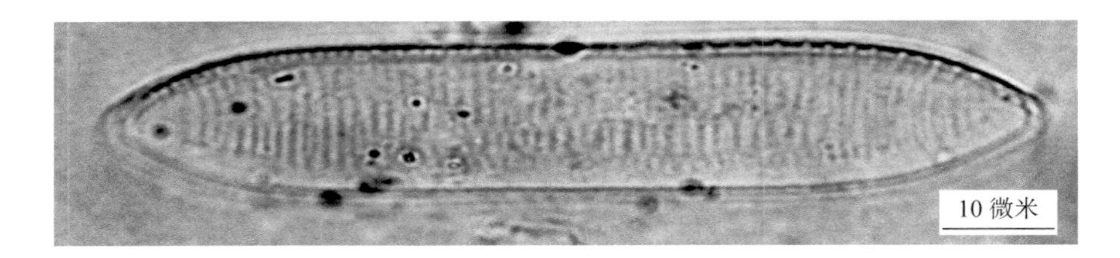

形态特征：

1. 壳面宽 9 ～ 11 微米，长 39 ～ 49.5 微米。
2. 龙骨点 10 微米内具 7.5 ～ 10 个，横线纹 10 微米内具 11 ～ 13 条。

分布：亮子河、寇河、清河、柴河、秀水河、浑河、太子河。

柔弱菱形藻 *Nitzschia debilis*

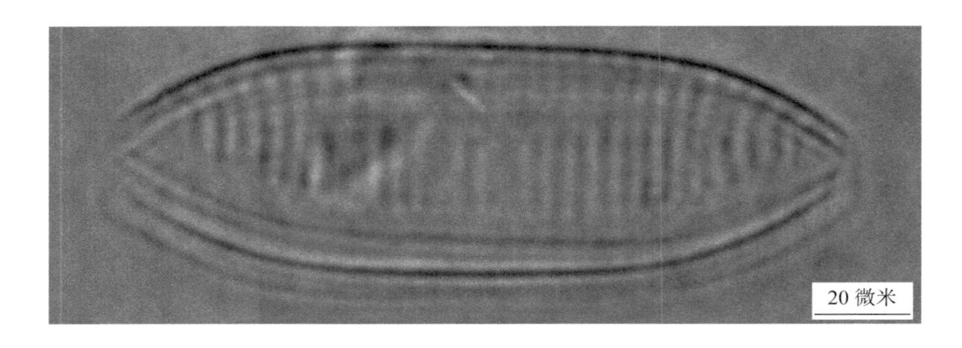

形态特征：

1. 壳体很小，结构很细，壳面呈椭圆形，末端呈尖钝圆形，宽 10.5 微米，长 35 微米。
2. 龙骨点 10 微米内具 8 个，横粗线纹 10 微米内具 16 条，横细线纹 10 微米内具 16 条。

分布：秀水河、太子河。

丝状菱形藻 *Nitzschia filiformis*

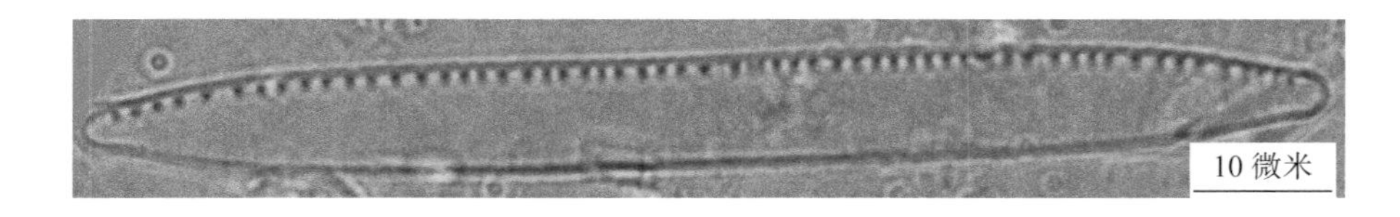

形态特征：

1. 壳面宽 3 ～ 4 微米，长 22 ～ 39 微米。
2. 龙骨点 10 微米内具 8 ～ 11 个，横线纹 10 微米内具 32 条。

分布：二道河、柳河。

海地菱形藻 *Nitzschia heidenii*

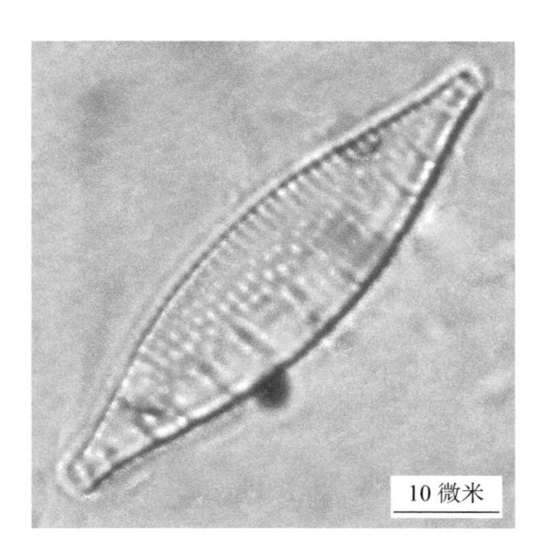

形态特征：

1. 壳面宽 3 ～ 6 微米，长 12 ～ 38 微米。
2. 龙骨点 10 微米内具 3 ～ 7 个，横线纹 10 微米内具 18 ～ 28 条。

分布：浑河。

普通菱形藻缩短变种 *Nitzschia communis* var. *abbreviata*

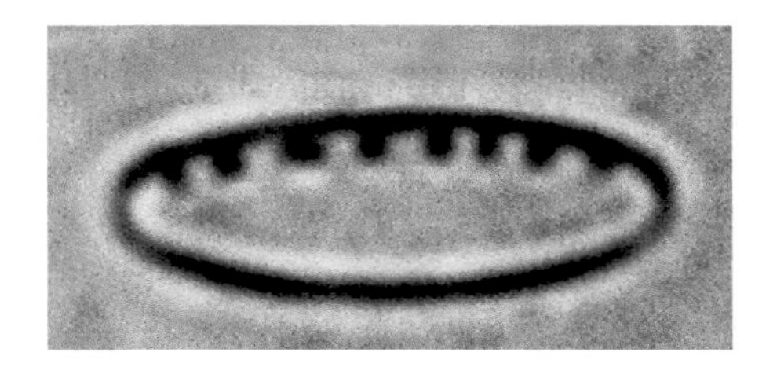

形态特征：

1. 壳体很小，壳面呈卵圆形，宽 2.5 微米，长 6 微米。
2. 龙骨点 10 微米内具 12 个，横线纹 10 微米内具 30 条。

双菱藻科 Surirellaceae

壳面有时呈波状弯曲。具龙骨及翼状物围绕整个壳缘。管壳缝通过翼沟与细胞内部相联系。翼沟间以膜相连接，构成中间间隙。带面两侧平行。

波缘藻属 *Cymatopleura*

壳面呈椭圆形、披针形或线形，作横向上下起伏。壳面两侧边缘具龙骨，上有管壳缝。

壳面两侧具粗的横肋纹，有时肋纹很短，使壳缘呈串珠状，肋纹间有横贯壳面的细线纹，许多种类线纹不明显。带面呈线形，两侧具明显的波状皱褶。

椭圆波缘藻 *Cymatopleura elliptica*

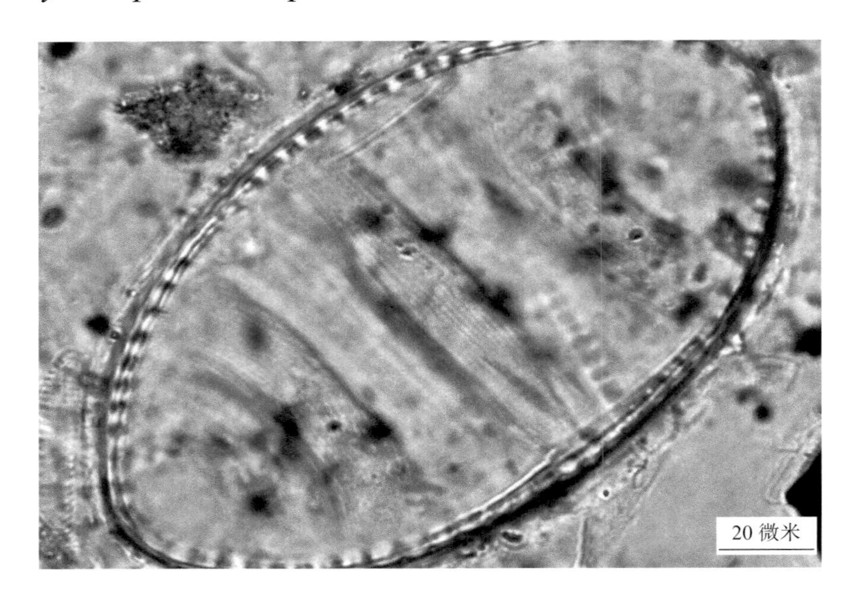

形态特征：

1. 壳面呈广椭圆形，末端宽平圆形，肋纹短。
2. 壳面宽 15 ～ 61 微米，长 43 ～ 117.5 微米。
3. 龙骨点 10 微米内具 7 ～ 8 个，横线纹 10 微米内具 17 ～ 20 条。

分布：浑河、太子河。

椭圆波缘藻缢缩变种 *Cymatopleura elliptica* var. *constricta*

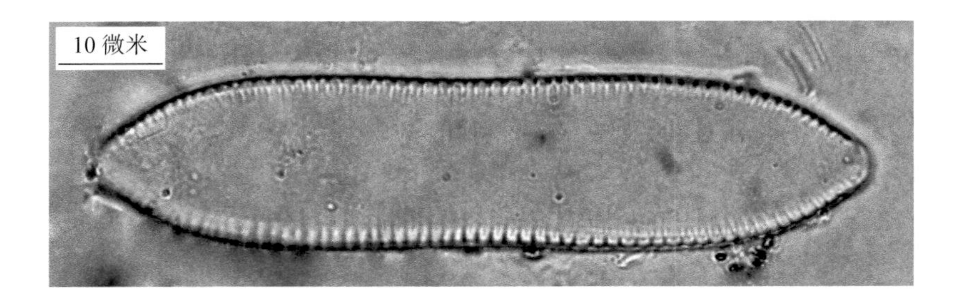

形态特征：

与种不同的显著特征是壳面呈线形、椭圆形，两侧中部略缢缩。

草鞋形波缘藻 *Cymatopleura solea*

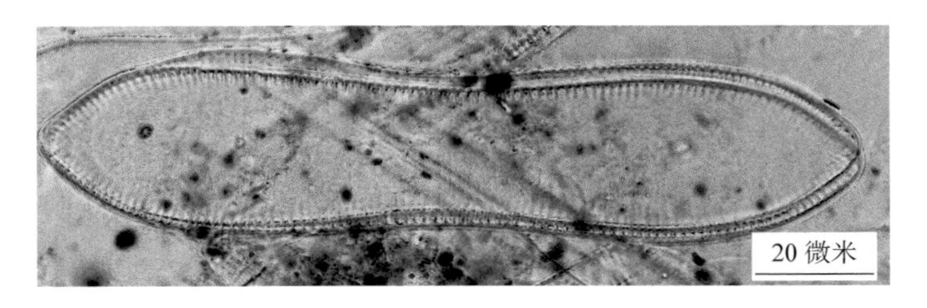

形态特征：

1. 壳面呈宽线形，中部缢缩，末端呈钝圆楔形，肋纹短，带面两侧具明显的波状皱褶。
2. 壳面宽 11 ～ 27 微米，长 42 ～ 152 微米。
3. 龙骨点 10 微米内具 7 ～ 9 个，横线纹 10 微米内具 7 ～ 9 条。

分布：柳河、饶阳河、浑河、太子河。

双菱藻属 *Surirella*

单细胞真性浮游类型。壳面呈线形、椭圆形或卵形，平直或呈螺旋状扭曲。两侧边缘具龙骨，龙骨上具管壳缝，管壳缝内壁具龙骨点。具长或短的横肋纹，肋纹间有纤细的横线纹。带面呈长方形或楔形。

卵圆双菱藻 *Surirella ovalis*

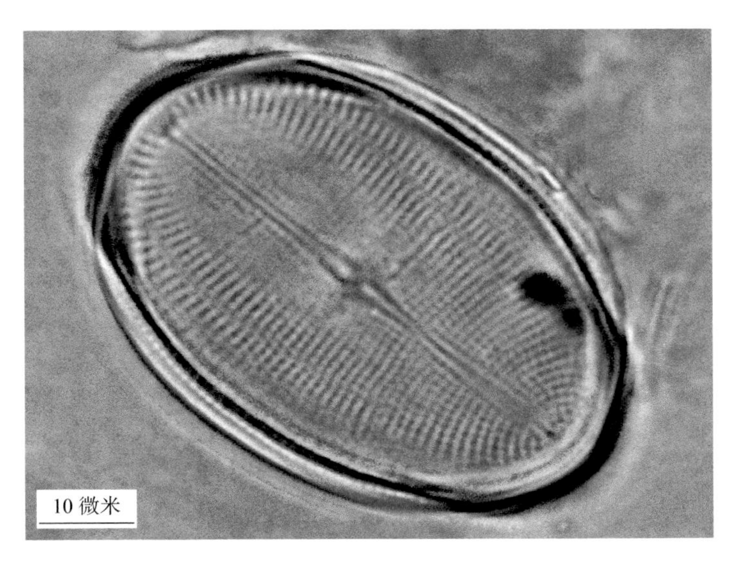

形态特征：

1. 壳面宽 20 ～ 44.5 微米，长 27 ～ 101 微米。
2. 翼状管 10 微米内具 3 ～ 5 个，横线纹 10 微米内具 13 ～ 16 条。

分布：西辽河干流、东辽河、柴河、浑河、太子河。

卵圆双菱藻盐生变种 *Surirella ovalis* var. *salina*

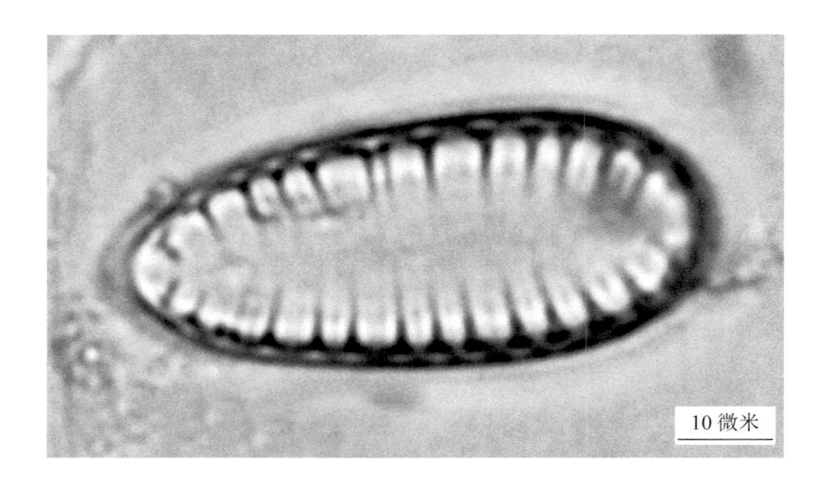

形态特征：

1. 壳面宽 11.5 ～ 35 微米，长 27 ～ 97 微米。
2. 翼状管 10 微米内具 4 ～ 5 个，横线纹 10 微米内具 17 ～ 24 条。

卵形双菱藻 *Surirella ovata*

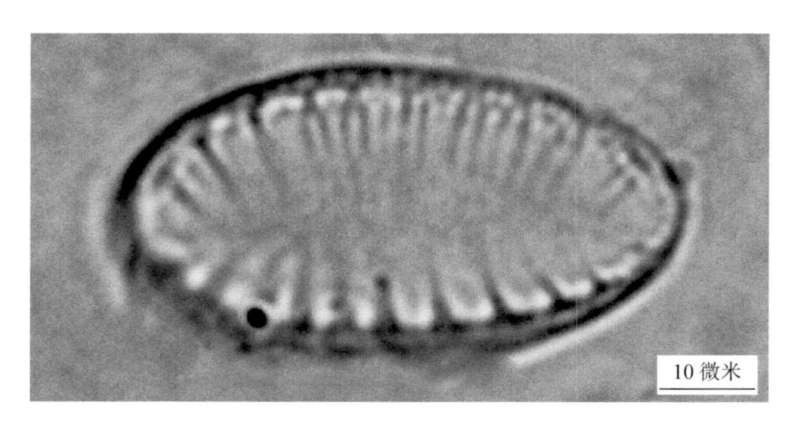

形态特征：

1. 壳体两端异形，壳面呈较窄或较宽的卵形，末端呈钝圆形，长 15 ～ 70 微米，宽 8 ～ 23 微米。
2. 龙骨不发达，没有翼状突起，翼状管 100 微米内具 40 ～ 70 个。
3. 横线纹 10 微米内具 16 ～ 20 条，带面略呈楔形。

分布：古力古台河、浑河、太子河。

粗壮双菱藻 *Surirella robusta*

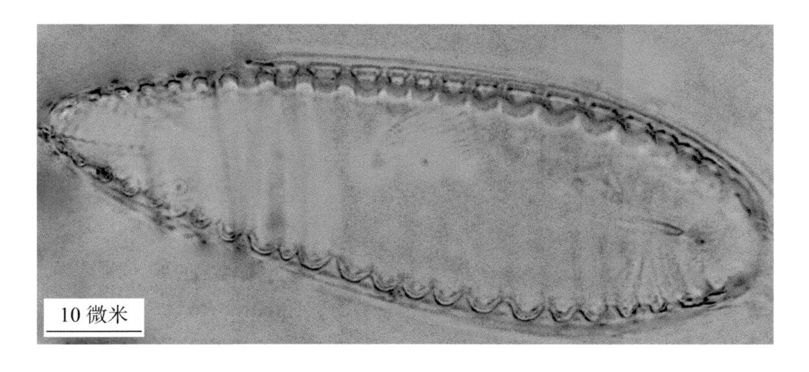

形态特征：

1. 壳面两端异形，壳面呈卵形至椭圆形，末端呈钝圆形，长 150 ～ 400 微米，宽 50 ～ 150 微米。

2. 翼很发达，翼状突起清楚，翼状管 100 微米内具 7 ～ 15 个，带面呈楔形。

分布：招苏台河、寇河、秀水河、饶阳河、浑河、太子河。

二列双菱藻 *Surirella biseriata*

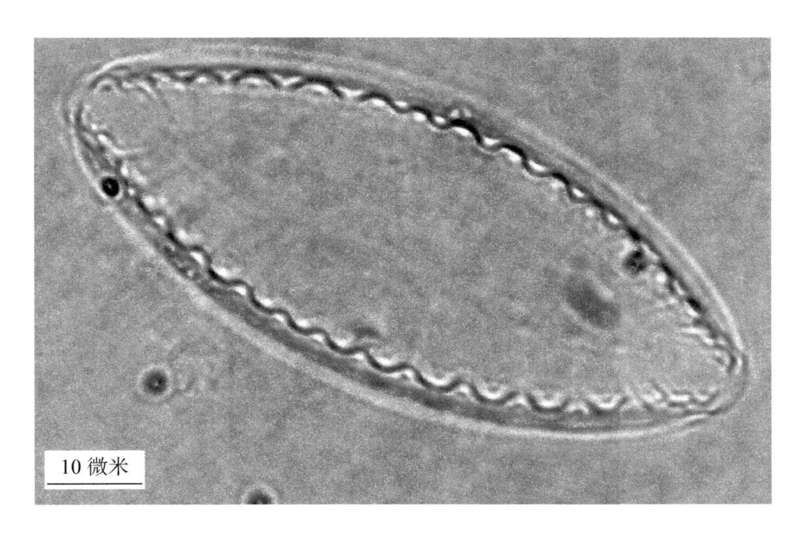

形态特征：

1. 壳面宽 52 微米，长 149 微米。

2. 翼状管 10 微米内具 3 ～ 4 个。

分布：太子河。

软双菱藻 *Surirella tenera*

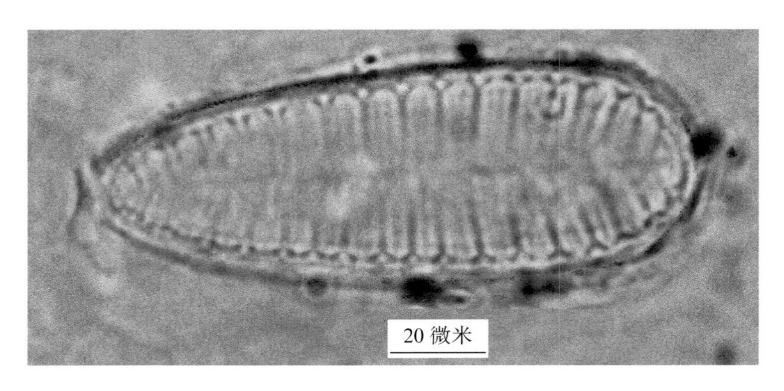

形态特征：

1. 壳面宽 22.6 ～ 35 微米，长 87.6 ～ 110 微米。
2. 翼状管 10 微米内具 1.5 ～ 3 个。

分布：浑河、太子河。

窄双菱藻 *Surirella angusta*

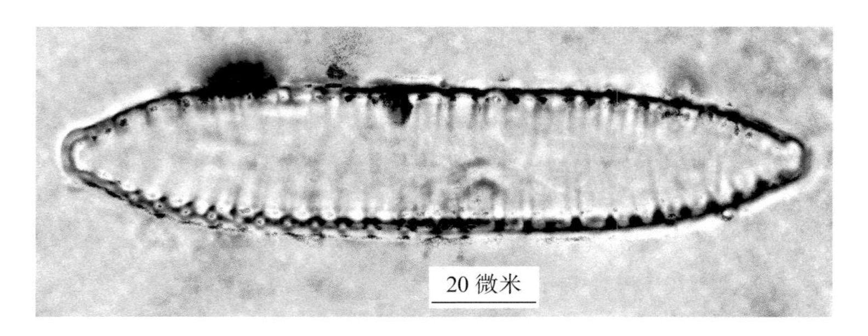

形态特征：

1. 壳体两端同行，壳面呈线形，两侧平行，两端逐渐狭窄，末端呈楔形，常略呈喙状，翼很窄，翼状突起很不明显。
2. 壳面宽（6 ～）7 ～ 8（～ 9）微米，长（17.5 ～）20 ～ 40（～ 50）微米。
3. 翼状管 10 微米内具（5 ～）6 ～ 7（～ 8）个，横线纹 10 微米内具（14 ～）18 ～ 21（～ 28）条。

分布：东辽河、西辽河干流。

裸藻门 Euglenophyta

裸藻细胞呈纺锤形、圆柱形、圆形、卵形等，多数为单细胞游动种类，少数为具胶质柄附着生活种类。细胞裸露无壁，细胞质外层特化为表质。有的表质较硬，细胞保持一定的形态，有的较软，细胞能变形。表质表面常具线纹、点纹或光滑。部分种类细胞具胶质的囊壳，囊壳表面具点孔状、颗粒状、瘤状刺状或其他形状的纹饰，有的光滑。细胞前端具囊形的食道，由胞口与外界相通。鞭毛一条或两条，极少数三条或无鞭毛，有色素的种类大多具一条鞭毛。色素体一般呈盘状、片状或星状。有色素的种类细胞前端一侧有一红色眼点，具感光性。某些无色素种类，胞咽附近有呈棒状的杆状器，同化产物主要为副淀粉，兼有脂肪。

裸藻纲 Euglenophyceae

多数为单细胞游动种类。无细胞壁，细胞质特化为表质，表质较硬的种类，形态比较固定；表质较软的种类，细胞形态易变形。绝大多数具色素体，眼点明显。

裸藻目 Euglenales

多数为单细胞游动种类。表壳较硬或柔软。具两条鞭毛的种类，鞭毛等长或不等长。自养为主，或动物性摄食、腐生性摄食。

裸藻科 Euglenaceae

多数种类具 1 条鞭毛，少数具 2 或 3 条，每条鞭毛在近基部，具 1 个颗粒体，有或无分叉；表质坚硬或柔软，形状多样；某些属的细胞具囊壳；绝大多数种类具色素体；眼点明显；无杆状器。营养以自养为主。

裸藻属 *Euglena*

多数为绿色单鞭毛种类。细胞形状以纺锤形为主，少数呈圆柱形或圆形，横切面呈圆形或椭圆形，后端多少延伸成尾状。多数种类表质柔软，形状易变，少数形状稳定，表质具螺旋形排列的线纹或颗粒。色素体一至多个，呈盘状、片状、带状或星状。少数种类无色或具裸藻红素。有各种形状和大小不等的副淀粉颗粒。眼点明显。

尖尾裸藻 *Euglena oxyuris*

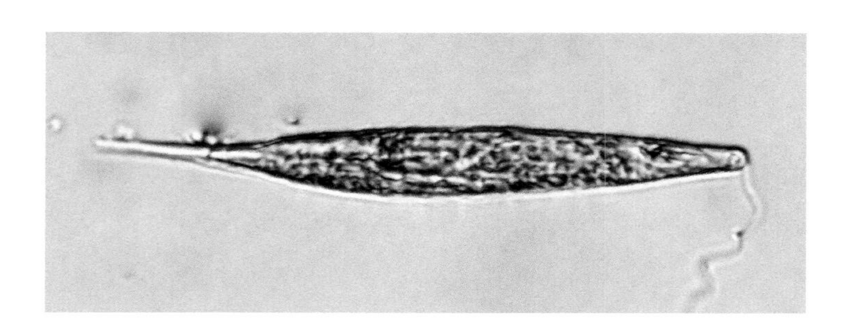

形态特征：

1. 细胞长 100 ～ 450 微米，宽 16 ～ 61 微米。

2. 细胞略能变形，近圆柱形，有时扁平，有时呈螺旋形扭转，有时可见到螺旋形的腹沟；前端呈圆形，后端渐细呈尖尾状；表质具自右向左的螺旋形线纹。

3. 色素体呈小盘形，多数，无蛋白核；副淀粉多数，两个大的呈环形（有时多个），位于核的前后两端，而小的则呈杆形、卵形或环形颗粒。

4. 鞭毛较短，不易见到，为体长的 1/4 ～ 1/2。眼点明显，核中位。

分布：招苏台河、清河、秀水河、养息牧河、细河、东辽河、嘎苏代河。

绿色裸藻 *Euglena viridis*

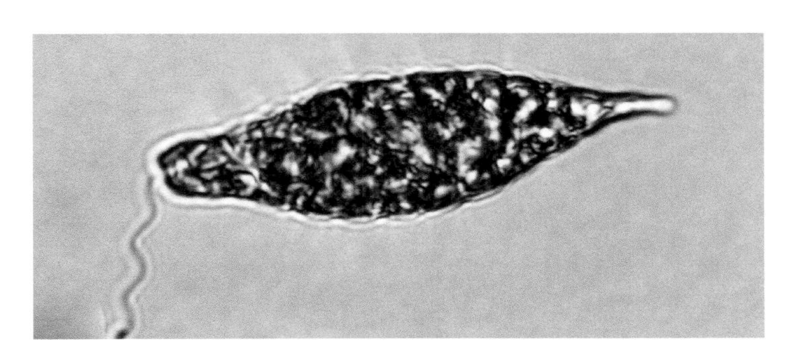

形态特征：

1. 细胞极易变形，呈纺锤形或近圆柱形，前端呈圆形或斜截形，后端渐尖呈尾状或圆形；表质具自左向右的螺旋形线纹，细密而明显。

2. 色素体呈星状，单个，具多个放射状排列的臂条，长度不等；中央为蛋白核，其周围为副淀粉粒组成的鞘；副淀粉粒多数，呈卵形颗粒，常聚集在蛋白核周围，亦有不少分散在细胞中。

3. 鞭毛为体长的 1 ～ 4 倍；眼点明显，呈盘形或表玻形；核中位或后位。

4. 细胞长 30 ～ 90 微米，宽 11 ～ 22 微米。

分布：东辽河、招苏台河、二道河、柴河、蒲河、汤河、北沙河。

梭形裸藻 *Euglena acus*

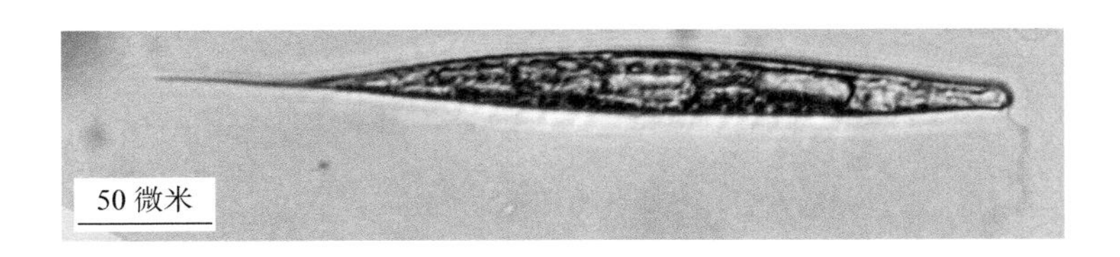

形态特征：

1. 细胞略能变形，呈狭长纺锤形或圆柱形，有时可呈扭曲状。前端狭窄，呈圆形或截形，后端渐细，呈长尖尾状；表质具自左向右的螺旋形线纹，有时几乎与纵轴平行成纵线纹。

2. 色素体呈盘形或卵形，多数，无蛋白核。副淀粉两至多个，较大，呈长杆形，有时具分散的卵形小颗粒。核中位。

3. 鞭毛短，为体长的 1/4 ～ 1/3；眼点明显，淡红色，呈盘形或表玻形。

4. 细胞长 60 ～ 160（～ 311）微米，宽 7 ～ 15（～ 28）微米。

分布：招苏台河、二道河、柳河、苏子河、东辽河、小汤河、汤河。

尾裸藻 *Euglena caudata*

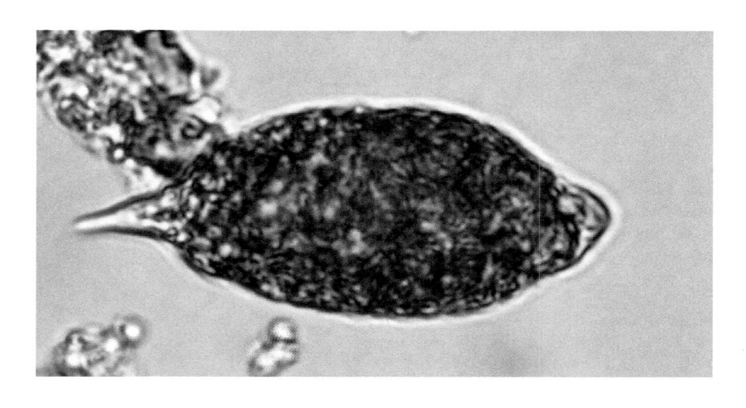

形态特征：

1. 细胞略能变形，呈纺锤形，前端渐窄呈狭圆形或斜截形，后端渐细呈尾状；表质具自左向右的螺旋形线纹，细密而明显。

2. 色素体呈盘状，6 ～ 30 个，边缘具不规则的裂口，各具一个带鞘的蛋白核；副淀粉除组成蛋白核上的鞘以外，还有分散的卵形或杆形小颗粒。

3. 鞭毛约为体长的两倍，眼点明显，核中位。

4. 细胞长 52 ～ 87 微米，宽 7 ～ 25 微米。

分布：东辽河、西辽河干流、蒲河、南沙河、海城河，招苏台河、二道河、秀水河等。

静裸藻 *Euglena deses*

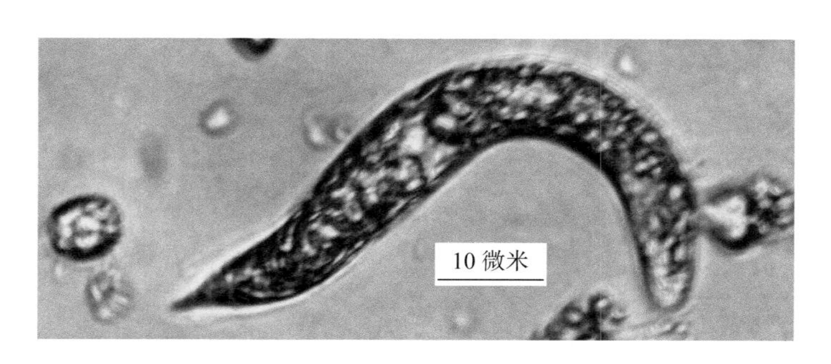

形态特征：

1. 细胞易变形，呈圆柱形略扁，前端呈圆形或渐窄，后端形状多变，呈狭圆形；具短钝尾状或乳头状的小突起，表面具自左向右的螺旋形线纹。

2. 色素体呈盘状，6 ～ 30 个，边缘部规则，各具一个无鞘的蛋白核，副淀粉呈杆状或长砖形，大小和数目不定。

3. 鞭毛短，为体长的 1/3 ～ 1/2，眼点淡红色，核中位。

4. 细胞长 56 ～ 160 微米，宽 7.6 ～ 22 微米。

分布：东辽河、古力古台河。

血红裸藻 *Euglena sanguinea*

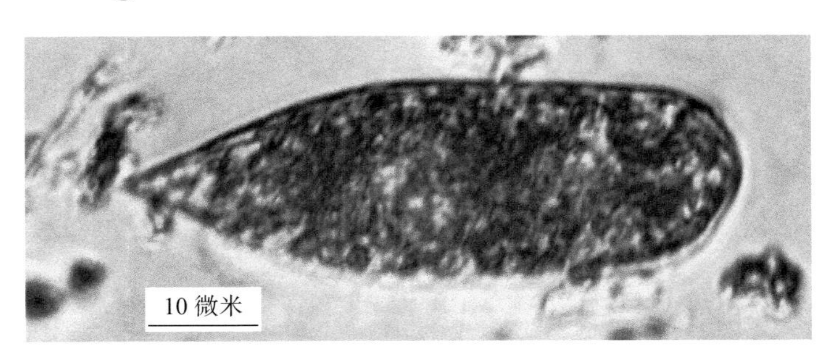

形态特征：

1. 细胞能变形，呈纺锤形、长方形或卵形，前端呈圆形，后端渐尖呈尾状，有时呈圆形；表质具自左向右的螺旋形线纹。

2. 色素体呈星状，多数，每一个色素体具多个放射状的臂条，中心为具鞘的蛋白核。色素体的臂条，常在表质下呈长带形或纺锤形，与线纹近似平行，呈螺旋形排列，或者两侧呈放射状排列。有时具裸藻红素；副淀粉多数，除蛋白核上的副淀粉鞘以外，还有呈卵形或短杆形的颗粒，分散在细胞内。

3. 鞭毛为体长的 1 ～ 2 倍，眼点明显，呈盘形或表玻形，核中位偏后。

4. 细胞长 35 ～ 170 微米，宽 17 ～ 44 微米。

分布：东辽河、西辽河干流。

鱼形裸藻 *Euglena pisciformis*

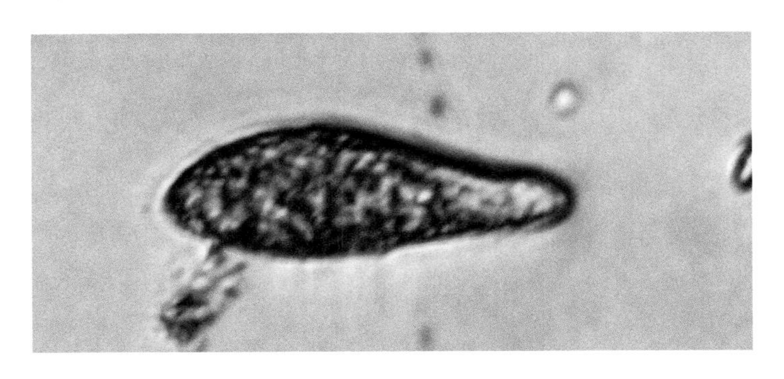

形态特征：

1. 细胞呈纺锤形、圆柱形或多变，前端呈圆形或斜截形，有时略呈喙状突起，后端渐细或收缩呈短钝尾，表质具明显的自左向右的螺旋形线纹。

2. 色素体为 2 ～ 3 个，呈片状或盘状，边缘具不规则的缺刻，各具一个带鞘的蛋白核。

3. 鞭毛为体长的 1 ～ 1.5 倍，眼点明显，核中位或后位。

4. 细胞长 18 ～ 45 微米，宽 5 ～ 17 微米。

分布：白岔河。

旋纹裸藻 *Euglena spirogyra*

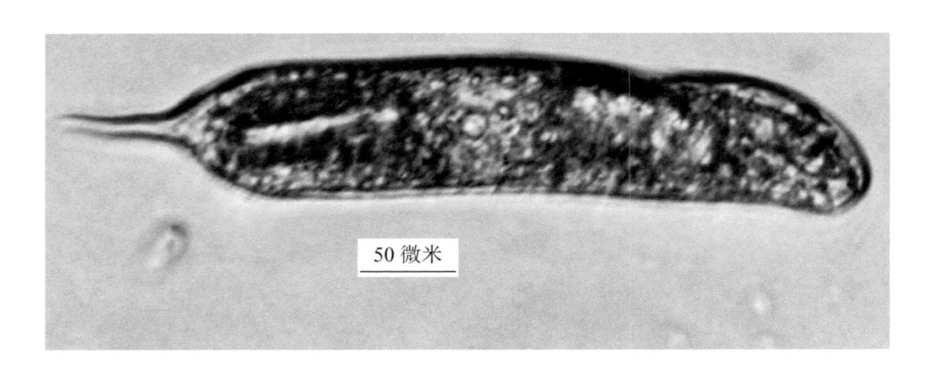

形态特征：

1. 细胞略能变形，呈圆柱形或扁平，有时可呈螺旋形弯扭曲，前端呈狭圆形，后端呈无色尖尾状，表质无色至黄褐色，具自左向右螺旋形排列的珠状颗粒，有时几乎呈纵状排列。

2. 色素体小盘状，多数，无蛋白核，副淀粉多数，两个大的呈环形，位于核的前后两端，而小的则呈杆形或长方形的颗粒。

3. 鞭毛短，为体长的 1/4 ～ 1/2，或更长，眼点明显，核中位，细胞长 80 ～ 250 微米，宽 12 ～ 35 微米。

分布：浮游或底栖，分布于静水体。

扁裸藻属 *Phacus*

细胞表质硬，形状固定，扁平，正面观一般呈圆形、卵形或椭圆形，有的呈螺旋形扭转，顶端具纵沟，后端多数呈尾状。表质具纵向或螺旋形排列的线纹、点纹或颗粒。绝大多数种类的色素体呈圆盘状，多数，无蛋白核。副淀粉较大，呈环形、假环形、圆盘形、球形等各种形状，常具一至多个，有时还有一些呈球形、卵形的小颗粒。单鞭毛，具眼点。

桃形扁裸藻 *Phacus stokesii*

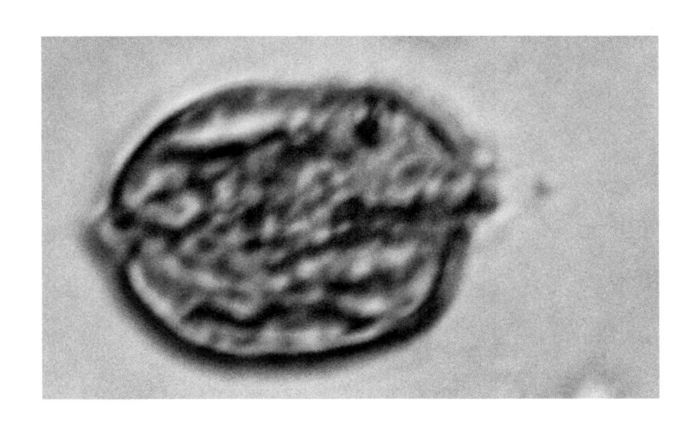

形态特征：

1. 细胞呈宽卵形或近圆形，两端呈宽圆形，前端略窄，顶沟可伸至后部，后端突起，略呈弯形。

2. 表质具纵线纹，副淀粉 1 个，较大，呈球形或盘形。

3. 鞭毛与体长相等，细胞长 46 ～ 55 微米，宽 39 ～ 49 微米，厚 26 微米。

分布：水渠、水沟和集水池。

宽扁裸藻 *Phacus pleuronectes*

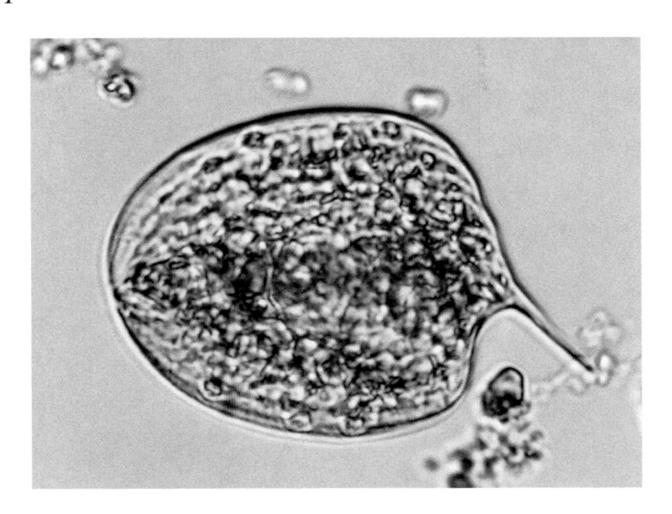

形态特征：

1. 细胞近圆形，两端呈钝圆形，后端具尖尾刺，向一侧弯曲，具龙骨状的背脊突起，伸至中部，表质具纵线纹。

2. 副淀粉 1 ～ 2 个，较大，呈盘形或同心相叠的假环形，鞭毛约与体长相等。

3. 细胞长 40 ～ 80 微米，宽 30 ～ 50 微米，尾刺长 12 ～ 18 微米。

分布：招苏台河、柳河、饶阳河以及辽河干流。

三棱扁裸藻 *Phacus triqueter*

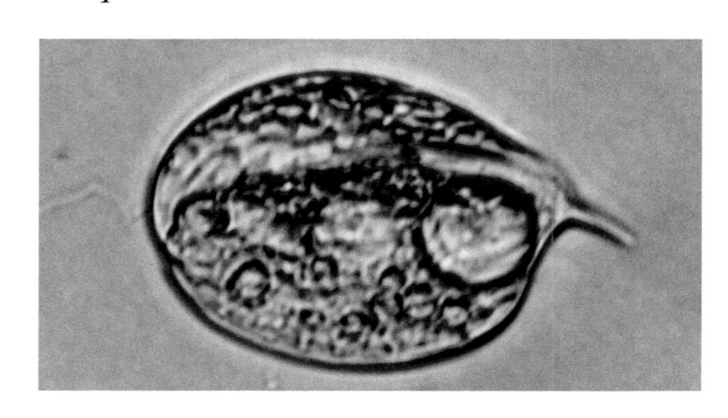

形态特征：

1. 细胞呈长卵形，两端宽圆，前端略窄，后端具尖尾刺，向一侧弯曲，具龙骨状的背脊突起，高而尖，伸至后部，顶面观呈三棱形，腹面呈弧形或近于平直。

2. 表质具纵线纹，副淀粉 1 ～ 2 个，较大，呈环形或圆盘形，鞭毛约与体长相等。

3. 细胞长 37 ～ 68 微米，宽 30 ～ 45 微米，尾刺长 11 ～ 14 微米。

分布：东辽河以及西辽河干流。

囊裸藻属 *Trachelomonas*

细胞外具囊壳，囊壳呈球形、卵形、椭圆形、圆柱形或纺锤形，囊壳表面光滑或具点纹、孔纹、颗粒、网纹或棘刺等，囊壳无色，但由于铁质沉淀，呈黄色、橙色或褐色，透明或不透明。囊壳前端具一圆形的鞭毛孔，囊壳内原生质体裸露无壁。

旋转囊裸藻 *Trachelomonas volvocina*

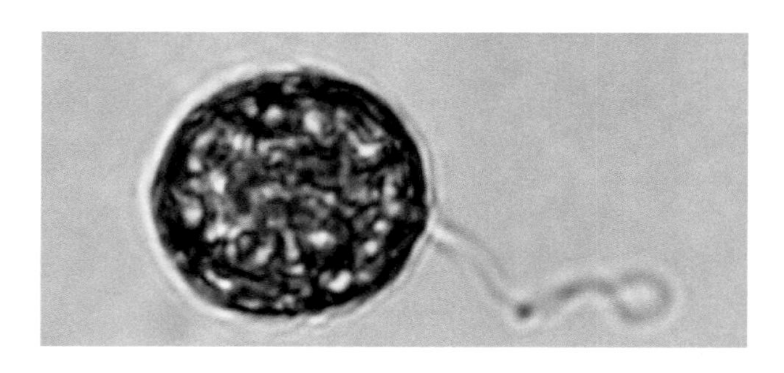

形态特征：

1. 囊壳呈球形，表面光滑，呈黄色或黄褐色，略透明，鞭毛孔有或无环状加厚圈，少数具低领。

2. 鞭毛为体长的 2 ～ 3 倍，囊壳直径 10 ～ 25 微米。

分布：东辽河。

陀螺藻属 *Strombomonas*

细胞具囊壳，囊壳较薄，前端逐渐收缩呈一长领，领与囊体之间无明显界限，多数种类的后端渐尖，呈一长尾刺。囊壳表面光滑或具皱纹，很少具囊裸藻那样多的纹饰。

具瘤陀螺藻 *Strombomonas verrucosa*

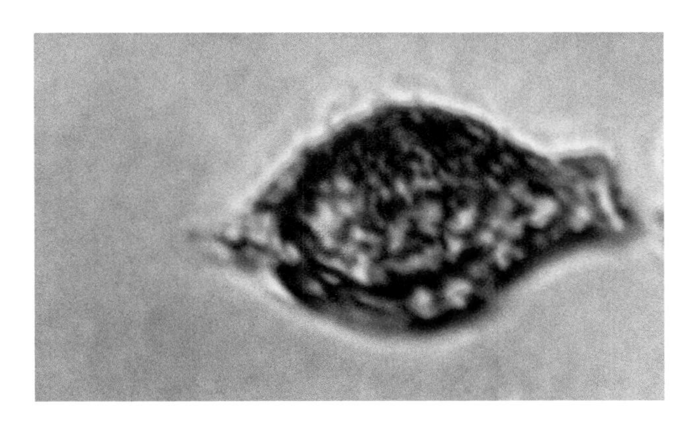

形态特征：

1. 囊壳呈陀螺形或梯形，前窄后宽，前端具领，直向或略斜，领口呈平截形或斜截形，具细齿刻，后端具一短小的尾刺，有时略弯。
2. 表面粗糙具不规则的瘤状颗粒，呈黄色或褐色。
3. 囊壳长 21 ～ 30 微米，宽 10 ～ 28 微米，领宽 4 ～ 7 微米，尾刺长 2 ～ 3 微米。

分布：辽河干流、黑里河等。

绿藻门 Chlorophyta

藻体类型繁多，主要有运动型、胶群体型、绿球藻型、丝状体型和多核体型。光合作用的色素成分与高等植物相似，含有叶绿素 a、叶绿素 b 以及叶黄素和胡萝卜素，绝大多数呈草绿色。有蛋白核，贮藏物质为淀粉。细胞壁主要成分为纤维素。运动细胞常具顶生两条等长鞭毛。

繁殖方式主要为营养繁殖、无性繁殖和有性繁殖。

绿藻分为两个纲——绿藻纲 Chlorophyceae 和接合藻纲 Conjugatophyceae。

绿藻纲：运动细胞或生殖细胞具鞭毛，能游动，有性生殖不为接合生殖。

接合藻纲：营养细胞或生殖细胞均无鞭毛，不能游动，有性生殖为接合生殖。

绿藻纲 Chlorophyceae

运动细胞一般顶生两条等长鞭毛，少数 4 条，极少数 1 条、6 条、8 条或具 1 轮环状排列的鞭毛。植物体类型多种多样：单细胞、群体、简单丝状体、分枝丝状体、假薄壁组织状和薄壁组织状等。

绿球藻目 Chlorococcales

营养细胞失去生长性细胞分裂能力。植物体为单细胞、群体和定形群体，由一定数目的细胞组成一定形态和结构的群体。细胞呈球形、纺锤形或多角形。色素体单个或多个，呈杯状、片状、盘状或网状；蛋白核单个或多个或没有。细胞常具单核。

小椿藻科 Characiaceae

植物体为单细胞，或连接形成辐射状的群体，着生或漂浮。细胞呈长形，先端钝圆或尖细，或细胞两端或一端的细胞壁延长而形成刺或柄，每个细胞具一至多个，周生，片状的色素体，蛋白核一至多个，细胞核多个或单个。

弓形藻属 *Schroederia*

植物体为单细胞，浮游，呈钟形到纺锤形，直或弯。细胞两端的细胞壁延伸呈长刺，刺的末端均为尖形，或一端尖形，另一端膨大呈圆盘状、圆球状和双叉状，色素体一个，周生，片状，几乎充满整个细胞，常具一个蛋白核，有时为 2 ～ 3 个。

螺旋弓形藻 *Schroederia spiralis*

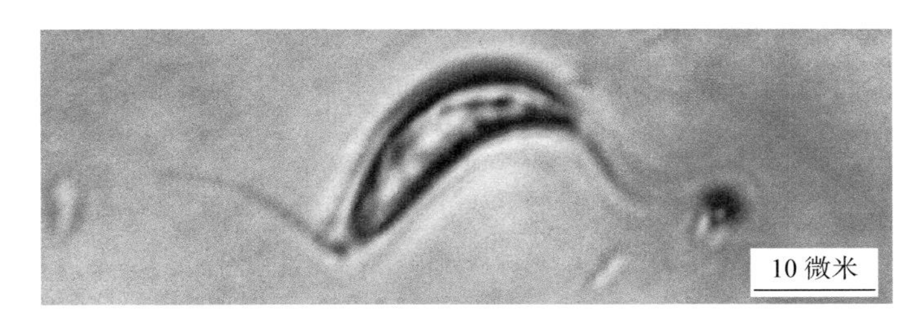

形态特征：

1. 细胞呈弧曲形，或呈螺旋形弯曲，常具一个蛋白核。
2. 细胞宽 3 ～ 5 微米，长（包括刺长）30 ～ 56 微米，刺长 9 ～ 16 微米。

分布：亮子河、寇河、秀水河、东辽河、西辽河干流以及浑河。

拟菱形弓形藻 *Schroederia nitzschioides*

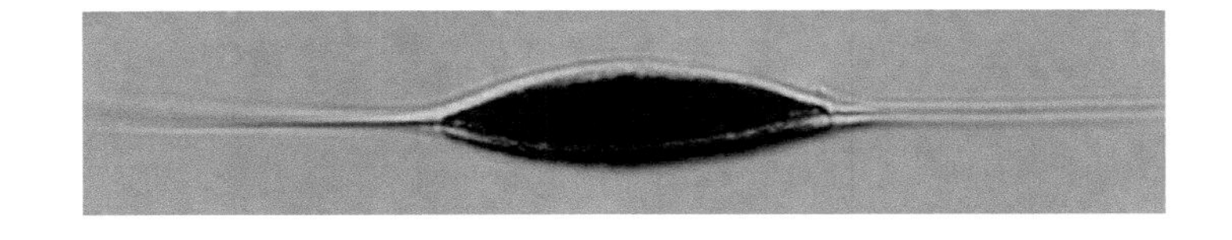

形态特征：

1. 细胞呈纺锤形，两端具长刺，两刺常向相反方向弯曲，无蛋白核。
2. 细胞宽 3.6 ～ 4 微米，长（包括刺长）可达 126 微米，刺长约 20 微米。

分布：东辽河、西沙河、古力古台河、秀水河。

硬弓形藻 *Schroederia robusta*

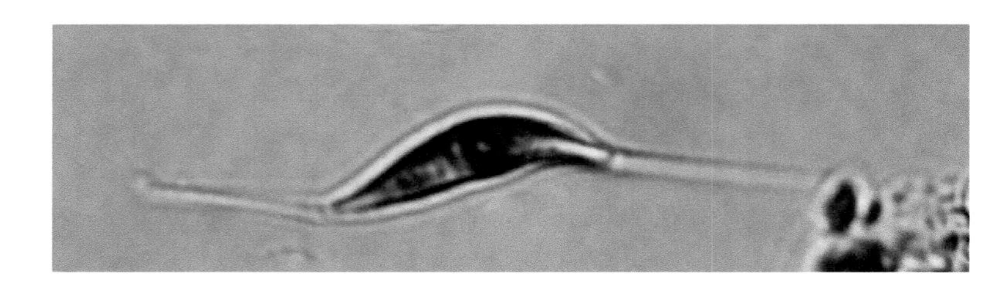

形态特征：

1. 细胞呈纺锤形，两端尖细并常向一侧弯曲呈新月形，罕见仅一侧弯曲的，具 2 ～ 4 个蛋白核。

2. 细胞宽 6 ～ 9 微米，长（包括刺长）50 ～ 140 微米，刺长 20 ～ 30 微米。

分布：湖泊、池塘常见。寇河、辽河干流、东辽河以及西辽河干流可见。

弓形藻 *Schroederia setigera*

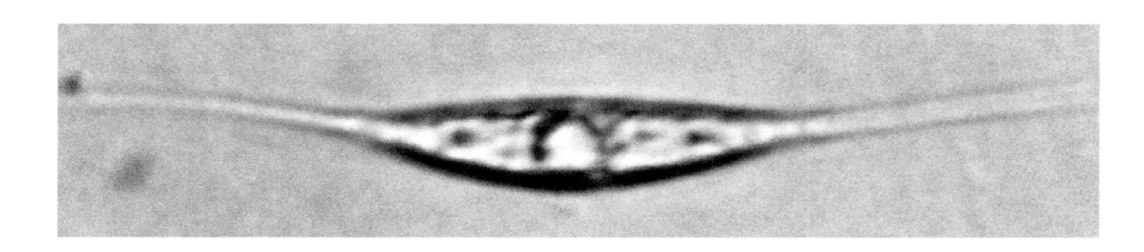

形态特征：

1. 细胞呈长纺锤形，直或略弯曲，刺末端尖细。

2. 常具一个蛋白核，细胞宽 3 ～ 6 微米，长 56 ～ 85 微米，刺长 13 ～ 27 微米。

分布：湖泊常见种。招苏台河、清河、秀水河、柳河、辽河干流可见。

小球藻科 Chlorellaceae

植物体常为单细胞，或为无一定细胞数目的群体，浮游。细胞呈球形、椭圆形、新月形或多角形。细胞壁平滑，具毛状长刺或短棘刺。色素体一至多个，周生，呈杯状、片状或盘状，每个色素体具一个蛋白核或无。

四角藻属 *Tetraedron*

植物体为单细胞、浮游；细胞呈扁平或角锥形，具 3 ～ 5 个角；角分叉或不分叉；角延长成突起或无；角或突起顶端的细胞壁常凸出为刺。色素体单个，或多数，呈盘状或多角形片状，各具一个蛋白核或无。

二叉四角藻 *Tetraedron bifurcatum*

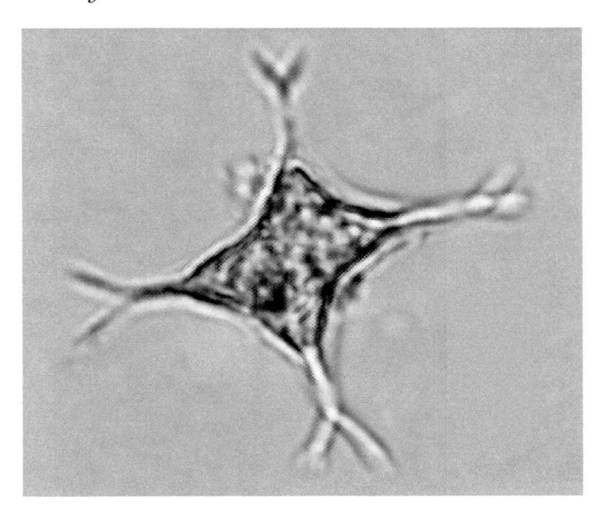

形态特征：

1. 细胞呈不规则的四角形，角钝圆。
2. 角顶端具两根短刺状突起。
3. 细胞边缘凹入，细胞最大宽度 55 ～ 60 微米。

分布：东辽河、秀水河。

三角四角藻 *Tetraedron trigonum*

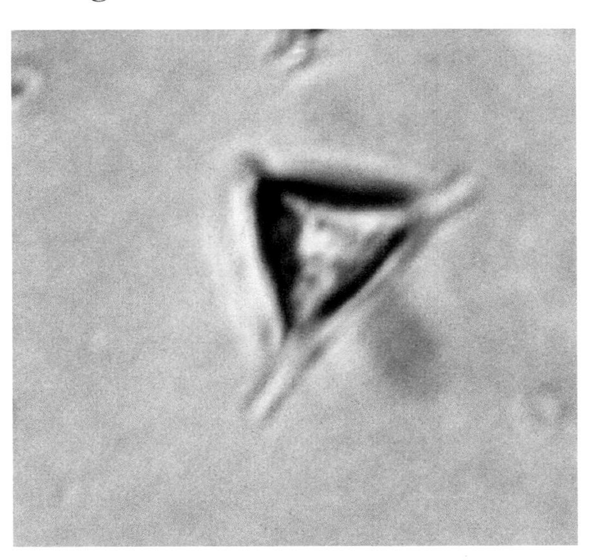

形态特征：

1. 细胞扁平，正面观呈三角形，宽 20 ～ 30 微米，侧缘凸出或平直。
2. 角顶端具一条粗刺，刺长 8 ～ 10 微米。

分布：亮子河、柳河、养息牧河。

规则四角藻 *Tetraedron regulare*

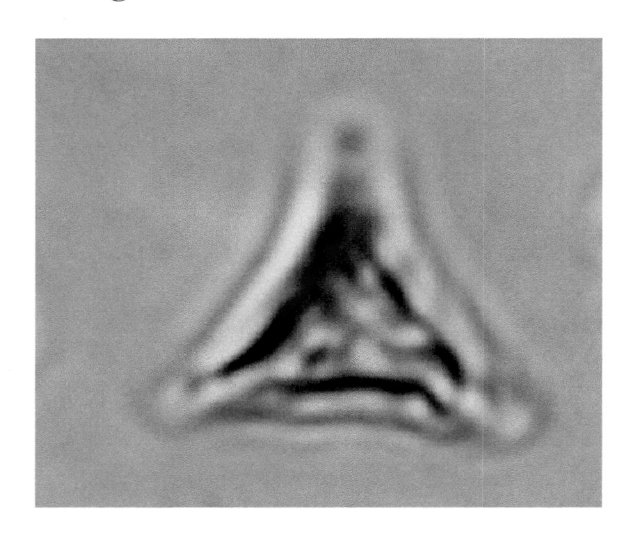

形态特征：

1. 细胞呈三角锥形，宽 14 ～ 45 微米，侧缘凹入或近于平直或微凸出。
2. 细胞角顶具一条粗短刺，刺长 4 ～ 9 微米。

分布：柳河。

卵囊藻科 Oocystaceae

植物体常为无一定细胞数的群体。群体细胞包被在共同的胶被或残存的母细胞壁内，或为单细胞。细胞呈球形、卵形、椭圆形、针形或肾形。细胞壁平滑、具花纹或具刺。色素体多周生，呈片状、杯状或盘状，单个或多个，多数具蛋白核。

纤维藻属 *Ankistrodesmus*

植物体为单细胞，或聚集成群，浮游；呈针形至纺锤形，自中央向两端渐细，末端尖锐，罕为钝圆；呈直线形或弯曲呈弓形、镰形或螺旋形。细胞壁薄。色素体片状，单个。

镰形纤维藻 *Ankistrodesmus falcatus*

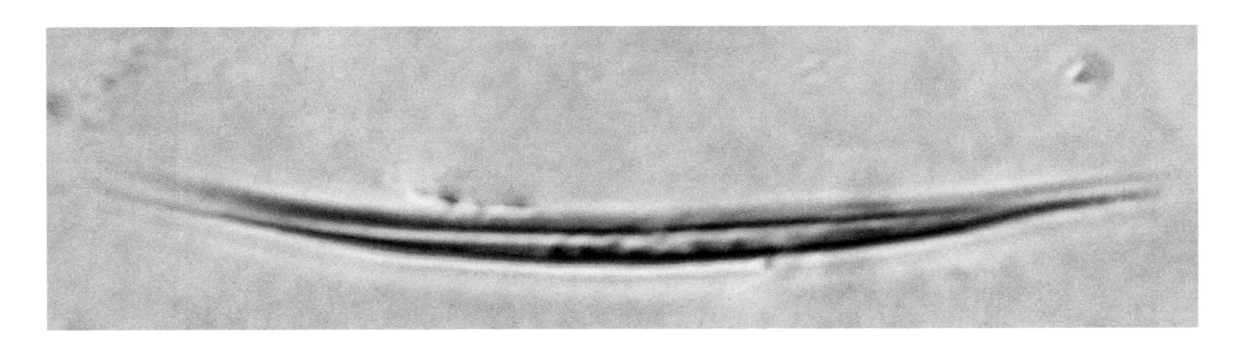

形态特征：

1. 单细胞或聚合成群，呈长纺锤形，弯曲呈弓形或镰形。
2. 自中部至两端渐尖细，末端尖锐。
3. 细胞宽 1.5 ～ 4 微米，长 20 ～ 80 微米。

分布：柴河、柳河、东辽河、萨岭河、西路嘎河。

针形纤维藻 *Ankistrodesmus acicularis*

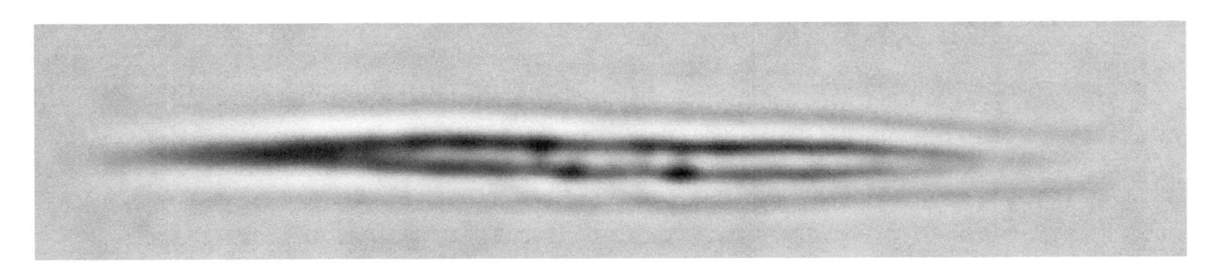

形态特征：

1. 单细胞，呈针形，直或微弯，自中部至两端渐尖细，末端尖锐。
2. 细胞宽 2.5 ～ 3.5 微米，长 40 ～ 80 微米。

分布：东辽河、查干木伦河、西拉木伦河、碧柳河、二道河、西辽河干流。

卷曲纤维藻 *Ankistrodesmus convolutus*

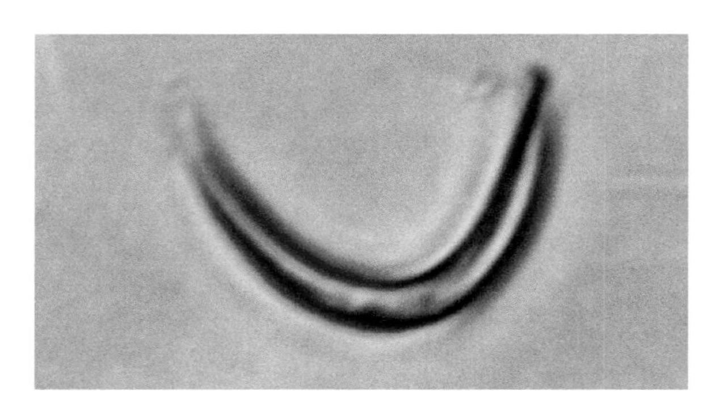

形态特征：

1. 单细胞或 2 ～ 4 个细胞群体，细胞粗短，形态不一，常弯曲呈月形、弓形或“S”形，自中部向两端尖细，部延长呈针形，末端尖锐或略呈钝圆形。

2. 细胞长 11 ～ 35 微米，宽 3.5 ～ 5 微米。

3. 色素体 1 个，呈片状，具一个蛋白核。

分布：多产于浅水小水体，偶然性浮游种类。东辽河、西拉木伦河可见。

四刺藻属 *Treubaria*

植物体为单细胞，浮游。细胞呈三角锥形或扁平三角形或四角形，角宽圆，角间胞壁略凹入。各角的细胞壁凸出或为粗刺。色素体一个，呈杯状，具一个蛋白核。老细胞色素体呈块状，充满整个细胞，每个角处具一个蛋白核。

粗刺四刺藻 *Treubaria crassispina*

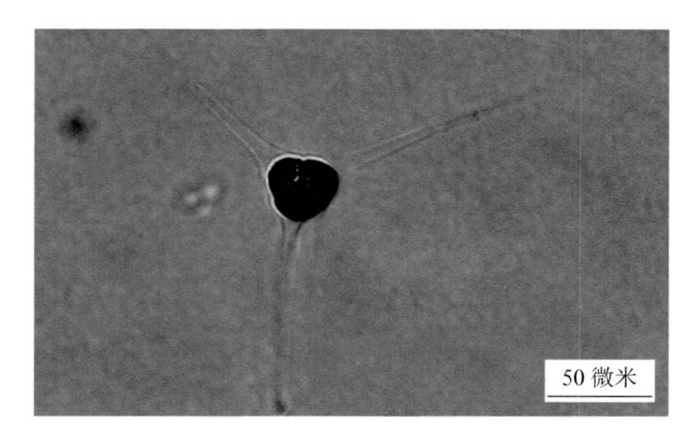

形态特征：

1. 细胞大，呈三角锥形到近三角锥形，不连刺宽 12 ～ 15 微米。

2. 刺的大部分均粗，顶端急尖，长 34 ～ 60 微米，基部宽 4 ～ 6 微米。

分布：东辽河、锡泊河。

卵囊藻属 *Oocystis*

植物体为单细胞，或群体，浮游。群体常由 2 个、4 个、8 个或 16 个细胞组成，包被于部分胶化膨大的母细胞壁中。细胞呈椭圆形、长圆形或柱状长圆形。细胞壁平滑，常在细胞两端中央增厚形成短而粗的圆锥形突起，多数种类具 1 ～ 5 个，周生，呈片状、多角形盘状色素体，各具一个蛋白核或无。

产生似亲孢子营无性繁殖。

波吉卵囊藻 *Oocystis borgei*

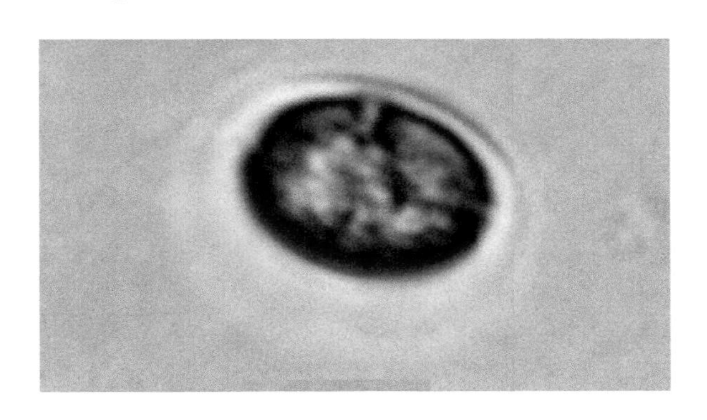

形态特征：

1. 群体呈椭圆形，2 ～ 8 个细胞，细胞呈椭圆形或略呈卵形，两端呈广圆形，无圆锥状增厚。

2. 色素体呈片状，幼小细胞常一个，成熟细胞 2 ～ 4 个，各具一个蛋白核。

3. 细胞宽 9 ～ 13 微米，长 10 ～ 19 微米。

分布：有机物质丰富的小水体和浅水湖泊常见，东辽河、柳河可见。

胶网藻科 Dictyosphaeriaceae

植物体原始定形群体，浮游。细胞呈球形、椭圆形、卵形或肾形，常 4 个或有时两个细胞为一组，彼此分离，与分裂为 44 片的母细胞壁相连，群体具胶被。一个定形群体的各个细胞常同时产生孢子，再连接于各自的母细胞裂片顶端，成为复合的原始定形群体。色素体单个，呈杯状，具一个蛋白核。

胶网藻属 *Dictyosphaerium*

特征同科。

胶网藻 *Dictyosphaerium ehrenbergianum*

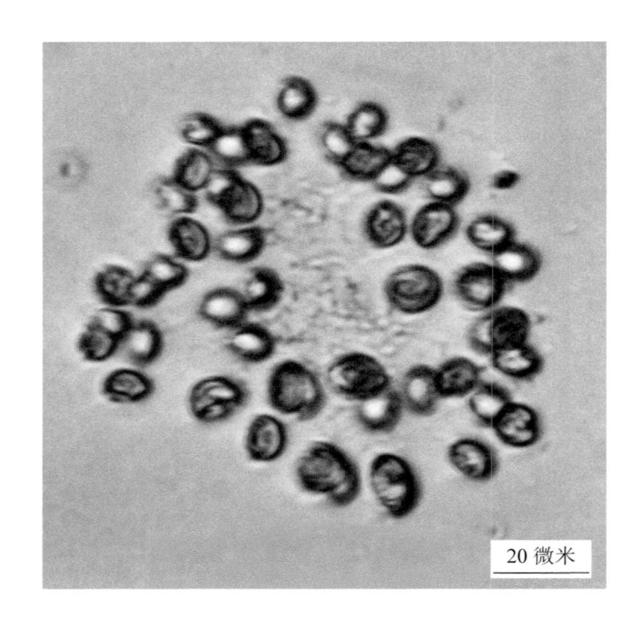

形态特征：

1. 原始定形群体呈球形或椭圆形，多为 8 个、16 个或 32 个细胞。
2. 细胞呈椭圆形至卵形，宽 4 ～ 7 微米，长 6 ～ 10 微米。

分布：软水湖泊，池塘中常见，秀水河可见。

水网藻科 Hydrodictyaceae

植物体为扁平盘状的或囊状的真性定形群体，由 2 ～ 256 个或更多的细胞组成。细胞呈三角形、多角形或圆柱形。色素体周生，呈片状、圆盘状或网状，具一至多个蛋白核。形成动孢子营无性生殖。

盘星藻属 *Pediastrum*

植物体呈盘状、星状，浮游，由 2 ～ 128 个细胞排列成为一层细胞厚的定形群体，群体完整无孔或具穿孔，边缘细胞常具 1 个、2 个或 4 个突起，群体内部细胞呈多角形，无突起。细胞壁平滑无花纹，或具颗粒或细网纹。

双射盘星藻 *Pediastrum biradiatum*

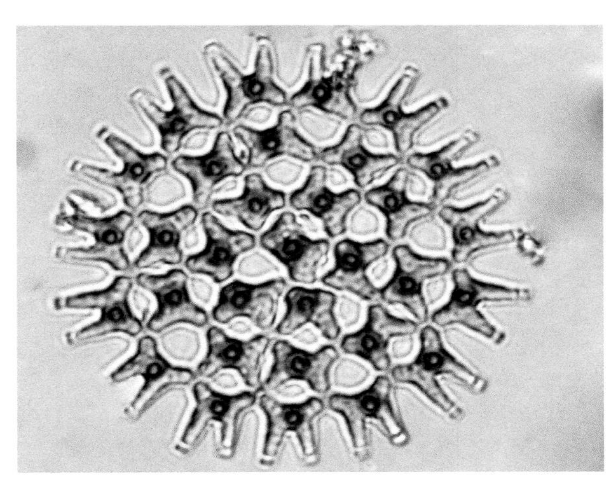

形态特征：

1. 定形群体由 4 个、8 个、16 个、32 个或 64 个细胞组成，具穿孔。

2. 外层细胞具两个裂片状的突起，突起末端具缺刻，以细胞基部与邻近细胞连接；内层细胞具两个裂片状突起，突起末端不具缺刻，细胞壁凹入，平滑。

3. 细胞宽 10 ～ 22 微米，长 15 ～ 30 微米。

分布：二道河、秀水河。

二角盘星藻 *Pediastrum duplex*

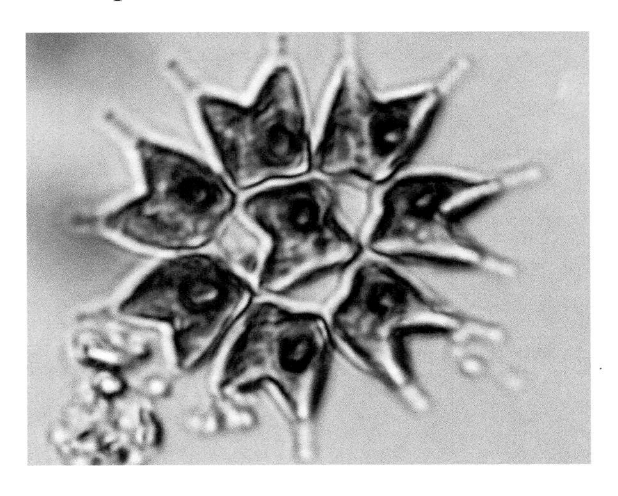

形态特征：

1. 定型群体具 8 ～ 128 个细胞，细胞间具小的透镜状的穿孔。

2. 内层细胞或多或少呈四方形，细胞侧壁中部彼此不连接，外层细胞具两个短突起，顶端平截；细胞内壁平滑。

3. 细胞宽 11 ～ 21 微米。

分布：饶阳河、东辽河以及辽河干流。

二角盘星藻纤细变种 *Pediastrum duplex* var. *gracillimum*

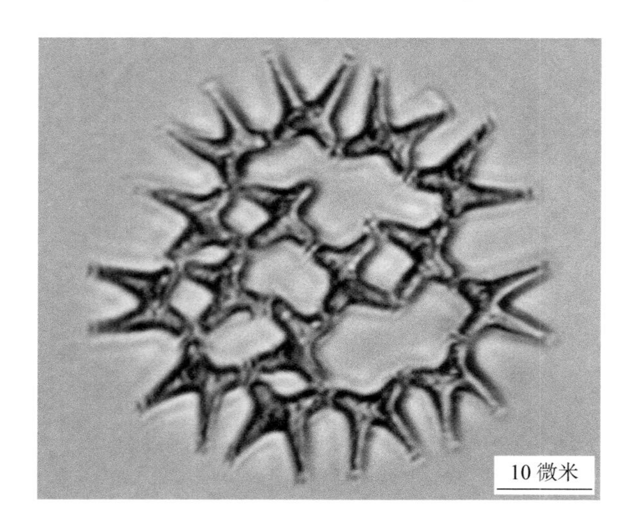

形态特征：

1. 群体具大的穿孔，细胞狭长。
2. 外层细胞突起的宽度相等，内层细胞形态与外层细胞相似。
3. 细胞长 12 ～ 32 微米，宽 10 ～ 22 微米。

单角盘星藻 *Pediastrum simplex*

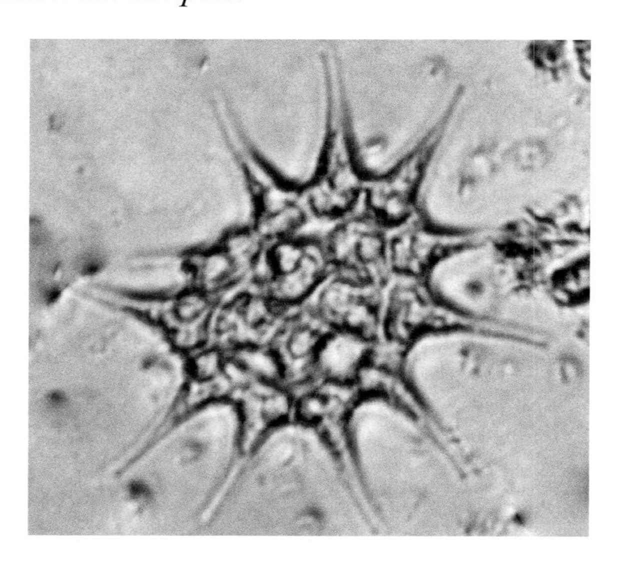

形态特征：

1. 定形群体完整无穿孔，由 36 个、48 个、64 个细胞组成。
2. 内层细胞呈五边形或六边形，边缘细胞外侧具一角状突起，突起周边凹入。
3. 细胞宽 12 ～ 18 微米。

分布：湖泊常见种。柳河、辽河干流可见。

单角盘星藻具孔变种 *Pediastrum simplex* var. *duodenarium*

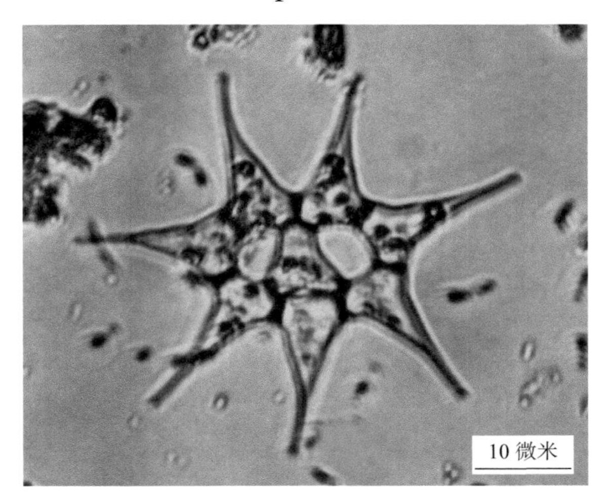

形态特征：

1. 定形群体具穿孔，群体内层细胞呈三角形，外缘细胞外侧具一角状突起。

2. 细胞宽 11 ～ 15 微米，长 27 ～ 30 微米。

分布：湖泊常见种。

四角盘星藻 *Pediastrum tetras*

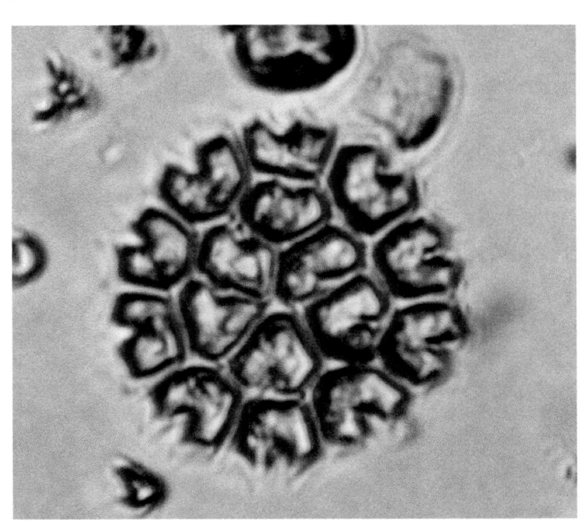

形态特征：

1. 群体呈方形、卵形或圆形，无穿孔，由 4 个、8 个、16 个细胞组成。

2. 外层细胞的外壁具线形到楔形的深缺刻，被缺刻分成的两个裂片的外壁或浅或深的凹入，内层细胞呈五边形或六边形，具一深的线形缺刻。

3. 细胞壁平滑，细胞宽 8 ～ 16 微米。

分布：秀水河、柳河、东辽河。

短棘盘星藻 *Pediastrum boryanum*

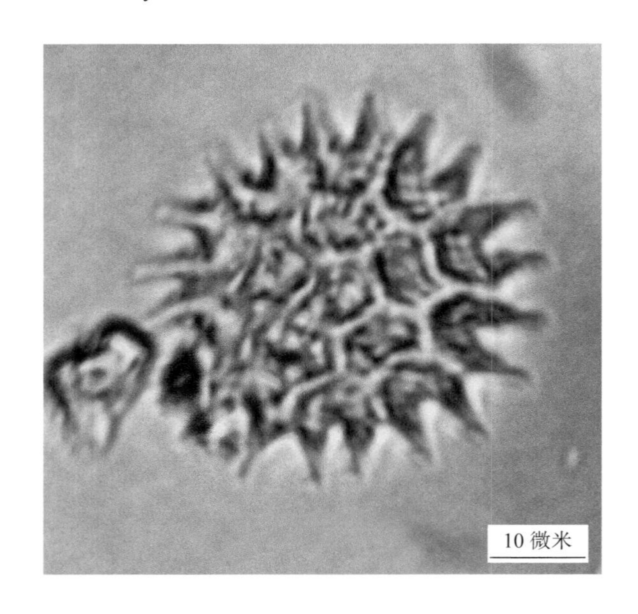

形态特征：

1. 群体完整穿孔，细胞呈五边形或六边形，外层细胞具两个钝角状突起。
2. 细胞壁具颗粒，细胞长可达 21 微米，宽可达 14 微米。

分布：秀水河、太子河。

栅藻科 Scenedesmaceae

植物体为真性定形群体，群体细胞彼此以细胞壁连接形成一定的形态。群体细胞常为 2 的倍数。细胞排列在一个平面上呈栅状组列，或四角状组列，或细胞不排列在一个平面上呈辐射状组列。细胞呈长形、纺锤形、球形、三角形、四角形等。细胞壁平滑或具刺或隆起线。

栅藻属 *Scenedesmus*

植物体常由 4 ～ 8 个细胞或由两个或 16 ～ 32 个细胞组成的真性定形群体，极少为单细胞。群体中各个细胞以其长轴互相平行，排列在一个平面上，互相平齐或互相交错，也有排成上下两列或多列。细胞呈纺锤形、卵形、长圆形、椭圆形等。细胞壁平滑，或具颗粒、刺、齿状突起、细齿、隆起线等特殊构造。每个细胞具一个周生色素体和一个蛋白核。

二形栅藻 *Scenedesmus dimorphus*

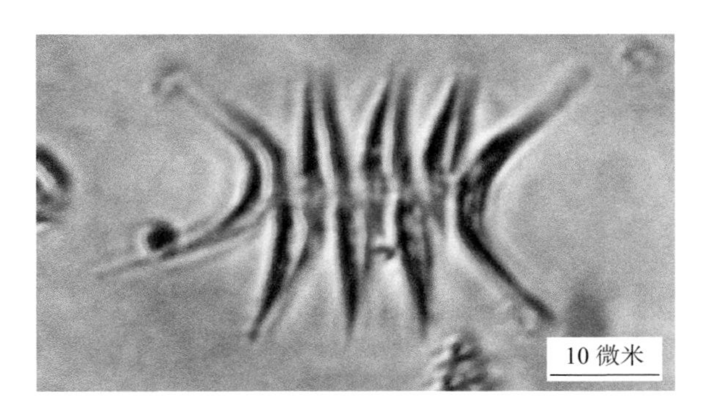

形态特征：

1. 定形群体扁平，由 2 个、4 个、8 个细胞组成，常见的为 4 个细胞组成的群体。

2. 群体细胞并列于一直线上；中间部分的细胞呈纺锤形，上下两端渐尖，直立；两侧细胞极少垂直，呈镰形或新月形，上下两端亦渐尖；细胞壁平滑。

3. 4 个细胞组成的群体宽 11 ～ 20 微米，细胞宽 3 ～ 5 微米，长 16 ～ 23 微米。

分布：招苏台河、柴河、秀水河、养息牧河、苏子河、太子河、西辽河干流。

四尾栅藻 *Scenedesmus quadricauda*

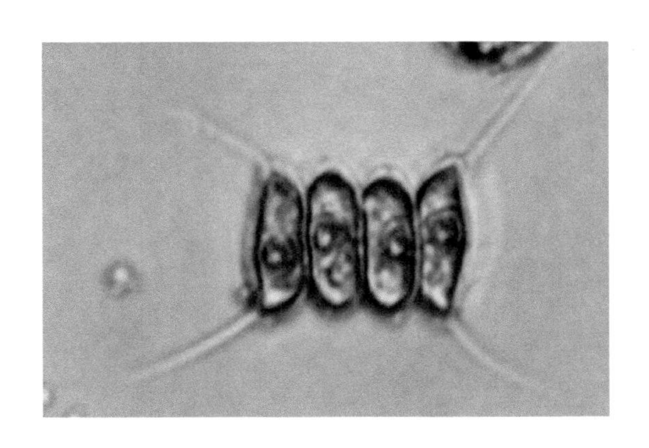

形态特征：

1. 定形群体扁平，由 2 个、4 个、8 个、16 个细胞组成，常见的为 4 ～ 8 个细胞组成的群体，群体细胞排列成一直线。

2. 细胞呈长圆形、圆柱形、卵形，上下两端广圆。

3. 群体两侧细胞的上下两端，各具一长或直或略弯曲的刺；中间部分细胞的两端及两侧细胞的侧面游离部上，均无棘刺。

4. 4 个细胞组成的群体宽 10 ～ 24 微米，细胞宽 3.5 ～ 6 微米，长 8 ～ 16 微米，刺长 10 ～ 13 微米。

分布：蒲河、细河、东辽河、西路嘎河、西辽河干流、招苏台河、亮子河、寇河。

弯曲栅藻 *Scenedesmus arcuatus*

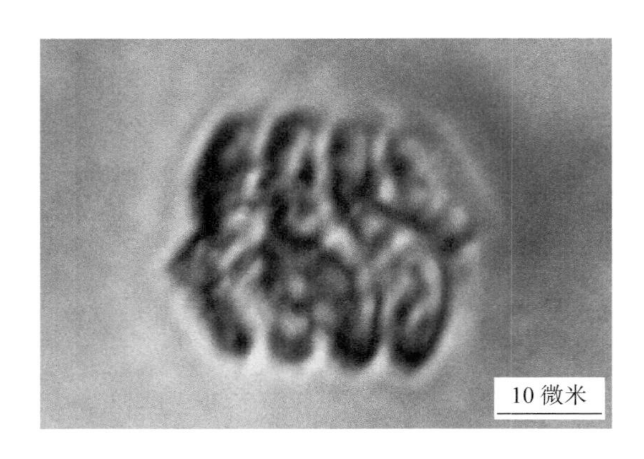

形态特征：

1. 定形群体弯曲，由 4 个、8 个、16 个细胞组成，以 8 个细胞组成的群体最为常见。

2. 群体细胞通常排成上下两列，有时略有重叠；上下两列细胞系交互排列。

3. 细胞呈卵形或长圆形，细胞壁平滑。

4. 8 个细胞组成的群体宽 14 ～ 25 微米，高可达 40 微米；细胞宽 4 ～ 9.4 微米，长 9 ～ 17 微米。

分布：东辽河、苏子河、北沙河以及辽河干流。

齿牙栅藻 *Scenedesmus denticulatus*

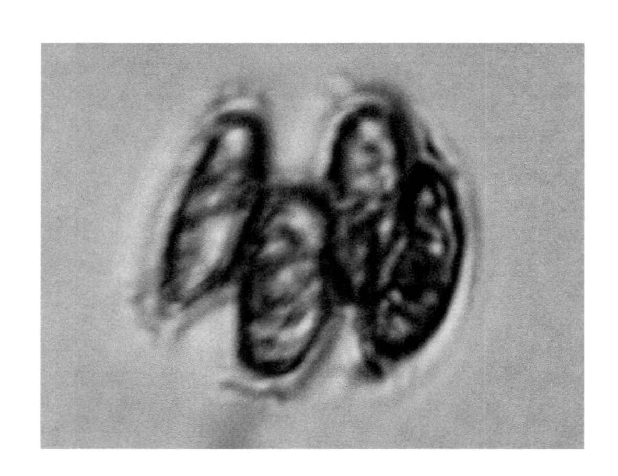

形态特征：

1. 定形群体扁平，通常由 4 个细胞组成，群体中的细胞并列成一条直线，或相互交错排列。

2. 细胞呈卵形、椭圆形，每个细胞的上下两端或一端上，具 1 ～ 2 个齿状突起。

3. 4 个细胞组成的群体宽 20 ～ 28 微米，细胞宽 7 ～ 8 微米，长 9 ～ 16 微米。

分布：亮子河、嘎苏代河、秀水河、辽河干流、西沙河。

尖细栅藻 *Scenedesmus acuminatus*

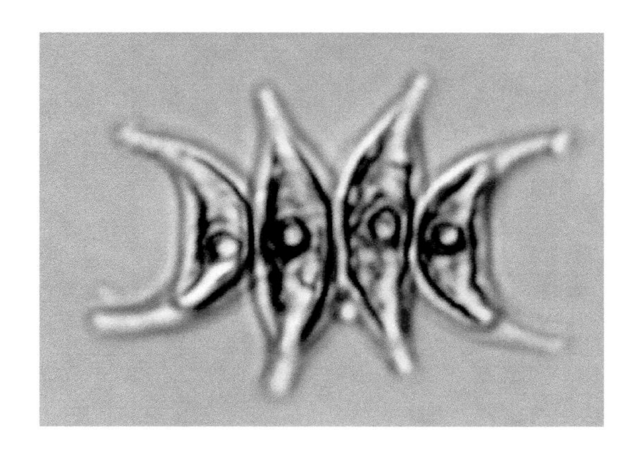

形态特征：

1. 定形群体弯曲，由 4 ～ 8 个细胞组成，群体细胞排列在一条直线上。

2. 细胞呈弓形、纺锤形或新月形，每个细胞上下两端渐尖细，细胞壁平滑。

3. 4 个细胞组成的群体宽 6 ～ 14 微米，细胞宽 3 ～ 7 微米，长 20 ～ 40 微米。

分布：各种水体常见，秋季繁殖旺盛，柳河、东辽河、辽河干流可见。

双对栅藻 *Scenedesmus bijugatus*

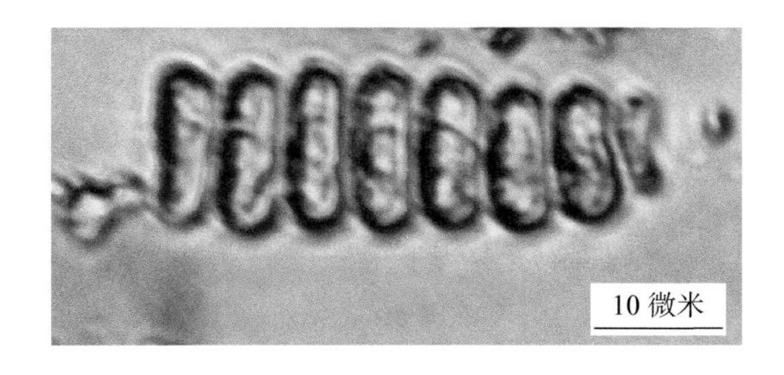

形态特征：

1. 定形群体扁平，由 2 个、4 个、8 个细胞组成，细胞排列成一条直线，偶尔有交错排列。

2. 细胞呈卵形、长椭圆形，两端宽圆，细胞壁平滑。

3. 4 个细胞组成的群体宽 16 ～ 25 微米，细胞宽 2 ～ 5 微米，长 7 ～ 18 微米。

分布：静水中常见，东辽河、锡泊河、西辽河干流、招苏台河、秀水河、柳河可见。

多棘栅藻 *Scenedesmus spinosus*

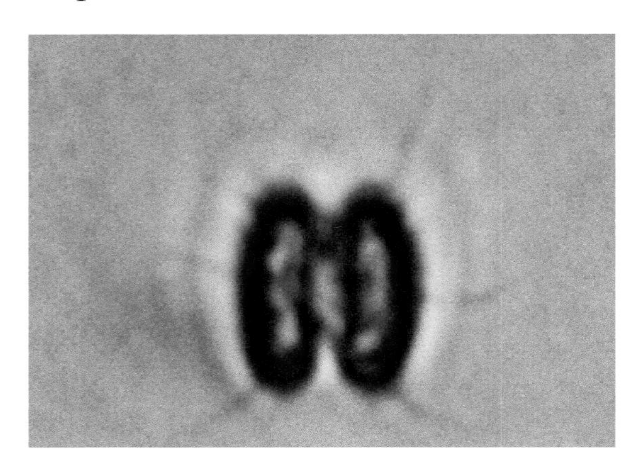

形态特征：

1. 真性定形群体，常由 4 个细胞组成，群体细胞排列成一条直线，细胞呈长椭圆形或椭圆形。

2. 群体外侧细胞上下两端各具一向外斜向的直或略弯曲的刺，其外侧壁中部常具 1 ～ 3 条较短的棘刺，两中间细胞上下两端无刺或具很短的棘刺。

3. 4 个细胞组成的群体宽 14 ～ 24 微米，细胞长 8 ～ 16 微米，宽 3.5 ～ 6 微米。

分布：各种小水体，东辽河可见。

龙骨栅藻 *Scenedesmus carinatus*

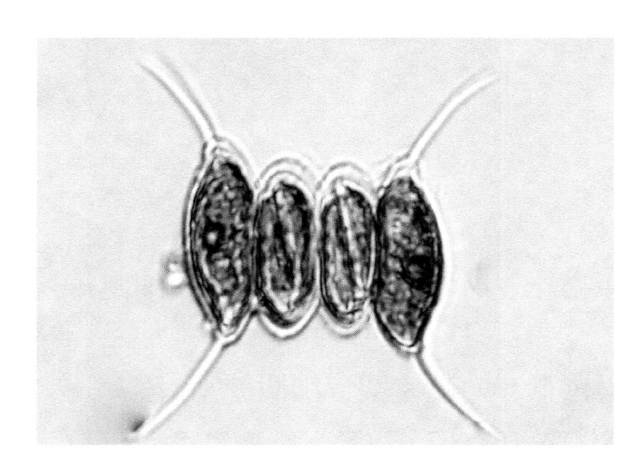

形态特征：

1. 定形群体扁平，通常由 4 个细胞组成，细胞呈纺锤形，群体外侧细胞的上下两极处，各具 1 条长而粗且向外弯曲的刺，又在各细胞上下两极常具 1 或 2 个齿突起。

2. 各细胞的前后壁游离面的中央轴上，各有一条由一极延伸到另一极的隆起线。

3. 4 个细胞组成的群体宽 28 ～ 38 微米，细胞宽 5 ～ 10 微米，长 15 ～ 24 微米。

分布：各种小水体与其他栅藻混生，数量不多。养息牧河、五道河可见。

裂孔栅藻 *Scenedesmus perforatus*

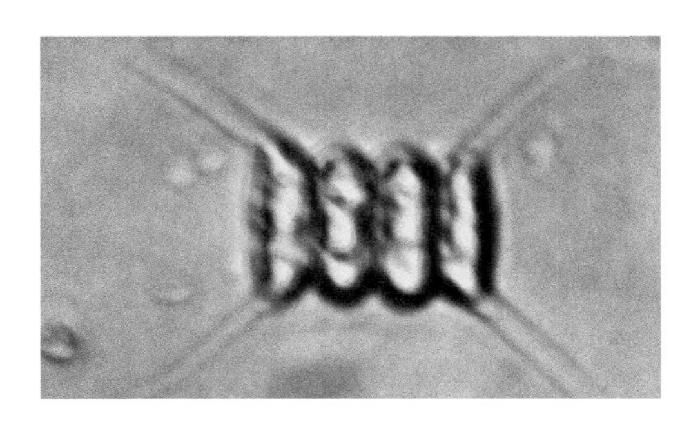

形态特征：

1. 定形群体扁平，通常由 4 个细胞组成，细胞呈近长方形。

2. 群体中间部分的细胞侧壁凹入，仅以上下两端很少部分与相邻细胞相连，形成大的双凸镜状的间隙，而外侧两细胞向外的细胞壁凸出，其两极外角处各具一根弯曲的长刺。

3. 4 个细胞组成的群体宽约 19 微米，细胞宽 3.5 ～ 8.7 微米，长 12 ～ 24 微米。

分布：柳河、东辽河、白岔河。

四星藻属 *Tetrastrum*

真性定形群体由 4 个细胞组成，呈四方形或略呈四方形，细胞呈三角形或近三角形。细胞壁外侧凸出或略凸出，具 1 ～ 7 条或长或短的刺毛。每个细胞具 1 ～ 4 块，周生，呈圆盘状的色素体，具蛋白核，有时无。

单刺四星藻 *Tetrastrum hastiferum*

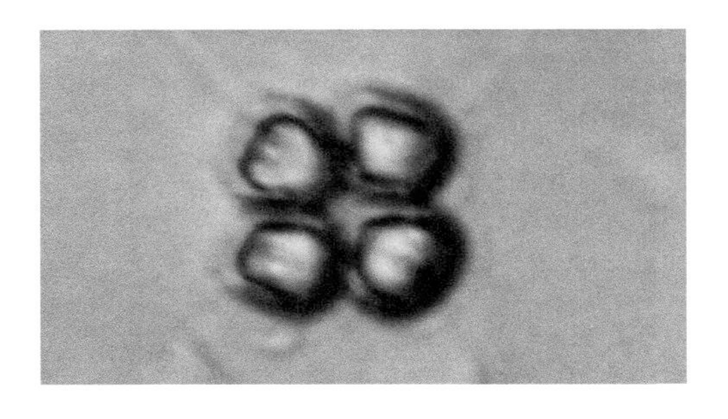

形态特征：

1. 定形群体由 4 个三角形细胞组成，细胞外侧凸出，呈广圆形，具一条长刺毛。

2. 色素体周生，片状，具一个蛋白核。

3. 细胞宽与长 3 ～ 6 微米，刺毛长约 7 微米。

分布：东辽河、柳河以及西辽河干流。

短刺四星藻 *Tetrastrum staurogeniaeforme*

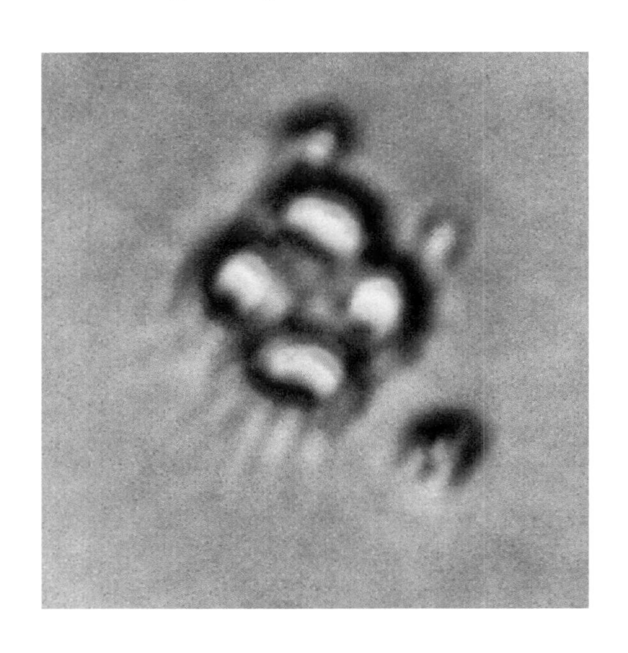

形态特征：

1. 定形群体由4个细胞十字形排列，群体中心细胞间隙很小，细胞外侧凸出，具4～6条短刺毛。

2. 色素体周生，呈圆盘状，每个细胞1～4块，有时具蛋白核，细胞宽3～6微米。

分布：招苏台河、亮子河、柳河。

十字藻属 *Crucigenia*

定形群体漂浮，由4个细胞排列形成方形或长方形，群体中央常具或大或小的方形的空隙。群体常具不明显的胶被，子定形群体常被胶被粘连在一个平面上，形成板状的复合真性定形群体。细胞呈三角形、梯形、半圆形或椭圆形。每个细胞具一个周生、片状的色素体，具一个蛋白核。

四足十字藻 *Crucigenia tetrapedia*

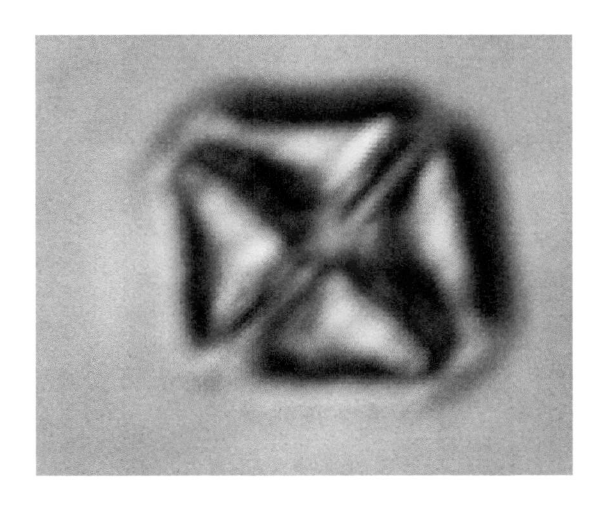

形态特征：

1. 定形群体呈四方形，由 4 个三角形细胞组成；细胞壁外侧游离面平直，角呈钝圆形，常形成 16 个细胞的复合定形群体。

2. 色素体周生，呈片状，具一个蛋白核。

3. 细胞宽 5 ～ 12 微米。

分布：东辽河、西辽河干流、亮子河、秀水河、柳河。

四角十字藻 *Crucigenia quadrata*

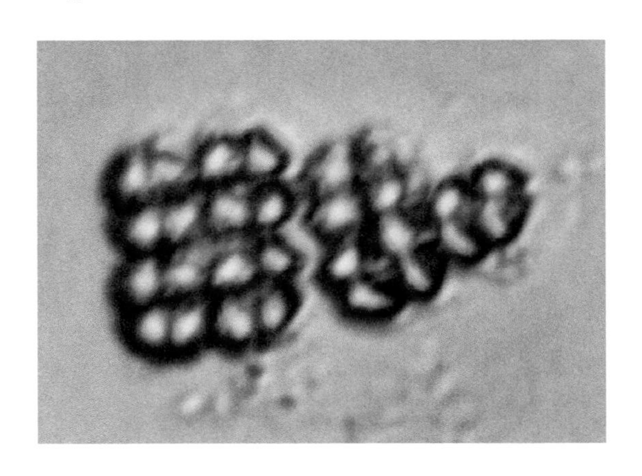

形态特征：

1. 定形群体呈圆形板状，自由漂浮。细胞呈三角形，细胞外侧游离而显著地凸出。

2. 群体中心的细胞间隙很小，细胞壁有时具结状突起。

3. 色素体多数，周生，有或无蛋白核，细胞宽 1 ～ 6 微米。

分布：亮子河、秀水河、柳河、辽河干流、东辽河。

十字藻 *Crucigenia apiculata*

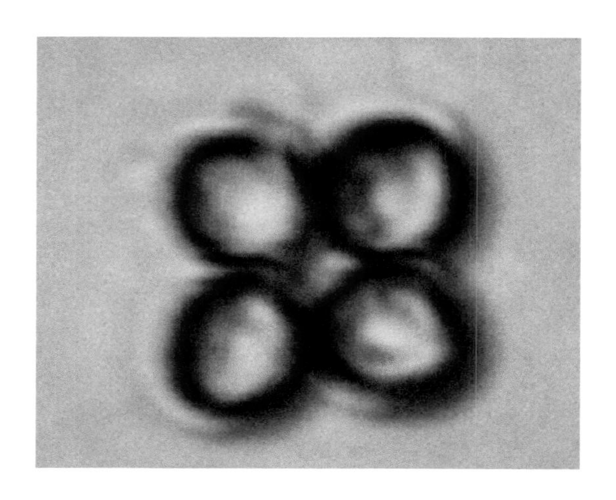

形态特征：

1. 定形群体呈椭圆形或卵形，细胞壁外侧游离面的两端各具一个短锥形突起。

2. 细胞宽 3 ～ 7 微米，长 5 ～ 10 微米。

分布：东辽河、南沙河、锡泊河、秀水河、柳河以及辽河干流。

华美十字藻 *Crucigenia lauterbornei*

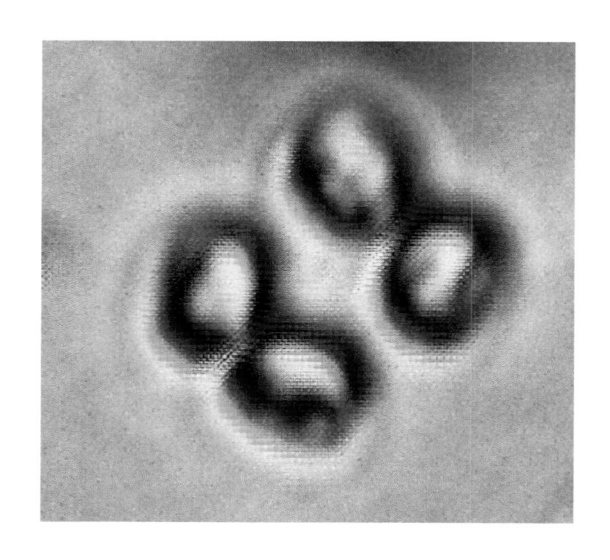

形态特征：

1. 群体的 4 个细胞与顶端部分的细胞壁相连，其中心具方形的细胞间隙，群体细胞近半球形。

2. 色素体一个，位于细胞外侧凸出面，具一个蛋白核，细胞宽 5 ～ 9 微米，长 8 ～ 15 微米。

分布：东辽河。

群星藻科 Sorastraceae

植物体为原始定形群体，个体细胞以胶质相联系。细胞呈梨形、半月形、卵圆形、长圆形或椭圆形。细胞壁平滑，两端增厚或具刺。色素体呈片状，周生，具蛋白核或无。

集星藻属 *Actinastrum*

植物体为自由漂浮的原始定形群体。群体无胶被，由 4 ～ 16 个细胞组成，群体细胞以一端在群体中心彼此连接，呈辐射状排列。细胞呈截顶的纺锤形，或顶端呈略狭长圆柱形。色素体周生，呈片状。

集星藻 *Actinastrum hantzschii*

形态特征：

1. 群体由 4 个或 8 个细胞组成。细胞呈纺锤形或圆柱形，两端略狭窄。
2. 色素体周生，呈片状，具一个蛋白核。
3. 细胞宽 3 ～ 5.6 微米，长 12 ～ 22 微米。

分布：招苏台河、亮子河、秀水河、柳河、东辽河。

空星藻科 Coelastraceae

植物体为真性定形群体，由 4 ～ 128 个细胞组成，常呈中空的球形，多数种类以细胞壁上的突起彼此连接，形成多孔的群体。色素体周生，几乎充满整个细胞。

空星藻属 *Coelastrum*

定形群体由4个、8个、16个、32个、64个或128个细胞组成球形到多角形的空球体。细胞以或长或短的细胞壁突起互相连接。细胞壁平滑或具刺状或管状花纹。群体细胞紧密连接，常不易分散，但在盐度较高、溶氧较少的不良水体中，群体细胞离解成游离的单个细胞。

小空星藻 *Coelastrum microporum*

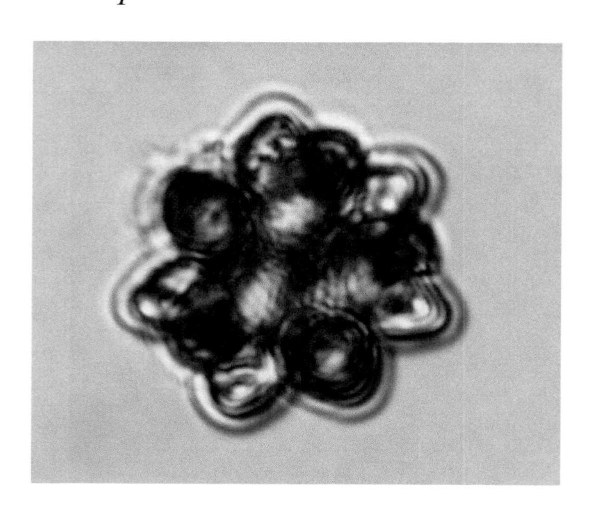

形态特征：

1. 定形群体呈球形到卵形，由8～64个细胞组成，细胞具一层薄的胶鞘，细胞间以短而稀疏的胶质突起互相连接，细胞间隙小于细胞直径。

2. 细胞连鞘宽10～18微米，不连鞘宽8～13微米。

分布：东辽河、嘎苏代河、汤河、亮子河、秀水河、饶阳河。

中带藻目 Mesotaniales

植物体为单细胞，有时细胞暂时连接形成简单丝状体，具或不具胶被。细胞中部无缢缩，呈椭圆形、圆柱形、纺锤形或棒形。细胞壁无微孔，内层为纤维素，外层为果胶质，少数种类细胞壁由三层组成，壁平滑或具细小颗粒或小刺，色素体周生，具一个或多个蛋白核，贮藏物质为淀粉，少数种类含有油滴。营养繁殖为细胞分裂，有性生殖为接合生殖。本目藻类为纯淡水产。

鼓藻科 Desmidiaceae

其特征与中带藻目相同。

新月藻属 *Closterium*

植物体为单细胞，呈新月形，略弯曲或显著弯曲，少数平直。中部不凹入，腹缘中间不膨大，顶部呈钝圆形、平直圆形、喙状或渐尖细。横断面呈圆形，细胞壁平滑，具纵向的线纹或纵向的颗粒，每个半细胞具一个色素体，具多个蛋白核，细胞两端各具一个液泡。

中型新月藻 *Closterium intermedium*

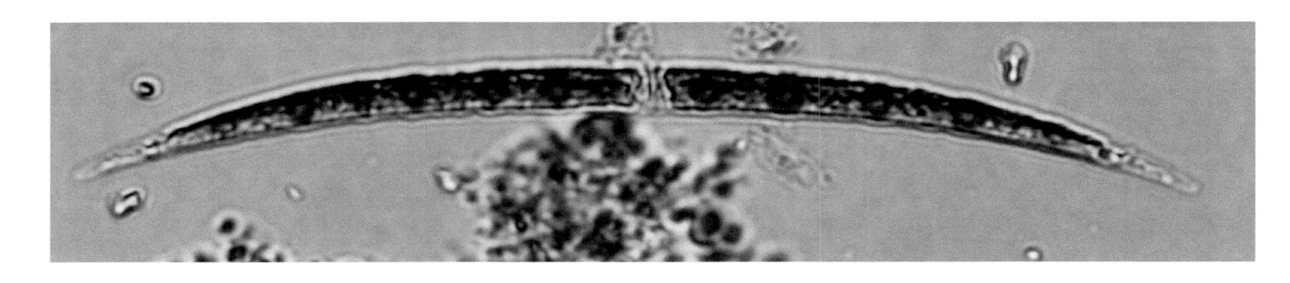

形态特征：

1. 细胞中等大小，呈新月形，长为宽的 12 ～ 15 倍，中度弯曲，腹缘中部不膨大，有时平直，向顶部逐渐狭窄，顶端呈平直圆形。

2. 细胞壁呈灰黄色或淡黄褐色，具中间环带，具 8 ～ 10 条粗而明显的纵线纹，每个半细胞具一个色素体，中轴具一列蛋白核，为 5 ～ 8 个。

3. 末端液泡具一个大的或数个小的运动颗粒，细胞宽 16 ～ 31 微米，长 234 ～ 465 微米，顶部宽 10 ～ 14 微米。

分布：多分布于偏酸性水体中，附着于岩石或水生植物表面。

纤细新月藻 *Closterium gracile*

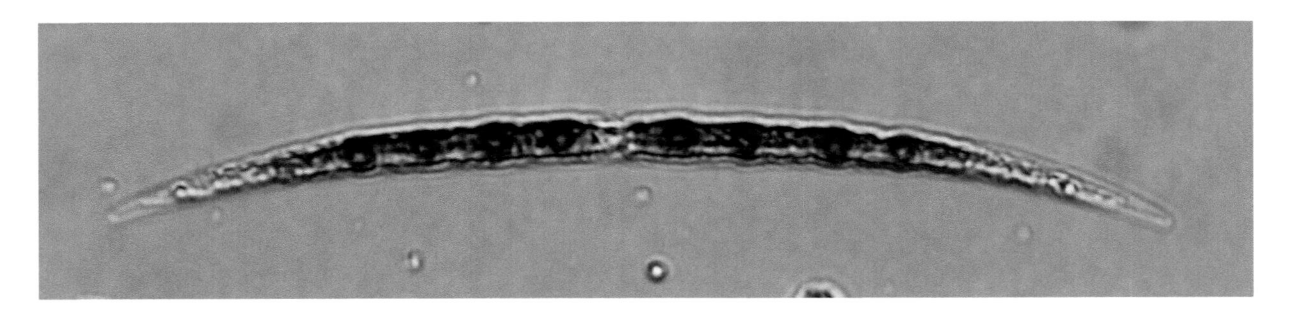

形态特征：

1. 细胞小，细长，呈线形，长为宽的 28 ～ 40 倍。细胞长度一半以上的两侧缘近平直，逐渐向顶部狭窄，顶部向腹缘略弯曲，顶端呈钝圆形。

2. 细胞壁平滑，无色，每个半细胞具一个色素体，近波状，中轴具一列蛋白核，为 5 ～ 7 个。

3. 末端液泡具一到数个运动颗粒，细胞宽 3 ～ 9 微米，长 130 ～ 355 微米，顶部宽 1 ～ 4 微米。

分布：二道河、秀水河、柳河。

微小新月藻 *Closterium parvulum*

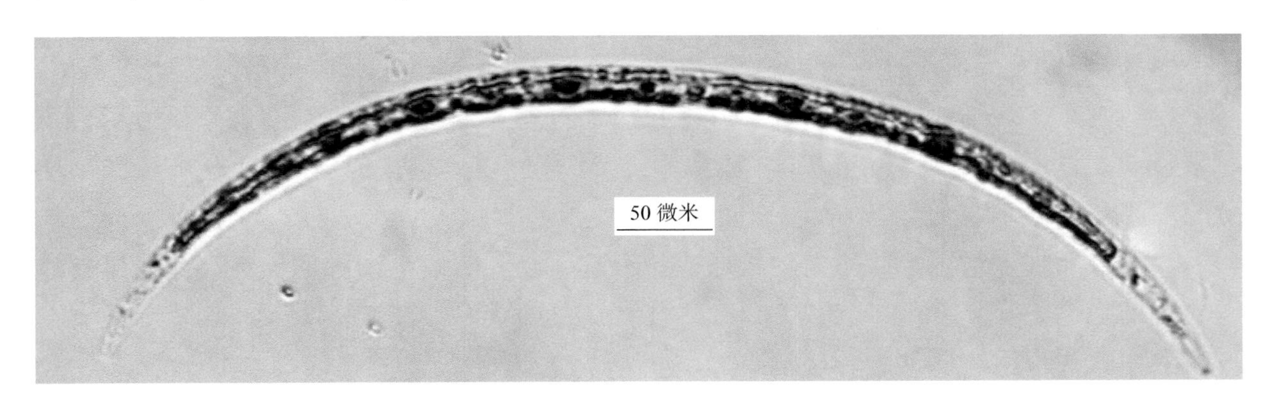

形态特征：

1. 细胞小，呈新月形，长为宽的 9 ～ 15 倍，明显弯曲，腹缘中部不膨大，向顶端逐渐狭窄，顶端呈尖圆形，细胞壁平滑，无色或少数呈淡黄褐色。

2. 每个半细胞具一个色素体，由 5 ～ 6 个纵长脊片组成，中轴具一列蛋白核，为 3 ～ 6 个。

3. 末端液泡具数个运动颗粒，细胞宽 9 ～ 15 微米，长 79 ～ 121 微米，顶部宽 1.5 微米。

分布：嘎苏代河。

角星鼓藻属 *Staurastrum*

植物体为单细胞，一般长略大于宽，绝大多数辐射对称，少数两侧对称及侧扁，多数缢缝深凹，从内向外张开呈锐角。半细胞正面观呈半圆形、近圆形、椭圆形或圆柱形等。细胞壁平滑，具点纹、圆孔纹、颗粒及各种类型的刺和瘤。半细胞一般具一个轴生色素体，具一到数个蛋白核，少数周生，具数个蛋白核。

四角角星鼓藻 *Staurastrum tetracerum*

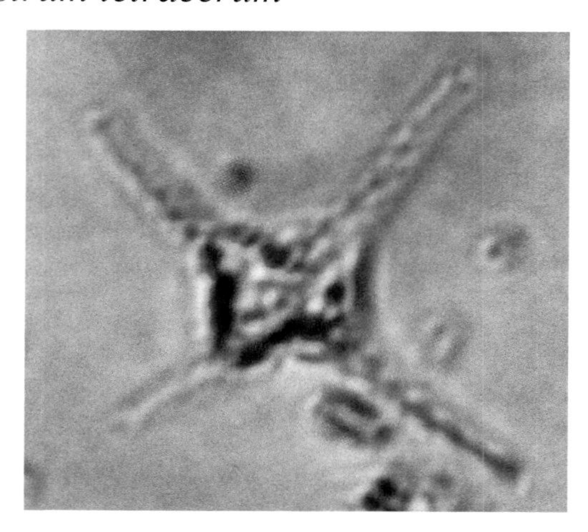

形态特征：

1. 细胞小，长约为宽的 1.2 倍，缢缝深凹，向外张开，半细胞正面观呈长方形，顶缘平直或略凹入，顶角明显的斜向向上延长形成长突起，边缘具 4 ～ 5 个被纹，顶端微凹入或具 3 个刺。

2. 垂直面观呈纺锤形，侧角延长形成长突起，上下两个半细胞的长突起交错排列。

3. 细胞宽 17 ～ 30 微米，长 20 ～ 28 微米，缢部宽 4 ～ 6 微米。

分布：秀水河、柳河、苏子河。

纤细角星鼓藻 *Staurastrum gracile*

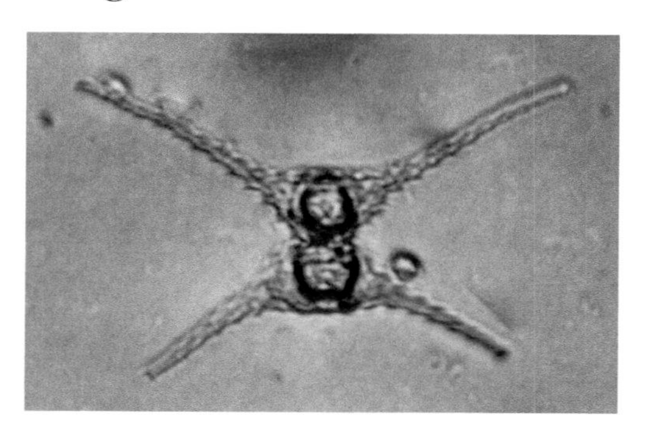

形态特征：

1. 细胞小或中等大小，形状变化很大，长为宽的 2 ～ 3 倍，缢缝浅，顶端尖，向外张开呈锐角。

2. 半细胞正面观呈近杯形，顶缘宽，略凸出，侧缘近平直或略斜向上，顶角水平向或斜向上延长形成长而细的突起，具数轮小齿，缘边波形，末端具 3 ～ 4 个刺。

3. 垂直面观呈三角形，少数呈四角形，侧缘平直，少数略凹入，缘内具一列小颗粒，有时成对，细胞宽（包括突起）44 ～ 100 微米，长 27 ～ 60 微米，缢部宽 5 ～ 13 微米。

分布：柳河、辽河干流。

鼓藻属 *Cosmarium*

植物体为单细胞，细胞大小变化很大，侧扁，缢缝常深凹。半细胞正面观呈近圆形、半圆形、椭圆形、卵形、梯形或长方形等。顶缘圆、平直或平直圆形，半细胞侧面观绝大多数呈圆形，垂直面观呈椭圆形、长方形。细胞壁平滑，具点纹、圆孔纹。半细胞具 1 个、2 个、4 个轴生色素体，每个色素体具一个或多个蛋白核，少数种类具 6 ～ 8 条带状色素体，每条色素体具数个蛋白核。

钝鼓藻 *Cosmarium obtusatum*

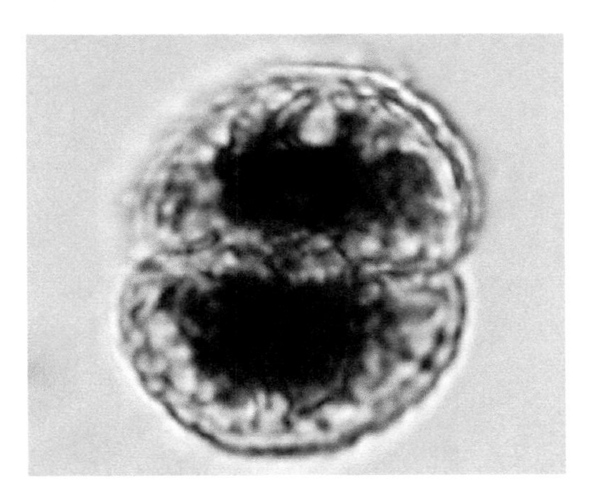

形态特征：

1. 细胞中等大小，长为宽的 1.2 倍，缢缝深凹，呈狭线形，顶端扩大。

2. 半细胞正面观呈截顶的角锥形，顶缘平直，基角略圆，侧缘凸出，约具 8 个波纹，波内具两列明显的颗粒；半细胞侧面观呈广椭圆形，垂直面观呈长椭圆形，厚与宽的比例为 1 ： 2，侧缘呈波形，缘内具 4 ～ 5 列平行的波纹。

3. 细胞壁具点纹，细胞宽 38 ～ 50 微米，长 48 ～ 63 微米，厚 22 ～ 29 微米，缢部宽 13 ～ 17 微米。

分布：东辽河、白岔河、招苏台河、苏子河以及太子河。

辽河流域

常见大型底栖动物图谱

寡毛纲 Oligochaete

寡毛纲是环节动物门 Annelida 的一纲。本纲动物（包括陆生的、淡水的、寄生的和栖于海滨的）种类，通称蚯蚓。体节明显，头部尚未完全分化，口前叶上无触手和眼（仅少数种类例外），体节上多数有刚毛，无疣足，背侧各环间常有背孔，成体有环带，血液循环为闭管式。雌雄同体。螺旋形卵裂，直接发生。

体细长，多节。头部不明显，只有口前叶和围口节两部分。口位于围口节的腹面。水栖种类的口前叶常呈锥状或长吻状。成熟蚯蚓在身体前部有一个明显的腺肿状隆起，称为环带。环带的形状和位置也因种类不同而异。水栖种类的短，较不明显。蚯蚓雌雄同体。水栖种类的消化道简单。排泄器官为肾管，除少数体节内缺少以外，每个体节内都有，或为大肾管，或为小肾管，或两者兼有，因种而异。除少数水栖种类外，环带前的有关体节内有受精囊，受精囊的对数与位置也是分类依据之一。

水栖寡毛类大多数为世界性分布。我国已知水蚯蚓有 4 科 28 属 70 余种，分别隶属于近孔寡毛目 Plesiopora 和前孔寡毛目 Prosopora。该类群物种一般常分布在有机质丰富的底泥中，多见于河流中下游有机污染严重的河段和浅水的湖泊中，深水湖库偶有分布。因其具有较强的耐受性（耐污值一般＞8.0），常作为重要的水质生物评价指示物种。当水体中的寡毛类水丝蚓作为绝对优势物种出现时，可以认为水体已经受到了严重的有机污染。

苏氏尾鳃蚓

学名： *Branchiura sowerbyi*

中文名： 苏氏尾鳃蚓

分类： 环节动物门 Annelida- 寡毛纲 Oligochaete- 近孔寡毛目 Plesiopora- 颤蚓科 Tubificidae- 尾鳃蚓属 *Branchiura*

形态： 体型大，生活时达 150 毫米以上；体宽 1.0 ～ 2.5 毫米。体色呈淡红乃至淡紫色。体后部约 1/3 处始，背腹正中绫每节有一对丝状的鳃，最前面的最短，逐渐增长，有 60 ～ 160 对之多。前端体节较长，有 3 ～ 7 体环。腹刚毛前面每束 4 ～ 7 条，单尖，以后逐渐减少，变成两叉，远叉极小，至后部远叉更小或消灭。背刚毛自 Ⅱ 节始，具 1 ～ 8 条发状刚毛，长约为 2mm，至体中部数目逐渐减少且短，至有鳃部消失；具 5 ～ 12 条钩状刚毛。环带在 1/2 Ⅹ～Ⅻ节，呈隆肿状。

习性： 多分布于沟渠流水两侧的 3 ～ 5cm 的泥层中，尚属喜氧种类。生活时淡红色的尾鳃伸出泥土，以伸展的鳃丝为平面进行上下摇动，其频率每分钟达 100 次左右。受惊扰时尾鳃立刻缩入泥中。在高温或缺氧时，尾鳃伸出更长且鳃丝伸展更开。滤食性，食物来源为腐殖质。

耐污值： 9.9*。

地理分布： 全国。

采集地： 辽河流域多采集于太子河、浑河、辽河干流等富含有机物的淤泥底质中。

图片来源： Grabowski M, Jablonska A. 2009. First records of *Branchiura* sowerbyi Beddard, 1892 (Oligochaeta: Tubificidae) in Greece. Aquatic Invasions, 4(2):365-367.

---

* 代表该物种耐污值引用自赵瑞等在《生态学报》发表的相关文章，后同。

赵瑞，高欣，丁森，等. 2015. 辽河流域大学底栖动物耐污值. 生态学报，35(14): 4797-4809.

霍甫水丝蚓

学名：*Limnodrilus hoffmeisteri*

中文名：霍甫水丝蚓

分类：环节动物门 Annelida- 寡毛纲 Oligochaete- 近孔寡毛目 Plesiopora- 颤蚓科 Tubificidae- 水丝蚓属 *Limnodrilus*

形态：体长 25 ～ 55 毫米，体宽 0.5 ～ 1.0 毫米。约 150 节，口前叶短，无鳃，圆锥形，体褐红色，刚毛每节 4 束。背部刚毛钩状，末端有分叉，近叉处较粗而呈钩转，远叉处弯而略长，至体后端逐渐变短。腹部刚毛与背部相似，每束 5 ～ 8 条。环带明显，在Ⅺ～ 1/2 Ⅻ节成戒指状。阴茎鞘长筒状，末端较窄，微弯，口扩张呈喇叭状，边缘翻转，但各缘外翻程度不同，故不对称。无交配毛。

习性：为淡水中常见的底栖动物，多生活在含有机质、腐殖质较多的污水沟、排水口等处，最适生长水温为 15 ～ 20℃，pH 为 6.8 ～ 8.5。滤食性，食物来源为腐殖质。

耐污值：8.5*。

地理分布：黑龙江、吉林、河南、陕西、长江、安徽、江苏、浙江、江西、湖北、湖南、四川、贵州、广西、广东、新疆。

采集地：辽河流域多采集于太子河、浑河及辽河干流等富含有机物的淤泥底质中。

图片来源：https://collections.peabody.yale.edu/search/Record/YPM-IZ-072296.

蛭纲 Hirudinea

蛭纲是环节动物门的一纲。本纲动物通称蛭，俗称蚂蟥。蛭纲是一类高度特化的环节动物。它们与寡毛纲、多毛纲等其他环节动物不同，多数营暂时性的体外寄生生活。与这种生活方式相适应，蛭纲的体上无刚毛，前、后端有吸盘，体内肌肉发达，体腔被肌肉和结缔组织分割充填而缩小。世界已知约600种，分隶于4目10科。中国已知约70种，隶属于3目5科25属。

一般背腹平扁，前端较窄，体呈叶片状或蠕虫状。体上无刚毛。体形可随伸缩的程度或取食的多少而改变。体前端的腹侧有1前吸盘，围绕在口的周围；后端有1后吸盘，多呈杯状，朝向腹面。身体由34个体节组成，最后7节愈合形成后吸盘，实际分27节。每个体节的表面又被横沟分成3、5或更多的体环。头部背面有眼，眼的数目、位置和形状是鉴别种类的标志之一。有的从口中伸出1根管状吻。体表有感觉乳突。环带区的腹面中央有雄性和雌性生殖孔各1个。雄孔在前，雌孔在后，2孔相隔2环、5环或多至11环；少数种类的雄孔和雌孔在1个突起上或合为1孔。后端有1肛门。少数种类在体侧有呼吸器，如鱼蛭的呼吸囊或鳃蛭的鳃。

大多数蛭类，包括舌蛭科Glossiphoniidae、鱼蛭科Ichthyobdellidae和医蛭科Hirudinidae的大部分种类在内，都以吸血或吸体腔液为生。吸血的对象包括多种脊椎动物和无脊椎动物，如鱼蛭吸食鱼血，盾蛭取食两栖类和爬行类，鳃蛭寄生于爬行动物，晶蛭寄生于水鸟的鼻孔中。医蛭的食谱最广，一般吸人和耕畜的血液，但也常侵袭龟、蛇、蛙、鱼、蚯蚓，甚至其他蛭类。石蛭为肉食性种，鱼肉、蛙肉、蛙卵、贝类、甲壳动物、蠕虫、昆虫及其稚虫都可作为食物。吻蛭目Rhynchobdellida的种依靠吻穿入宿主组织内取食。

宽身舌蛭

学名：*Glossiphonia lata*

中文名：宽身舌蛭

分类：环节动物门 Annelida- 蛭纲 Hirudinea- 吻蛭目 Rhynchobdellida- 舌蛭科 Glossiphoniidae- 舌蛭属 *Glossiphonia*

形态：躯体短而宽，背部稍凸，腹面扁平，略呈卵圆形。体长 10～22 毫米，宽 5～8.5 毫米。背部颜色土黄，纵纹 8～9 行并布有黑色斑点，而体两侧不清晰。背部乳突明显，与背中线及左右两侧共 5 纵裂。自Ⅵ节起每环都有。体环数共计 71 环。前吸盘小，后唇到Ⅴ节。后吸盘小，朝向腹面。眼点共 3 对，分别排列在第 4（或第 5 环）、第 6 环和第 7 环上。前对眼较小且相互靠近，有时重叠或消失 1 眼或全部消失。后 2 对眼较大且离背中线较远，但有时后 2 对眼合并形成 1 对大眼或每对仅留存 1 侧眼。雄性和雌性生殖孔分别在第 27 环和第 28 环前缘。

习性：营寄生生活，在池沼的水草和石块上很普遍，亦可寄生在河蚌的外套腔中。行动迟缓。是污染水体的特有指示物种。

耐污值：6.0*。

地理分布：全国

采集地：辽河流域多采集于辽河干流。

八目石蛭

学名：*Herpobdella octoculata*

中文名：八目石蛭

分类：环节动物门 Annelida- 蛭纲 Hirudinea- 咽蛭目 Pharyngobdellida- 石蛭科 Herpobdellidae- 石蛭属 *Herpobdella*

形态：躯体扁平，略呈圆柱形，前后两端略狭。体长为 20 ～ 52 毫米，宽为 3 ～ 9 毫米。背面呈深棕色，或带红棕或棕黄色泽，且布有不规则黑色斑点。腹面稍淡。体环数共计 107。眼 4 对，前 2 对横列在第 2 环，后 2 对横列在第 5 环的近两侧处。前吸盘小。口在其底，颚缺。后吸盘与体同宽。环带位于第 31 ～ 45 环。

习性：常见于流水中生活，多出现在河川、湖泊与池塘的浪击带以及通常附着在石块下。

耐污值：7.8*。

地理分布：黑龙江、吉林、辽宁、内蒙古、宁夏、新疆、河北、山西、山东、江苏、湖北、湖南、广西等地。

采集地：辽河流域多采集于浑河、太子河中上游河流中，常见于汤河、小汤河、太子河北支、海城河、细河以及兰河。同时，西辽河上游支流偶有分布。在辽河干流主要支流的上游也多有分布。

腹平扁蛭

学名：*Glossiphonia complanata*

中文名：腹平扁蛭

分类：环节动物门 Annelida- 蛭纲 Hirudinea- 舌蛭科 Glossiphoniidae- 扁蛭属 *Glossiphonia*

形态：躯体扁平，前端尖长，后半身呈卵圆形。体长 15 ～ 30 毫米，体宽 5 ～ 9 毫米。背面浅棕色，腹面灰白色。背中线两侧各具 1 条棕褐色的纵行斑点，腹面有同样 2 条纵行斑点出现。眼 3 对，位于 2，3，4 环上，呈纵向排列，左右接近，以第 2 对眼最为显著。前吸盘小，口孔在吸盘的前半部分，口中有管状长吻。后吸盘小，呈圆形。

习性：常见于流水中生活，多出现在河川、湖泊与池塘的浪击带，通常附着在石块下。

耐污值：5.5*。

地理分布：全国。

采集地：辽河流域采集于辽河干流的支流，如寇河、清河、亮中河。

宽体金线蛭

学名：*Whitmania pigra*

中文名：宽体金线蛭

分类：环节动物门 Annelida- 蛭纲 Hirudinea- 颚蛭目 Gnathobdellida- 医蛭科 Hirudinidae- 金线蛭属 *Whitmania*

形态：体长略呈纺锤形，扁平。体长 60 ～ 130 毫米，体宽 10 ～ 20 毫米。背面呈暗绿色，并具 5 条纵向排列的黄色条纹，背中线 1 条较深。腹面两侧各具 1 条连续的淡黄色的纵纹，两条渐灰白。眼 5 对，排列呈弧形，在Ⅱ～Ⅵ节。前吸盘小，口内有颚，上有齿，不发达。

习性：常见于水田、湖沼中。

耐污值：6.1*。

地理分布：我国各地区均有，南方居多。

采集地：辽河流域多采集于浑河、太子河中上游河流中。

秀丽黄蛭

学名：*Haemopis grandis*

中文名：秀丽黄蛭

分类：环节动物门 Annelida- 蛭纲 Hirudinea- 无吻蛭目 Arhynchobdellida- 医蛭科 Hirudinidae- 黄蛭属 *Haemopis*

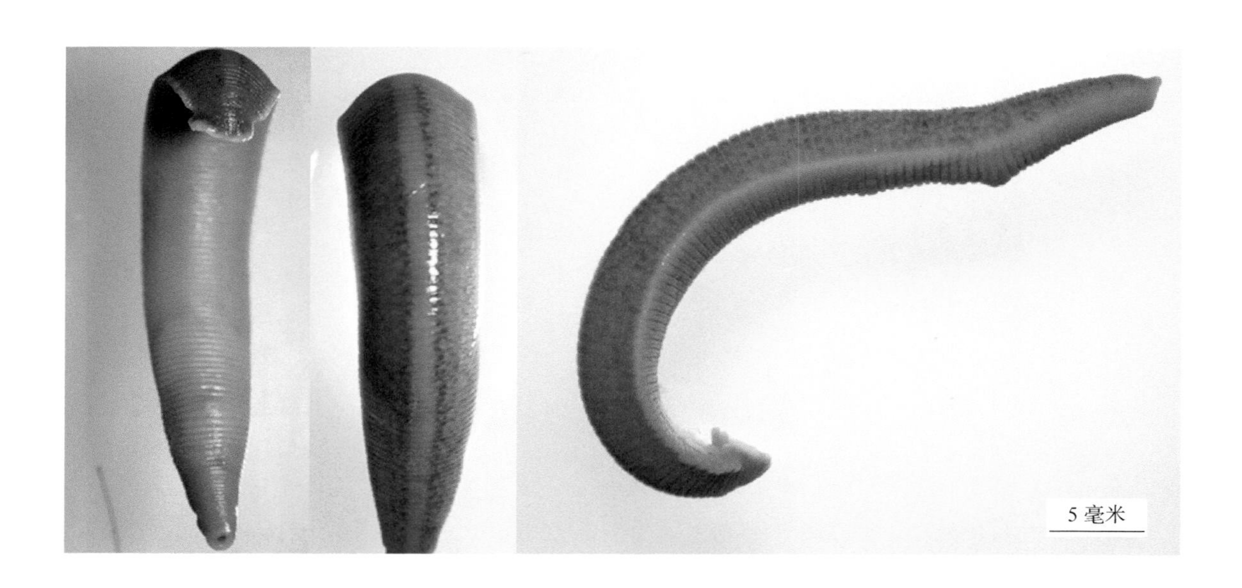

形态：体长 50 ～ 70 毫米，宽约 3 毫米。背部茶褐色，伴有黑色纵纹。体横切面呈扁圆形，腹面略平，前端细而尖，躯体后 1/3 部最宽。眼 5 对，位于Ⅱ～Ⅵ节。后吸盘不发达。肛门在 104 节的背中。

习性：常栖息于池塘、水田中。

耐污值：5.5*。

地理分布：我国各地区均有，南京最为常见。

采集地：辽河流域多采集于浑河、太子河中上游河流中。

铁线虫纲 Gordiodea

铁线虫纲隶属于线性动物门，一般生活于热带和暖温带等地区的淡水和潮湿的土壤中。成虫呈线状，雌雄异体，雌虫在水边产卵，以蚱蜢、蟑螂和甲虫等昆虫为中间宿主。稚虫营寄生生活，在宿主体内继续发育，并逐渐控制宿主行为，待稚虫长成为成虫时，会控制宿主寻找水源，在淹死宿主后从其体内钻出。该物种广泛分布于世界各地，可通过水源感染人体，引起铁线虫病。

铁线虫目 Gordioidea

铁线虫属线性动物，体细长呈细绳状，体长一般在300~1000毫米，直径1~3毫米，外观似一团生锈的铁丝。体被角质膜，消化体系退化，常无口，以体壁吸收寄主营养。成虫自由生活于溪流、池塘等淡水中，稚虫营底栖生活。成虫雌雄异体，雄体较小。铁线虫的发育分为卵、稚虫和成虫三个阶段。雌雄于春季交配产卵于水边，稚虫孵出后，以可伸缩的长有刺的吻作为运动器官，寻找机会钻入或被吞食进入寄主体内，一般以螳螂、甲虫等节肢动物为宿主，发育完成后离开寄主于水中营自由生活。铁线虫常见于热带和温带的淡水中，常见于我国各地区的河流和池塘中。

铁线虫

学名：*Gordius aquaticus*

中文名：铁线虫

分类：线形动物门 Nemathelminthes- 铁线虫纲 Gordioda- 铁线虫目 Gordioidea- 铁线虫科 Gordiidae- 铁线虫属 *Gordius*

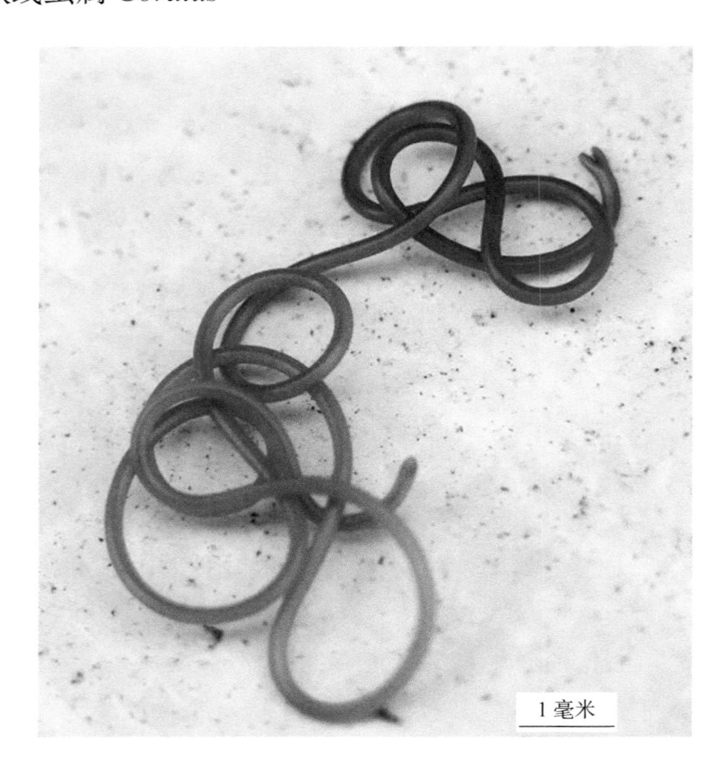

形态：体大型，体长 0.3 ～ 1 米。体型呈细绳状。无背线、腹线与侧线。前端钝圆，体表角质坚硬，不易切断，雄体末端分叉，呈倒“V”形，分叉部分的前腹面为泄殖孔。消化管在稚虫期存在，而在成虫期则退化。雄体的精巢和雌体的卵巢数目多，成对排列于身体的两侧。生活时体呈深棕色。

习性：栖息于清洁的溪流中。

耐污值：—[①]。

地理分布：全国。

采集地：辽河流域采集于太子河上游溪流中，常见于太子河南支、兰河。

图片来源：https://www.biolib.cz/en/image/id67037/.

---

① “—”代表未计算和查阅到该物种耐污值，后同。

瓣鳃纲 Lamellibranchia

瓣鳃纲是软体动物门 Mollusca 的一纲。此类物种身体呈左右扁平，两侧对称，并具有两扇合抱身体的贝壳，亦称双壳纲 Bivalvia。身体由躯干、足和外套膜三部分构成，没有明显的头部，因此伴生的一些器官，如眼、触角、齿舌和颚片也缺失，亦称无头纲 Acephala；而又因其足位于身体腹面，两侧扁平且呈斧状，亦称斧足类 Pelecypoda；在外套膜与内脏团、鳃、足之间存有间隙，内有瓣状鳃，亦称瓣鳃纲。本纲在软体动物门中属物种数较多的一个纲，在所发现的物种当中仅有 10% 左右的物种生活在淡水中，其余皆为海产物种。

瓣鳃纲约有 2 万种，依据其绞合齿的形态、闭壳肌发育程度和鳃的结构等，分为三目：①列齿目 Taxodonta，绞合齿排成一列且外形多相同；闭壳肌两个，均发达；鳃呈盾状或丝状。代表物种有蚶科 Arcidae 的毛蚶 *Scapharca subcrenata* 和泥蚶 *Tegillarca granosa* 等。②异柱目 Anisomyaria，前后闭壳肌差异较大，前者较小或消失，后者发达；绞合齿一般退化或呈小结节状，或无绞合齿、鳃丝间以纤毛盘或结缔组织相连。代表物种有贻贝科 Mytilidae 的贻贝 *Mytilus edulis*，牡蛎科 Ostreidae 的增帽牡蛎 *Ostrea cucullata* 等。③真瓣鳃目 Eulamellibranchia，前后闭壳肌大小相等且较为发达，铰合齿少或无；鳃丝和鳃小瓣间以血管相连接；出水孔和入水孔常形成水管。代表物种有蚌科 Unionidae 的圆顶珠蚌 *Unio douglasiae*，蚬科 Corbiculidae 的河蚬 *Corbicula fluminea*。

双壳类一般是雌雄异体，无交接器官。分布于我国淡水的种类繁殖习性有多种：第一种为自由生活，即成熟的精子和卵子在水中受精发育，经过一段漂浮的稚虫期后下沉变态成为营底栖或者固着生活的幼体；第二种在内、外鳃腔中孵化，即成熟的精子由雌性的呼吸作用进入体内，在内、外鳃腔中孵化；第三种为寄生，即受精卵在雌体的外鳃腔中发育成钩介幼虫。成熟的钩介幼虫离开母体后，寄生于鱼类的鳃和鳍等器官上，通过寄生达到成熟后从鱼体脱落，转而营底栖生活。

瓣鳃纲物种一般属中度耐污物种，多栖息于静水或者缓流底质以泥沙为主的中下游河段。

河蚬

学名： *Corbicula fluminea*

中文名： 河蚬

分类： 软体动物门 Mollusca- 瓣鳃纲 Lamellibranchia- 真瓣鳃目 Eulamellibranchia- 蚬科 Corbiculidae- 蚬属 *Corbicula*

形态： 贝壳中等大小，成体壳长一般30～40毫米，壳高与壳长相近，壳宽约20毫米。两壳膨胀，壳质较厚，外形呈圆底三角形。壳面有光泽，颜色因环境而异，常呈棕黄色、黄绿色或黑褐色。壳面有粗糙的环肋。韧带短，凸出于壳外。绞合部发达，闭壳肌痕明显，外套痕深而显著。左壳具3枚主齿，前后侧齿各1枚。右壳具3枚主齿，前后侧齿各2枚，其上有小齿列生。

习性： 多栖息于底质为沙或沙泥和泥的江河、湖泊、沟渠、池塘及河口咸淡水水域。主要以浮游生物为食物来源。

耐污值： 9.0**。

地理分布： 我国各地河流、湖泊和沟渠等水域。

采集地： 辽河流域多采集于辽河干流的支流，多分布在以泥沙为底质的秀水河和绕阳河。

** 代表该物种耐污值引用自王备新和杨莲芳在《生态学报》发表的相关文章，后同。

王备新，杨莲芳. 2004. 我国东部底栖无脊椎动物主要分类单元耐污值. 生态学报, 24(12): 2768-2775.

湖球蚬

学名：*Sphaerium lacustre*

中文名：湖球蚬

分类：软体动物门 Mollusca- 瓣鳃纲 Lamellibranchia- 真瓣鳃目 Eulamellibranchia-球蚬科 Sphaeriidae- 球蚬属 *Sphaerium*

形态：贝壳小型，壳长 11 毫米，壳高 9 毫米，壳宽 4 毫米。壳质薄而脆，易碎。两壳膨胀，外形呈短卵圆形。贝壳两侧略等称。壳顶小，膨胀部分圆润且突出，位于背缘近中央处，略偏向前方。贝壳前部略短于后部，前缘及后缘皆呈钝圆形，背缘略直，腹缘呈弱弧形。壳面光滑，生长轮脉细致。

习性：多栖息于水塘、沟渠、河流及湖泊，底质为泥沙及淤泥等基质上。偏喜污水。

耐污值：7.0*。

地理分布：黑龙江、辽宁、内蒙古、新疆、河北、山东、江苏、湖南等地。

采集地：辽河流域多采集于辽河干流的支流，多分布在以泥沙为底质的绕阳河、新开河，养息牧河等。

圆顶珠蚌

学名：*Unio douglasiae*

中文名：圆顶珠蚌

分类：软体动物门 Mollusca- 瓣鳃纲 Lamellibranchia- 真瓣鳃目 Eulamellibranchia-蚌科 Unionidae- 珠蚌属 *Unio*

形态：壳顶位于壳的前端，背缘弯曲，与后缘连接形成大弧形，腹缘平直，在足丝处内陷，由壳顶向后的部分壳面极凸出，形成一条龙骨。壳面呈棕褐色、黄绿色或深棕色，壳顶至两侧龙骨突起间呈黄褐色，壳顶后部呈棕褐色。贝壳内面，自壳顶斜向腹缘末端呈紫罗兰色，其他部分呈淡蓝色，有光泽。无铰合齿。无隔板。前闭壳肌退化，后闭壳肌和足丝收缩肌发达。足小，呈棒状。足丝发达。

习性：多栖息于底质为沙或沙泥和泥的江河、湖泊、沟渠、池塘及河口咸淡水水域。以微小浮游生物和有机碎屑为食。

耐污值：1.6*。

地理分布：我国内陆水域，穴居于水底泥土表层，天然资源丰富。

采集地：辽河流域多采集于辽河干流的支流，多分布在以泥沙为底质的秀水河和绕阳河。

背角无齿蚌

学名：*Anodonta woodiana*

中文名：背角无齿蚌

分类：软体动物门 Mollusca- 瓣鳃纲 Lamellibranchia- 真瓣鳃目 Eulamellibranchia-蚌科 Unionidae- 无齿蚌属 *Anodonta*

形态：贝壳大型。壳长可达 190 毫米，壳高 130 毫米，壳宽 80 毫米，壳质薄，易破碎，两壳稍膨胀，外形呈稍有角突的卵圆形。壳长约为壳高的 1.5 倍，贝壳两侧不对称。幼体壳面呈黄绿色或黄褐色，成体蚌的壳面呈黑褐色或黄褐色。壳内面珍珠层呈淡蓝色、淡紫色或橙红色，在贝壳腔内常呈灰白色且常有污点。

习性：多栖息于淤泥底质、水流略缓或静水水域内。

耐污值：6.0***。

地理分布：广泛分布于我国内陆水域。

采集地：辽河流域多采集于辽河干流和海城河下游。

*** 代表该物种耐污值引用自张跃平的学术论文，后同。

张跃平 . 2006. 江苏大型底栖无脊椎动物耐污值、BI 指数及水质生物学评价 . 南京：南京农业大学硕士学位论文 .

湖沼股蛤

学名：*Limnoperna lacustris*

中文名：湖沼股蛤

分类：软体动物门 Mollusca- 瓣鳃纲 Lamellibranchia- 异柱目 Anisomyaria- 贻贝科 Mytilidae- 股蛤属 *Limnoperna*

形态：贝壳小而薄，外观似三角形，壳长 8 ～ 30 毫米。壳顶位于壳的前端，背缘弯曲，与后缘连接形成大弧形，后缘圆形，腹缘平直，在足丝处内陷。由壳顶向后的部分壳面极凸出，形成一条龙骨突起。壳面呈深棕色、黄绿色或棕褐色，壳顶至两侧龙骨突起间呈黄褐色，壳顶后部呈棕褐色。贝壳内面，自壳顶斜向腹缘末端呈紫罗兰色，其他部分呈淡蓝色，有光泽。无铰合齿。无隔板。前闭壳肌退化，后闭壳肌和足丝收缩肌发达。足小，呈棒状。足丝发达。

习性：一般分布在常年最低水位线以下，多栖息在水流较缓的流水环境，以足丝固着在水中硬物上。以微小浮游生物和有机碎屑为食。

耐污值：2.5**。

地理分布：广泛分布于我国内陆水域，已知分布于长江中、下游及长江以南的地区，如安徽、浙江、江苏、江西、湖北、湖南、福建、广东及广西等地。

采集地：辽河流域多采集于辽河干流的支流。

图片来源：https://en.wikipedia.org/wiki/Limnoperna_fortunei.

腹足纲 Gastropoda

腹足纲通称螺类，是软体动物中最大的一纲。腹足纲动物广泛分布于陆地、海洋和内陆的淡水生态系统中。全世界已记载的有90 000余种，其中生活于淡水的约占13.3%。腹足纲动物具明显的头部，体外具一枚螺旋卷曲的贝壳。头、足、内脏囊、外套膜均可缩入壳内。发育过程中，身体经过扭转，使神经扭呈“8”形，内脏器官也失去对称性。一些种类在发育中经过扭转之后又经过反扭转，神经不再呈“8”形，但在扭转中失去的器官不再发生，身体的内脏失去对称性。包括前鳃亚纲 Prosobranchia、后鳃亚纲 Opisthobranchia 及肺螺亚纲 Pulmonata 三个亚纲。

大部分生活于淡水的物种贝壳为右旋，但也有少数物种为左旋，如膀胱螺科 Physidae 的种类；也有一些贝壳在一个平面上旋转，呈近平面的圆盘状，如扁卷螺科 Planorbidae 的种类。贝壳的外部可分为两部分，即螺旋部和体螺层。螺旋部的内部主要为动物内脏部分，一般外形可以分为几个螺层；体螺层从外部上看是贝壳的最后一层，一般膨大，内部容纳动物的头足部分。螺旋部顶端为壳顶，外形一般呈尖锐状或者钝圆状。各个螺层交界处形成螺旋形的缝纹，称为缝合线。螺层的计数一般从壳口开始，数清缝合线的数目，总计数的数目加一即是螺层的总数。螺壳高的测量一般是从壳顶至壳底垂线，壳宽为左右间最大距离。

腹足类的齿舌位于口腔底部，且较为发达，主要由几丁质形成，外形常呈带状而透明。腹足类足部较为发达，一般蹠面平坦，适于黏附于物体上或者爬行。我国淡水水域的腹足类均隶属于前鳃亚纲和肺螺亚纲。其食性多为植食类，主要以藻类、菌类、地衣和苔藓植物等为食，另有少数营寄生生活。分布范围较广，多栖息于湖泊、水田、沼泽及河流的湖 / 河岸带区域。

琵琶拟沼螺

学名：*Assiminea lutea*

中文名：琵琶拟沼螺

分类：软体动物门 Mollusca- 前鳃亚纲 Prosobranchia- 中腹足目 Mesogastropoda- 拟沼螺科 Assimineidae- 拟沼螺属 *Assiminea*

形态：贝壳较小型，成体壳高 6 毫米，壳宽 3.5 毫米。外形呈圆锥形，壳质薄。具 4 ～ 5 个螺层，螺层不外凸，缓慢均匀增长。体螺层膨胀，在缝合线下方周缘常具角度，略呈肩状，缝合线浅。壳面光滑，呈黄褐色至暗褐色，并具 3 ～ 5 条深褐色色带。壳口呈卵圆形，周缘完整，外缘锐利。

习性：多栖息于河口区域或者邻近相通的支流。多以底栖藻类为食。

耐污值：—。

地理分布：我国河北、广东、辽宁等地。

采集地：辽河流域多采集于海城河及支流。

赤豆螺

学名：*Bithynia fuchsiana*

中文名：赤豆螺

分类：软体动物门 Mollusca- 前鳃亚纲 Prosobranchia- 中腹足目 Mesogastropoda- 豆螺科 Bithyniidae- 豆螺属 *Bithynia*

形态：壳质薄而易碎，外形呈卵圆锥形。螺层皆外凸，各螺层均匀迅速增长，共 5 个螺层。成体壳高 6 ～ 10 毫米，壳宽 5 ～ 7 毫米。螺旋部呈短圆锥形，略等于或大于全部壳高的 1/2，体螺层膨大、缝合线深。壳面呈灰褐色、淡褐色，光滑，具不明显的生长纹。壳顶钝，壳口呈卵圆形、周缘光滑、易破损，外层具黑色框边，内唇上缘呈斜直线状，贴覆于体螺层上。

习性：多栖息于水田、池塘、湖泊和小溪流速较缓的水域。多以底栖藻类为食。

耐污值：8.1*。

地理分布：河北、安徽、江苏、湖北及云南等地。

采集地：辽河流域多采集于汤河、小汤河、太子河中下游支流、海城河、西辽河、东辽河和部分辽河干流的支流。

中华圆田螺

学名：*Cipangopaludina cahayensis*

中文名：中华圆田螺

分类：软体动物门 Mollusca- 前鳃亚纲 Prosobranchia- 中腹足目 Mesogastropoda- 田螺科 Viviparidae- 圆田螺属 *Cipangopaludina*

形态：壳质薄而坚固，成体壳高 40 ～ 60 毫米，壳宽 35 ～ 40 毫米。外形呈卵圆形，壳顶尖锐，有 6 ～ 7 个螺层，各螺层间的缝合线较深且宽度增长迅速。体螺层膨大，壳面呈黄褐色或绿褐色。壳口呈卵圆形，外层具黑色框边，外唇简单，内唇肥厚。

习性：多栖息于水生植物较多的河沟、水田、湖库内。多以底栖藻类为食物来源。

耐污值：1.0*。

地理分布：河北、河南、辽宁、山西、山东、陕西、江苏、浙江、湖北以及湖南等地。

采集地：辽河流域多采集于西辽河、东辽河、太子河上游部分支流。

中国圆田螺

学名：*Cipangopaludina chinensis*

中文名：中国圆田螺

分类：软体动物门 Mollusca- 前鳃亚纲 Prosobranchia- 中腹足目 Mesogastropoda- 田螺科 Viviparidae- 圆田螺属 *Cipangopaludina*

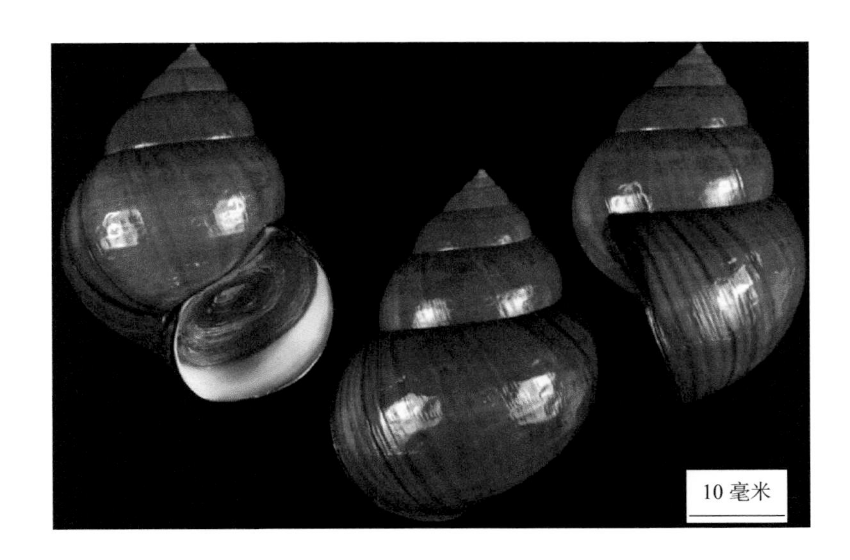

形态：贝壳巨大，壳高 60 毫米，壳宽 40 毫米。贝壳薄而坚固，呈卵圆锥形。有 6 ～ 7 个螺层，各螺层高、宽度增长迅速，壳面凸。缝合线极明显。螺旋部高起呈圆锥形，其高度大于壳口高度。壳顶尖锐。体螺层膨大。贝壳表面光滑，无肋，具细密而明显的生长线，又在体螺层上形成褶襞。壳面呈黄褐色或绿褐色。壳口呈卵圆形，上方具一锐角，周缘具黑色框边，外唇简单。脐孔呈缝状。

习性：多栖息于河沟、水田。

耐污值：4.6*。

地理分布：全国。

采集地：辽河流域多采集于太子河干流和辽河干流的支流。

梨形环棱螺

学名：*Bellamya purificata*

中文名：梨形环棱螺

分类：软体动物门 Mollusca- 前鳃亚纲 Prosobranchia- 中腹足目 Mesogastropoda- 田螺科 Viviparidae- 环棱螺属 *Bellamya*

形态：贝壳大型，一般成体壳高 35 毫米，壳宽 25 毫米。壳质厚，坚实，外形呈梨形。有 6 ～ 7 个螺层，各螺层膨胀，体螺层特别膨胀，螺旋部呈宽圆锥形。缝合线明显。幼螺的螺棱上生长有许多细毛。壳口呈卵圆形，具黑色框边，上方具一锐角。

习性：多栖息于水草较多的池塘、水田和沟渠内。

耐污值：6.1*。

地理分布：辽宁、内蒙古、河北、河南、山东、安徽、江苏、浙江、湖北、湖南、广东、广西等地。

采集地：辽河流域采集于太子河下游部分支流，如海城河。

乌苏里圆田螺

学名：*Cipangopaludina ussuriensis*

中文名：乌苏里圆田螺

分类：软体动物门 Mollusca- 前鳃亚纲 Prosobranchia- 中腹足目 Mesogastropoda- 田螺科 Viviparidae- 圆田螺属 *Gipangopaludina*

形态：贝壳大型，一般成体壳高 55 毫米，壳宽 40 毫米。壳质较薄，外形呈卵圆锥形。有 5 ～ 6 个螺层，各螺层增长迅速，膨胀。缝合线明显。螺旋部呈宽圆锥形，体螺层膨大。壳面呈绿褐色或黄褐色，具细密的生长纹，并具红褐色的色带及螺棱。壳口呈卵圆形，周缘完整，常具黑色框边，外唇薄，内唇上方外折覆盖在体螺层上，部分或完全遮盖脐孔。

习性：多栖息于缓流的河流、沟渠，水田。

耐污值：1.0*。

地理分布：辽宁、黑龙江、吉林等地。

采集地：辽河流域采集于太子河下游和东辽河。

图片来源：https://www.conchology.be/?t=68&u=972531&g=cbc9bfceaa312eb9bccbad6e23de5638&q=19b3460d1b59d3b35f61341c9ed88941.

方格短沟蜷

学名：*Semisulcospira cancellata*

中文名：方格短沟蜷

分类：软体动物门 Mollusca- 肺螺亚纲 Pulmonata- 中腹足目 Mesogastropoda- 黑螺科 Melaniidae- 短沟蜷属 *Semisulcospira*

形态：贝壳中等大小。壳质厚，坚固。外形呈长圆锥形。顶部尖锐，常被腐蚀破损。壳高 17 ～ 25 毫米，壳宽 7 ～ 11 毫米。有 12 个螺层，且各螺层略外凸，螺旋部呈长圆锥形，在长度上缓慢均匀增长。体螺层不膨大，底部缩小。壳面呈黄褐色，并具 2 ～ 3 条深褐色色带，上有不大显著的螺纹及发达的纵肋，螺纹及纵肋相连接呈方格状花纹，并相交形成瘤状结节。顶部各螺层上纵肋较少，基部螺层纵肋较多。体螺层具 12 ～ 15 条纵肋，在体螺层下部具 3 条螺棱。壳口呈长椭圆形，上方呈角状，下方具斜槽，周缘完整，外唇薄，呈锯齿状，内缘上方贴覆于体螺层上，轴缘弯曲呈弧形。厣角质呈黄褐色、椭圆状。

习性：多栖息于湖泊、沟渠和小溪等流速较缓、水质清澈、水生植物茂盛的水域，底质以泥沙为主。多以底栖藻类为食。

耐污值：4.5**。

地理分布：黑龙江、吉林、辽宁、河北、山东、江苏、浙江、湖北、湖南、广东等地。

采集地：辽河流域多采集于东辽河上游部分支流等。

图片来源：http://www.vianetconchology.com/index.php?main_page=4&parent=2608&parent0=157&parent1=15&parent2=1&parent3=0&level=3.

卵萝卜螺

学名：*Radix ovata*

中文名：卵萝卜螺

分类：软体动物门 Mollusca- 肺螺亚纲 Pulmonata- 基眼目 Basommatophora- 椎实螺科 Lymnaeidae- 萝卜螺属 *Radix*

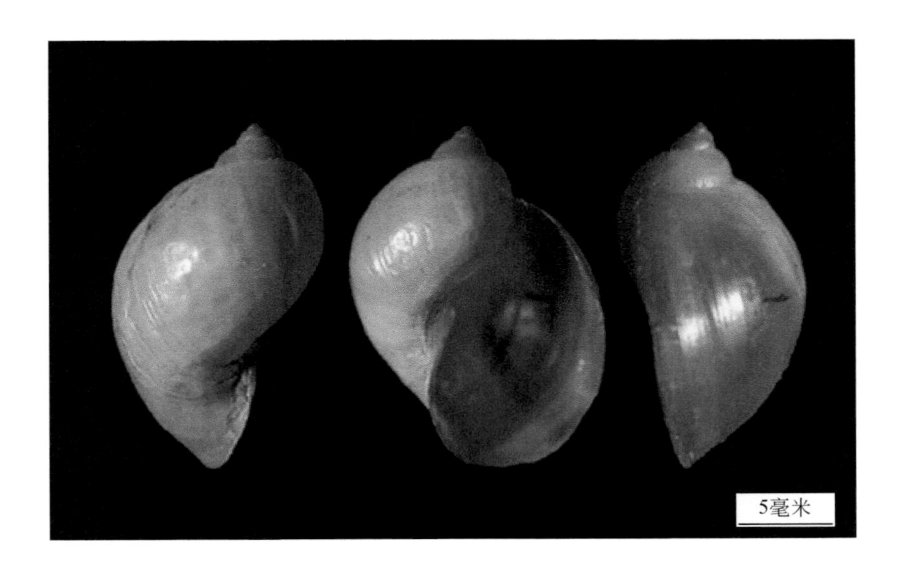

形态：贝壳小，一般壳高 15 毫米，壳宽 9 毫米左右。壳质薄，外形呈卵圆形。有 4 ～ 5 个螺层，螺旋部短，尖锐，其高度小于壳高的 1/4，螺层膨胀，呈梯状排列，壳顶钝，体螺上部明显膨胀。壳面呈灰白色或褐色，生长线细弱。壳口呈椭圆形，外援薄，易碎，内缘上方贴覆于体螺层上，轴褶不明显。脐孔不明显或呈缝状。

习性：多栖息于小溪、沟渠、池塘、水田等流速较缓的沿岸带，多附在沿岸带水生植物的根茎部。多以底栖藻类为食。

耐污值：4.1*。

地理分布：黑龙江、吉林、辽宁、河北、新疆等地。

采集地：辽河流域多采集于西辽河、东辽河、辽河、太子河上游支流等。

图片来源：https://www.biolib.cz/en/image/id4269/.

耳萝卜螺

学名：*Radix auricularia*

中文名：耳萝卜螺

分类：软体动物门 Mollusca- 肺螺亚纲 Pulmonata- 基眼目 Basommatophora- 椎实螺科 Lymnaeidae- 萝卜螺属 *Radix*

形态：贝壳大型，壳高 16 毫米，壳宽约 12 毫米。壳质薄，或略透明。有 4 个螺层，螺旋部极短，尖锐，体螺层极其膨大，形成贝壳的绝大部分。壳面呈黄褐色或赤褐色，具明显的生长纹。壳口极大，向外扩张呈耳状，外缘薄，易破碎，呈半圆状。

习性：多栖息于小溪、沟渠、池塘、水田等流速较缓的沿岸带，多附在沿岸带水生植物的根茎部。多以底栖藻类为食。

耐污值：8.0**。

地理分布：黑龙江、吉林、辽宁、河北、新疆等地。

采集地：辽河流域多采集于辽河、太子河中游支流等。

椭圆萝卜螺

学名：*Radix swinhoei*

中文名：椭圆萝卜螺

分类：软体动物门 Mollusca- 肺螺亚纲 Pulmonata- 基眼目 Basommatophora- 椎实螺科 Lymnaeidae- 萝卜螺属 *Radix*

形态：贝壳中等大小，壳高 20 毫米，壳宽 13 毫米。壳质薄，或略透明。外形呈长椭圆形。有 3 ～ 4 个螺层，各螺层增长缓慢均匀，螺旋部较长，并逐渐呈尖锐状。体螺层较长，上部缩小形成削肩状，中、下部扩大。壳面呈浅黄褐色，具明显的生长纹。壳口呈椭圆形，不向外扩张，上方狭小，下方逐渐扩大，下方最宽大。

习性：多栖息于小溪、沟渠、池塘、水田等流速较缓的沿岸带，多附在沿岸带水生植物根茎部。

耐污值：6.8*。

地理分布：山东、辽宁、江苏、浙江等地。

采集地：辽河流域多采集于浑河、太子河中上游，如小汤河、太子河北支、海城河、细河等。

凸旋螺

学名：*Gyraulus convexiusculus*

中文名：凸旋螺

分类：软体动物门 Mollusca- 肺螺亚纲 Pulmonata- 基眼目 Basommatophora- 扁蜷螺科 Planorbidae- 旋螺属 *Gyraulus*

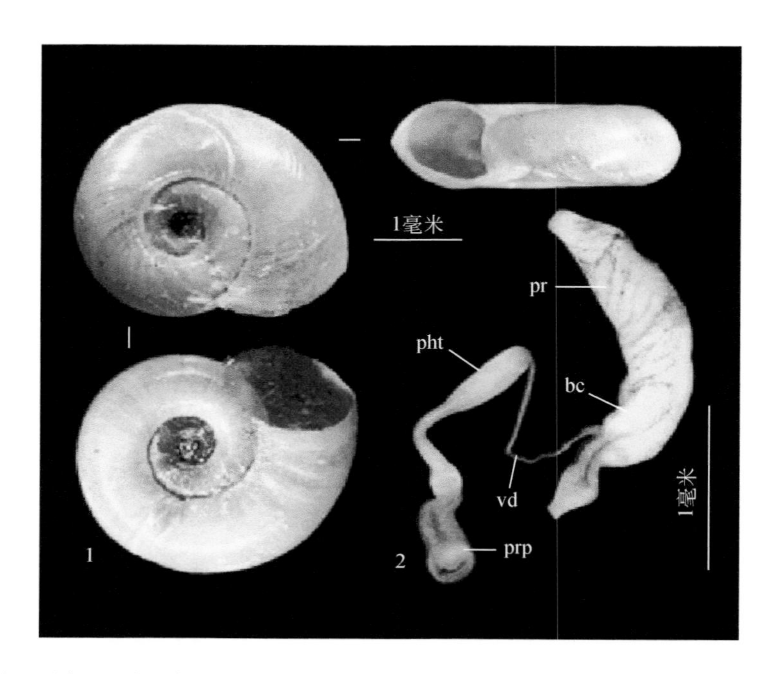

1. 贝壳；2. 交配器官；bc. 交配囊（bursa copulatrix）；pht. 阳（茎）基鞘（phallotheca）；pr. 前列腺（prostata）；prp. 阴茎外鞘（praeputium）；vd. 输精管（vas deferens）

形态：贝壳小型。壳质薄，易碎，外形呈扁圆盘状。直径一般 6 ～ 8 毫米，壳高 1.5 毫米。有 4 ～ 5 个螺层，且各螺层缓慢均匀增长。贝壳上下两面膨大，中央凹入，外缘呈弧形。缝合线明显，壳口呈卵圆形。壳面呈黄褐色或黄色。

习性：多栖息于小溪、湖泊、池塘和水田等水域，底质以泥沙为主。多以底栖藻类、腐殖质和水生维管束植物为食。

耐污值：4.3*。

地理分布：江苏、浙江、广东、广西等地。

采集地：辽河流域多采集于浑河、太子河上游部分支流，如细河和兰河等。

图片来源：Glöer P, Naser M D. 2007. *Gyraulus huwaizahensis* n. sp. - A new species from Mesopotamia, Iraq (Mollusca: Gastropoda: Planorbidae). Mullusca, 25(2): 147-152.

泉膀胱螺

学名：*Physa foncinalis*

中文名：泉膀胱螺

分类：软体动物门 Mollusca- 肺螺亚纲 Pulmonata- 基眼目 Basommatophora- 膀胱螺科 Physidae- 膀胱螺属 *Physa*

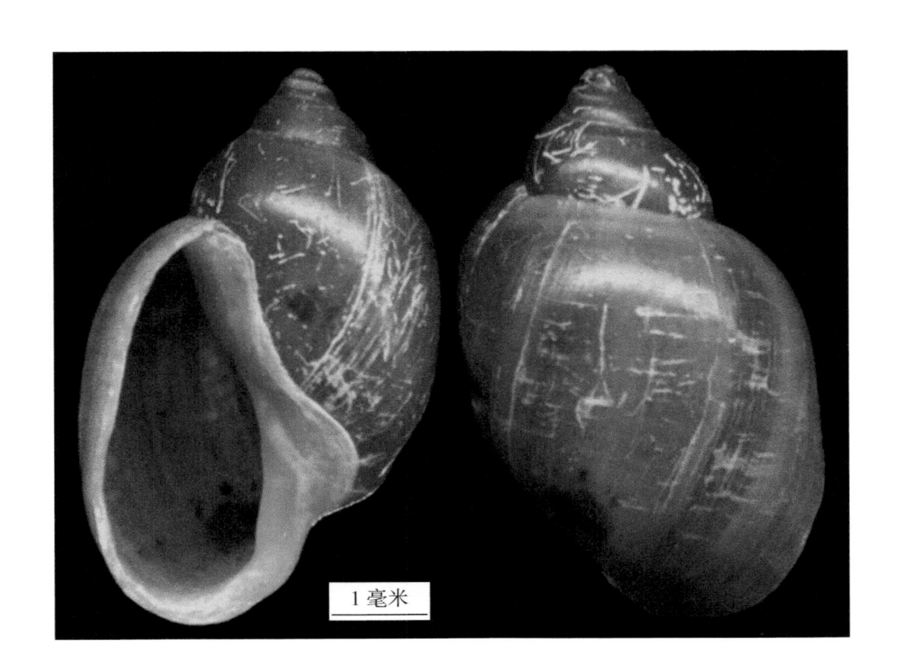

形态：贝壳中等大小，壳高 10 毫米，壳宽 6 毫米。呈卵圆形，壳质薄，易碎，半透明。左旋，有 3 ～ 4 个螺层，螺旋部低，体螺层极膨胀，几乎占贝壳全部，壳面光滑，呈黄褐色或红褐色，具金属光泽，壳口呈长椭圆形，上方具一锐角，外缘薄而简单，轴缘略形成皱褶。

习性：多栖息于小溪、湖泊、池塘和水田等水域。

耐污值：8.5**。

地理分布：该物种系入侵物种，最早发现于黑龙江，后陆续在辽宁、内蒙古、湖北、广东、云南、江苏、陕西、北京等地发现。

采集地：辽河流域采集于浑河、太子河上游部分支流。

大脐圆扁螺

学名：*Hippeutis umbilicalis*

中文名：大脐圆扁螺

分类：软体动物门 Mollusca- 肺螺亚纲 Pulmonata- 基眼目 Basommatophora- 扁蜷螺科 Planorbidae- 圆旋螺属 *Hippeutis*

形态：贝壳小型，极短右旋。直径 4 ～ 8 毫米，壳高 1 ～ 2 毫米。壳面呈黄褐色，壳口呈弯月形，周缘薄。壳质较厚，略透明，外形呈厚圆盘状。有 4 ～ 5 个螺层，各螺层在宽度上快速增长。体螺层增长迅速，壳口处膨大，壳顶凹陷。在贝壳上部可看到全部螺层，而下部则通常看不到全部螺层，仅能看到一个较深的漏斗状脐孔。

习性：多栖息于小溪、湖泊、池塘和水田等水域，底质以泥沙为主。多以底栖藻类、腐殖质和水生维管束植物为食物来源。

耐污值：5.0*。

地理分布：江苏、浙江、广东、广西等地。

采集地：辽河流域多采集于浑河、太子河上游部分支流。

软甲纲 Malacostraca

软甲纲为甲壳动物亚门 Crustacea 中最高等的、形态结构最复杂的一纲。身体基本上保持虾形，或缩短为蟹形。有些类群头部与胸部全部或大部分体节愈合，形成头胸部，外被头胸甲（十足目 Decapoda、磷虾目 Euphausiacea，包被全部胸节；糠虾目 Mysidacea、涟虫目 Cumacea、口足目 Stomatopoda，覆盖部分胸节；叶虾目 Nebeliacea，呈介壳形），形状变化很大；有些类群头部仅与胸部第 1 节或前 2 节愈合，不构成明显的头胸甲（如等足目 Isopoda、端足目 Amphipoda、山虾目 Anaspidacea、原足目 Tanaidacea 等）。躯干部（包括胸部、腹部）一般由 15 节构成，极少数为 16 节（叶虾目），其中胸部 8 节，腹部 7 节，个别 8 节（叶虾目），最末节为尾节，除叶虾目外均无尾叉，除尾节外，其余各节都有附肢 1 对。第 1 触角常为双枝型。第 2 触角外肢有时特化为鳞片，有时全缺。大颚多分化为切齿部和臼齿部，其间可能有带齿的活动片（囊虾总目 Peracarida），外侧常有触须。与低等甲壳类的显著区别是：它们的躯干部附肢分化为两类：胸肢 8 对，单枝或双枝型，原肢 2 节，内肢一般分 5 节，外肢有或无，腹肢 6 对，多为双枝型。两性生殖孔都在胸部，雌孔在第 6 胸节，雄孔在第 8 胸节。头部常有成对的复眼（有柄或无柄），少数种退化或全缺。发育过程中一般有幼体变态。刚孵化的幼体可能是无节幼体（如磷虾目、对虾类），或是溞状幼体（如真虾类、蟹），有些类群者与成体相似，只是附肢可能少 1 对或 2 对（如囊虾类各目，部分淡水虾蟹）。内部器官变化较大。一般前肠具有构造较复杂的胃，胃分贲门部和幽门部，内有脊、沟和许多小骨片。消化腺通常为肝胰脏，开口于幽门部。口足目和叶虾目的心脏自胸部延长到腹部，心孔数目多；其他各目心脏一般较短（在胸部），心孔数目少。自心脏向前和向后各有一支大动脉。主要为海生，少数栖于淡水，也有完全陆生的（等足目）。海生类型自潮间带到深海底都有分布，已知最大深度超过 1 万米（端足目、等足目、涟虫目）。大部种类为底栖型，部分为浮游型，栖息环境和生态特点有极大的差异。等足目的许多种营寄生生活。

钩虾属 1 种

学名：*Gammarus* sp.

中文名：钩虾属 1 种

分类：节肢动物门 Arthropoda- 软甲纲 Malacostraca- 端足目 Amphipoda- 钩虾科 Gammaridae- 钩虾属 *Gammarus*

形态：体长 22 毫米左右，头部较小，与第 1 胸节愈合。侧扁，全身弯曲向腹面，呈弧形。头部额角呈钝三角形，两侧向内微陷。复眼呈黑色。第 1 触角长，第 2 触角短。颚足第 1 对、第 2 对呈亚鳌状。胸部 7 节，由前向后逐渐增大。腹部前 3 节背中央隆起，第 3 节最大。腹肢前 3 对为游泳足。步足 5 对，前 2 对短，后 3 对长。尾节从后端中央内陷，分为两叶，末端具稀疏短棘。

习性：多栖息于清洁溪流上游水域，水体清澈，多隐藏于落叶堆积的底质中。多以有机碎片为食。

耐污值：7.4*。

地理分布：辽宁和河北。

采集地：辽河流域多采集于太子河南支。

中华小长臂虾

学名：*Palaemonetes sinensis*

中文名：中华小长臂虾

分类：节肢动物门 Arthropoda- 软甲纲 Malacostraca- 十足目 Decapoda- 长臂虾科 Palaemonidae- 长臂虾属 *Palaemonetes*

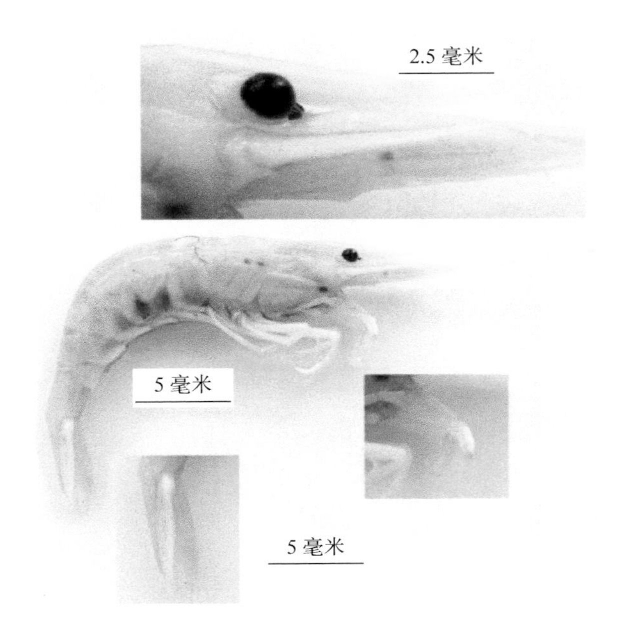

形态：属小型虾类，体长一般为 25 ～ 50 毫米。体色呈青绿色且透明，腹部有棕黄色的条状斑纹。身体较透明，虾体上有 7 条棕色条纹，以第 3 腹节色最浓（本图片由于酒精浸泡，体色发生退化，无法较为清晰辨认）。额角短于头胸甲，平直前伸。头胸甲具触角刺，鳃甲刺。大额不具触须。

习性：多栖息于湖泊、池塘以及缓流的河流中。杂食性。

耐污值：3.0*。

地理分布：辽宁、吉林和黑龙江等地。

采集地：辽河流域多采集于浑河、太子河中下游。

东北黑螯虾

学名：*Cambaroides dauricus*

中文名：东北黑螯虾

分类：节肢动物门 Arthropoda- 软甲纲 Malacostraca- 十足目 Decapoda- 蝲蛄科 Cambaridae- 螯虾属 *Cambaroides*

形态：体长 50 ～ 85mm。体色呈黑褐色。头胸部由较坚硬的甲壳覆盖，不能活动。体分 20 节，其中头部 5 节，胸部 8 节，腹部 7 节。头部具 1 对复眼，具眼柄，能转动。有 5 对腹肢，其中 1 对为小触角，1 对为大触角，1 对大颚，2 对小颚；胸部 8 对腹肢，前 3 对为颚足，后 5 对为步行足，其中第 1 对螯足特别发达，腹部第 6 对腹足特别宽大，为尾足，与尾节共同形成尾扇或尾鳍。

习性：多生活于山地溪流或山地附近的河流中，白天隐于石块下，黄昏后开始爬山寻食。

耐污值：1.0*。

地理分布：辽宁和黑龙江等地。

采集地：辽河流域采集于太子河南支。

昆虫纲 Insecta

昆虫纲是整个动物界中最大的一个类群。昆虫纲不仅是节肢动物门，也是整个动物界种类数最多、分布最广泛的一个纲。目前，已知的昆虫约有100万种，占整个动物界物种数的80%以上。昆虫种类繁多、形态各异，在科学分类上，昆虫被列入节肢动物门，它们具有节肢动物的共同特征。

昆虫纲物种的身体分头、胸、腹3个部分。头部具触角1对（极少数无触角）；胸部3节，每节有足1对；中胸和后胸节有翅各1对。腹部除末端数节外，附肢多退化或无。生殖孔后位。头部有触角（极少数无触角）、触须、复眼各1对，单眼2～3个或无，口器1个。胸部由前胸、中胸、后胸3节组成。每节腹面两侧各生腿1对，由基、转、股、胫、跗5节组成。跗节又分1～5节，末端有爪，有的爪上有爪间垫，有爪间刺。中胸和后胸上各生有1对翅。视虫种不同其翅脉、脉序也不同，为昆虫分类的重要依据。有的昆虫后胸翅退化为平衡棒，有平衡作用。腹部由11节组成，由于前1～2节趋于退化，末端几节变为外生殖器，故可见的节数较少。

辽河流域采集的常见昆虫纲物种主要分属于三大类：有翅、有翅芽和无翅芽。其中有翅类关注了半翅目 Hemiptera 稚虫；有翅芽类关注了蜉蝣目 Ephemeroptera、襀翅目 Plecoptera 和蜻蜓目 Odonata 稚虫；无翅芽类关注了毛翅目 Trichoptera、鞘翅目 Coleoptera、双翅目 Diptera 和广翅目 Megaloptera 稚虫等常见物种。

双翅目 Diptera

双翅目是昆虫纲中物种多样性较高，形态学和生态学特征也较为丰富的一类昆虫，主要包括常见的蚊、虻、蝇、蚋、蠓等种类。双翅目绝大多数生殖方式为两性繁殖，一般为卵生，也有幼体生殖现象。根据触角特征、羽化孔形状、蛹的类型和稚虫形态可分为长角亚目 Nematocera、短角亚目 Brachycera 和环列亚目 Cyclorrhapha。其中，长角亚目为比较低等类群，主要包括蚊、蠓和蚋。稚虫为全头型，多数生活于水中或潮湿环境中，蛹为离蛹或被蛹，主要有摇蚊科 Diptera、大蚊科 Tipulidae、蚊科 Culicidae 等。短角亚目稚虫头部骨化弱，半头式，口钩垂直活动取食，蛹为被蛹或离蛹，主要有虻科 Tabanidae、食虫虻科 Asilidae 等。环列亚目稚虫头部退化、蛆型，口钩垂直运动，两端气门式或后气门式，蛹为围蛹，主要有食蚜蝇科 Syrphidae、蝇科 Muscidae 等。稚虫食性复杂，有腐食性、捕食性、寄生性、取食动物血液、植食性等。双翅目稚虫不同种类可作为不同污染程度水体的指示物种。

鹬虻属 1 种

学名：*Atherix* sp.

中文名：鹬虻属 1 种

分类：节肢动物门 Arthropoda- 昆虫纲 Insecta- 双翅目 Diptera- 伪鹬虻科 Athericidae- 鹬虻属 *Atherix*

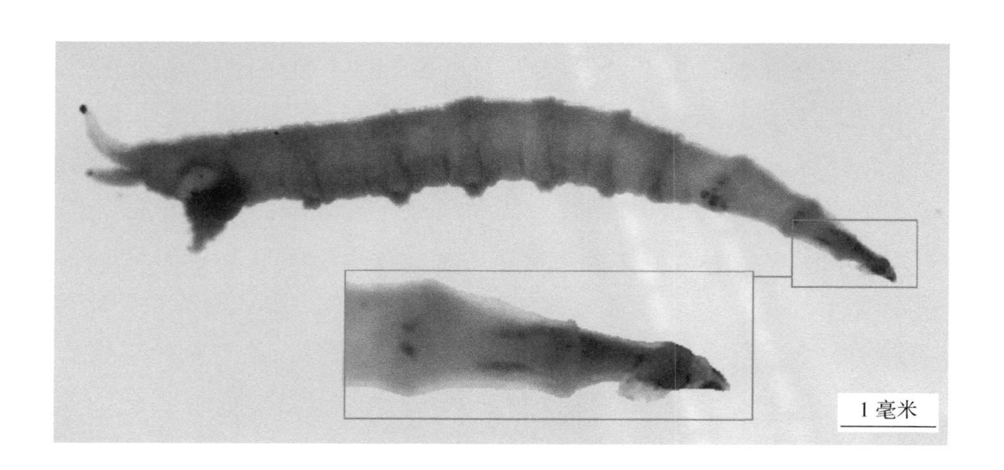

形态：稚虫体长约 7 毫米，体宽约 1 毫米，体呈褐色或淡褐色，呈圆筒形，体节 11 节。头小，可缩入前胸。腹部具腹足（侧面观），末端具二叉状呼吸管。腹足端部具丛生的钩状刺毛。

习性：稚虫在高氧的山地清洁河流中栖息。

耐污值：4.6*。

地理分布：辽宁、湖北、云南。

采集地：辽河流域多采集于太子河南支，少数分布于浑河、汤河、太子河干流、细河、兰河等水体中。

贝蠓属 1 种

学名：*Bezzia* sp.

中文名：贝蠓

分类：节肢动物门 Arthropoda- 昆虫纲 Insecta- 双翅目 Diptera- 蠓科 Ceratopogonidae- 贝蠓属 *Bezzia*

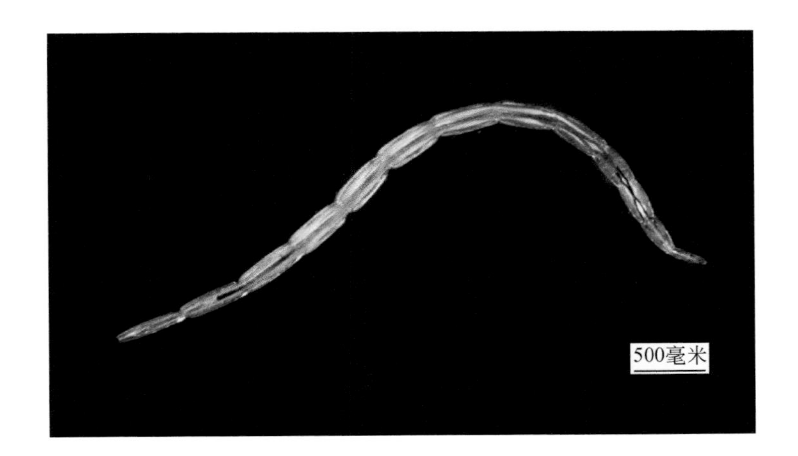

形态：稚虫体长约 7 毫米。头壳骨化、黄色，长是宽的两倍以上，眼点大小各 2 个。触角退化。胸部、腹部各节呈圆筒形。腹部无瘤状突起和刚毛，无腹足。腹部最后一节具刚毛，长度长于 1/2 腹节。

习性：稚虫栖息在植物残枝和腐屑堆积处，或在丝状藻形成的浮块中数量最多。以藻类和腐烂的植物为食，草食性。

耐污值：0.8*。

地理分布：国内分布广泛，如辽宁、北京、河北、新疆、广东、珠海、广西、海南、西藏、宁夏、浙江等地。

采集地：辽河流域主要采集于浑河、小汤河、汤河。

图片来源：https://www.pbase.com/splluk/image/145075967.

无突摇蚊属 1 种

学名：*Ablabesmyia* sp.

中文名：无突摇蚊

分类：节肢动物门 Arthropoda- 昆虫纲 Insecta- 双翅目 Diptera- 摇蚊科 Chironomidae-无突摇属 *Ablabesmyia*

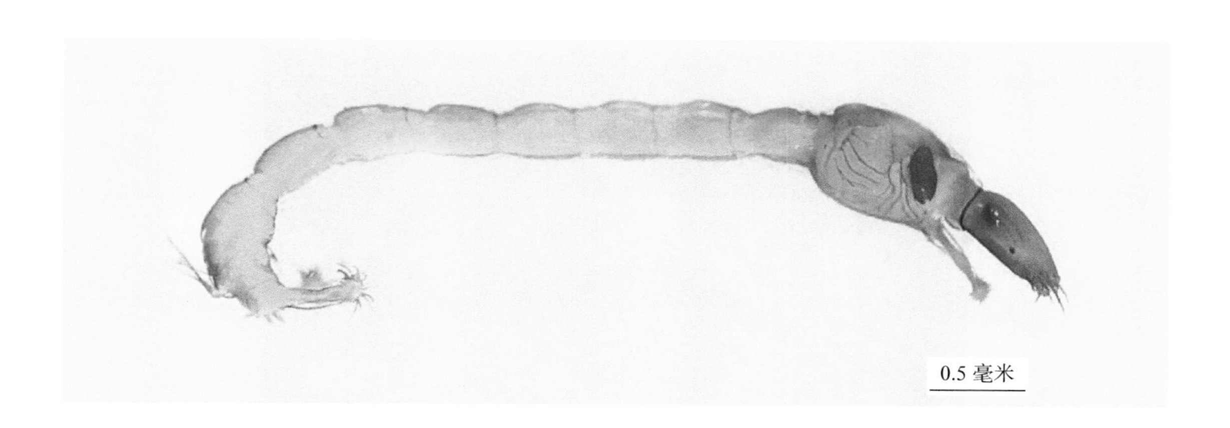

形态：稚虫中至大型，体长达 11 毫米。头壳呈黄色，后头缘呈棕色，呈椭圆形。触角 4 节，约为头长的 1/2，上颚长的 3 倍，触角比 3.8 ～ 5.0 倍。上颚端齿是上颚长的 0.3 倍，端齿基部具 1 个大齿和 1 个大而钝的圆形副齿。下颚须基节分 2 ～ 6 节。颏附器呈三角形，两侧各有 1 个椭圆形唇泡。唇舌具 5 个齿，侧唇舌二分叉。后原足长，具棕褐色爪。尾刚毛台长为宽的 2.5 ～ 3.0 倍。

习性：稚虫在轻污染河流缓流处的水体中栖息。

耐污值：7.0***。

地理分布：国内分布广泛，主要分布于辽宁、内蒙古、湖北、云南、青海和西藏。

采集地：辽河流域多采集于太子河淤泥底质中。

图片来源：https://waarneming.nl/species/189132/photos/?

拉长足摇蚊属 1 种

学名：*Larsia* sp.

中文名：拉长足摇蚊属 1 种

分类：节肢动物门 Arthropoda- 昆虫纲 Insecta- 双翅目 Diptera- 摇蚊科 Chironomidae- 拉长足摇蚊属 *Larsia*

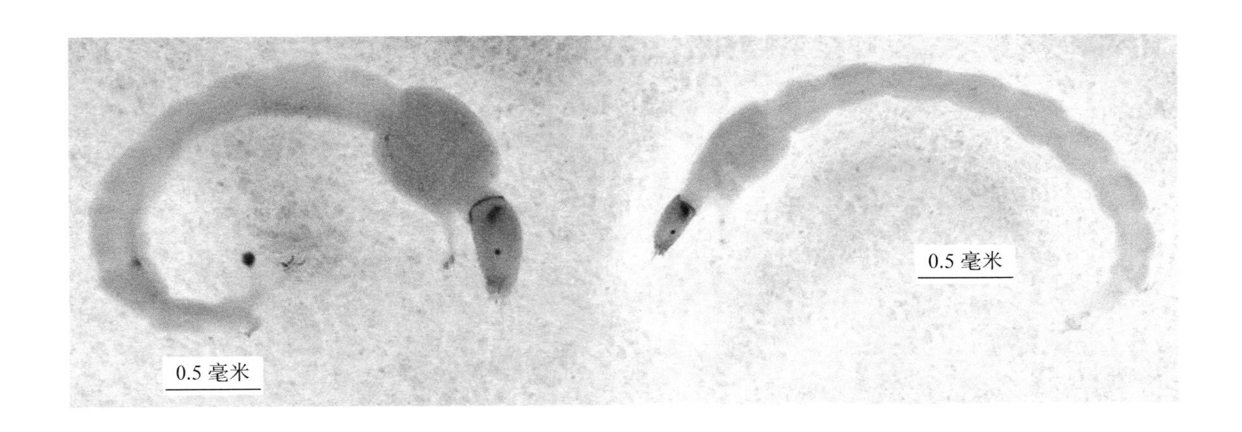

形态：小型个体，最长可以达到 5 毫米。头壳呈黄至褐色。触角相对较长，约是头长的 3/5，是上颚的 2.42 ～ 4.18 倍，劳氏器约是触角第 3 节长度的一半。上颚顶齿长约是宽的 9.5 倍，总长度超过上颚的 1/3。下颚须基节长宽比为 3.10 ～ 4.25。颏附器呈三角形，下唇泡较长。唇舌具 5 个齿，长是顶部宽的 2 倍或 1 ～ 1.5 倍，顶端 1/2 呈黑褐色，侧唇舌二分叉。后原足爪呈淡黄色。尾刚毛台长是宽的 4 ～ 6 倍，上具 7 根刚毛。

习性：稚虫生境多种多样，常出现在溪流、湖泊的边缘带，生活在含氧量丰富，水温较低的水体中，同一个生境，可有 2 ～ 3 种共栖现象。

耐污值：—。

地理分布：国内分布广泛，主要分布于辽宁、北京、浙江等地。

采集地：辽河流域多采集于太子河、浑河等含氧丰富的山涧溪流中。

长跗摇蚊属 1 种

学名：*Tanytarsus* sp.

中文名：长跗摇蚊属 1 种

分类：节肢动物门 Arthropoda- 昆虫纲 Insecta- 双翅目 Diptera- 摇蚊科 Chironomidae- 长跗摇蚊属 *Tanytarsus*

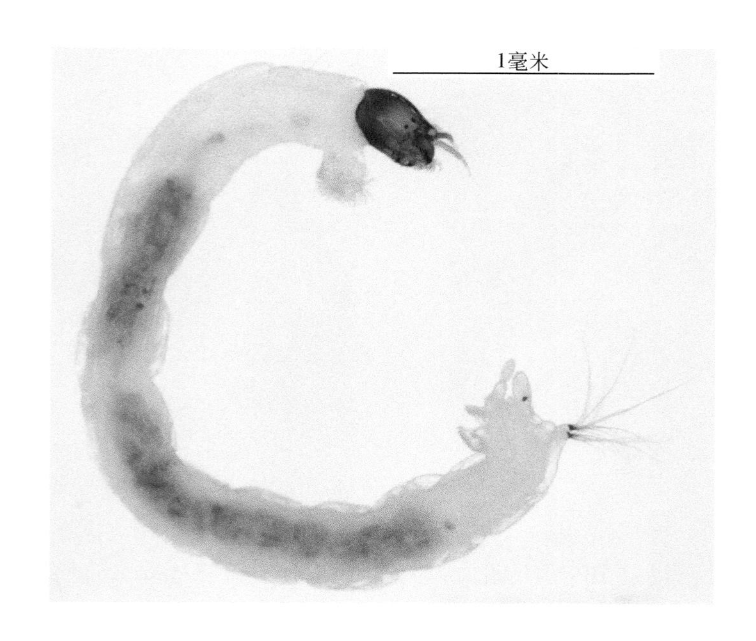

形态：稚虫中至大型，体长达 9 毫米。头壳呈黄色，后头缘呈黑褐色。触角 5 节，劳氏器小。前上颚具 4 个齿。上颚背齿呈黄色或黄褐色，端齿和三个内齿呈褐色。颏中齿呈圆形，侧缘具缺刻或无，中间常比侧区色淡，侧齿 5 对。尾刚毛台顶端具 8 根尾毛，后原足仅具简单少数呈马蹄形排列的爪，肛鳃发达。

习性：稚虫分布于各种类型的水体中，具有广泛的适应性。

耐污值：4.7^{**}。

地理分布：国内分布广泛，主要分布于辽宁、河北、黑龙江和云南。

采集地：辽河流域多采集于太子河、浑河等上游的流水中。

图片来源：Lin X L, Stur E, Ekrem T. 2015. Exploring Genetic Divergence in a Species-Rich Insect Genus Using 2790 DNA Barcodes. PLoS One, 10: e0138993.

水蝇属 1 种

学名：*Ephydra* sp.

中文名：水蝇属 1 种

分类：节肢动物门 Arthropoda- 昆虫纲 Insecta- 双翅目 Diptera- 水蝇科 Ephydridae- 水蝇属 *Ephydra*

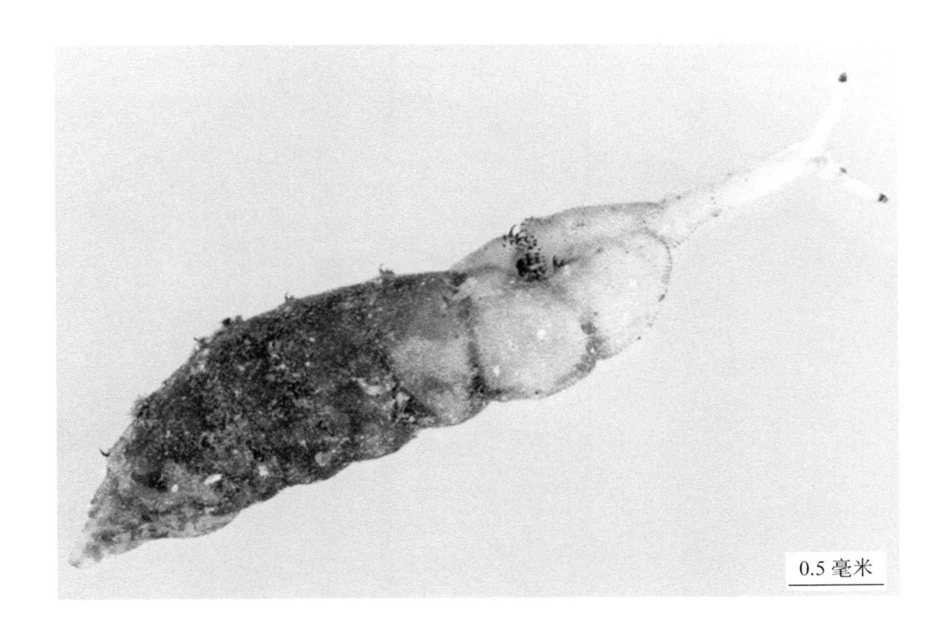

形态：体长约 7 毫米，呈黄褐色。头可不完整，膜质，可部分缩入前胸。腹部具原足，体节第 3 节有一条深色横带（腹面观），体节最后一节末端呈锥形。呼吸管延伸到肛节末端，两根呼吸管盾板显著分叉，末端无尖锐的刺。

习性：稚虫水生，四龄，喜盐碱化程度高的环境。多生活在水草和丝状藻类丛生处，摄食类型为撕食者。

耐污值：7.0*。

地理分布：辽宁、黑龙江、内蒙古、新疆、宁夏、甘肃、陕西、河北、山东等地。

采集地：辽河流域采集于浑河下游、汤河、太子河和西辽河。

图片来源：https://www.discoverlife.org/mp/20p?see=I_MWS114558&res=640.

朝大蚊

学名：*Antocha* sp.

中文名：朝大蚊

分类：节肢动物门 Arthropoda- 昆虫纲 Insecta- 双翅目 Diptera- 大蚊科 Tipulidae- 朝大蚊属 *Antocha*

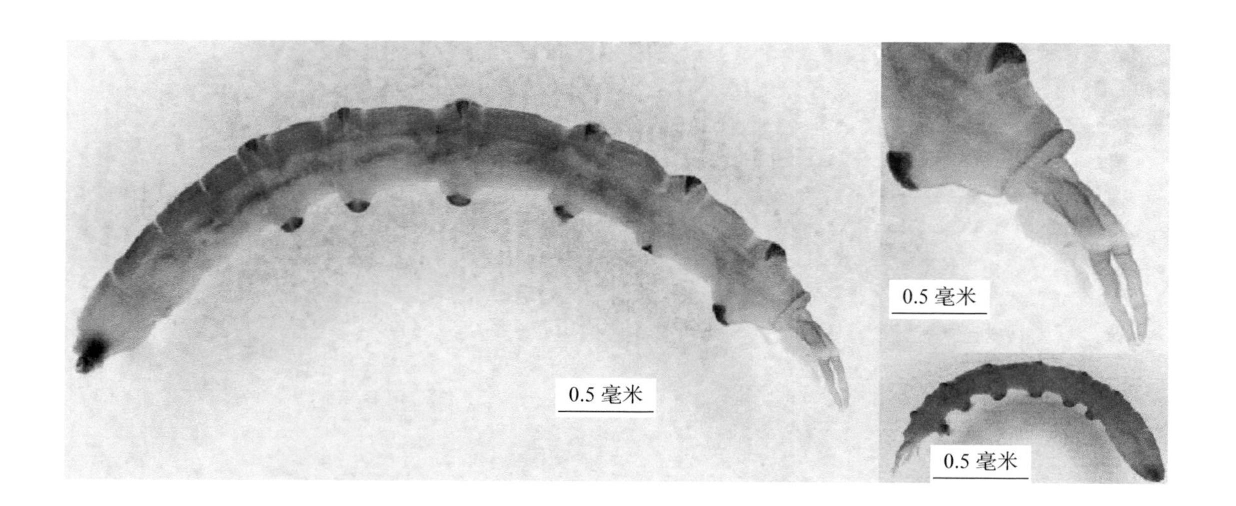

形态：稚虫呈黄白色，体长 7 毫米，呈圆柱形。头壳完整、硬化，头部可缩入前胸，头壳很发达，上颚可左右活动，适于咀嚼。颏板中齿 3 个，侧齿 3 对，似山形排列。腹部第 5 ～ 10 节上具匍匐痕，背面具与之平行的黑色横纹，腹面具肉足环形带。最后一体节呼吸盘退化或缺失，呼吸孔欠缺形成痕迹，尾端具一对具毛的肉质形突起，无气门。

习性：大多生活在杂草处，主要摄食植物和植物碎屑，有些也为肉食者。常在较清洁的河流水体的砾石表面栖息，指示中等清洁水体，一般以稚虫的形式过冬。

耐污值：4.3*。

地理分布：国内分布广泛，主要分布于辽宁、湖北、陕西和黑龙江等地。

采集地：辽河流域多采集于太子河、浑河等低海拔及高海拔山区的溪流。

短柄大蚊属 1 种

学名：*Nephrotoma* sp.

中文名：短柄大蚊属 1 种

分类：节肢动物门 Arthropoda- 昆虫纲 Insecta- 双翅目 Diptera- 大蚊科 Tipulidae- 短柄大蚊属 *Nephrotoma*

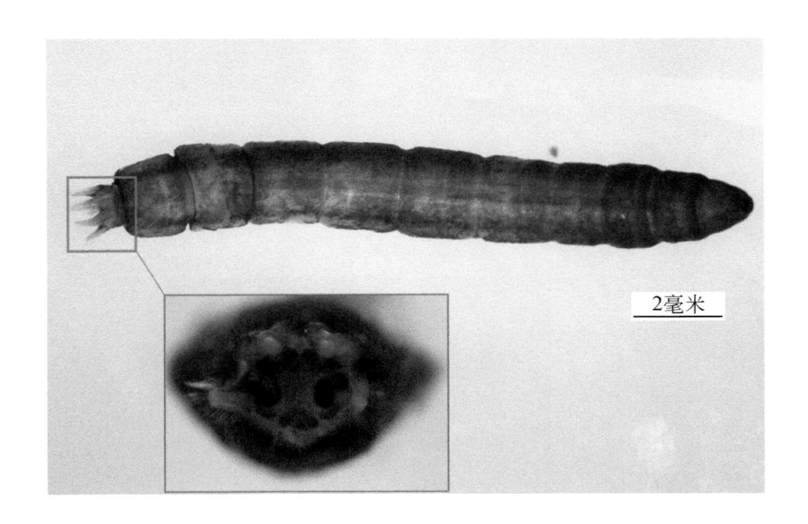

形态：稚虫呈深褐色，体长 10 毫米，呈圆柱形。呼吸盘肉质突起 4 个，呼吸盘不向内凹陷，腹侧肉质突起长度不及背侧肉质突起的 3.5 倍；头壳内部被一个深的缺口分隔开，呈细长；下颚向前延长，上下扁平，形成尖端细的片状结构，当头部缩进胸部时，下颚分叉弯曲，明显呈现出扁平尖的獠牙状。最后一体节和前面体节一样粗或略细，肉质突起上多数有着色线，上被短毛；上颚中间处没有接缝；下颚和上内唇上大多被有短毛，头壳的背板不愈合，腹面表皮附属线前的中间区域，没有暗色的横条纹。

习性：稚虫栖息于清洁且水温低的山地河流中。

耐污值：—。

地理分布：辽宁、黑龙江、重庆、广西。

采集地：辽河流域多采集于浑河、太子河南支、汤河、小汤河和兰河等山地河流中。

黑大蚊属 1 种

学名：*Hexatoma* sp.

中文名：黑大蚊属 1 种

分类：节肢动物门 Arthropoda- 昆虫纲 Insecta- 双翅目 Diptera- 大蚊科 Tipulidae- 黑大蚊属 *Hexatoma*

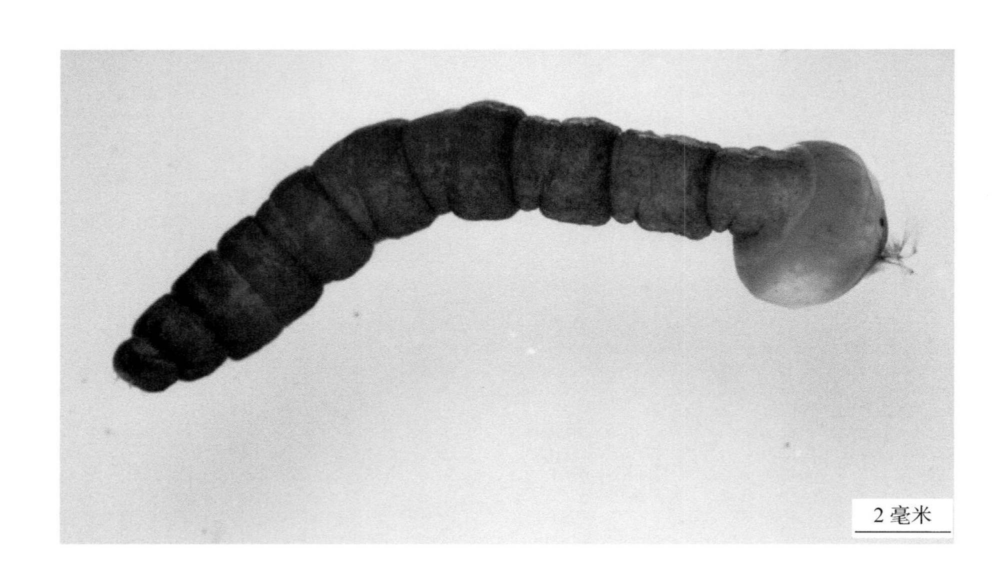

形态：稚虫呈黄褐色，体长 2 厘米。胸部和腹部的背侧无纵向排列的棘突，腹部侧面如果有棘突则不呈刺状，短于基部直径的长度。气孔可清晰辨认。头壳显著退化，腹部末端膨大呈近球形。呼吸盘具 4 个叶状突起，突起边缘具长毛。呼吸盘中央具黑色条纹和一对气门。呼吸盘上方具 6 个白色指状突起。

习性：稚虫在清洁河流的水体中栖息。

耐污值：2.3*。

地理分布：辽宁。

采集地：辽河流域多采集于浑、太子河上游溪流。

大蚊属 A 种

学名：*Tipula* sp.A

中文名：大蚊属 A 种

分类：节肢动物门 Arthropoda- 昆虫纲 Insecta- 双翅目 Diptera- 大蚊科 Tipulidae- 大蚊属 *Tipula*

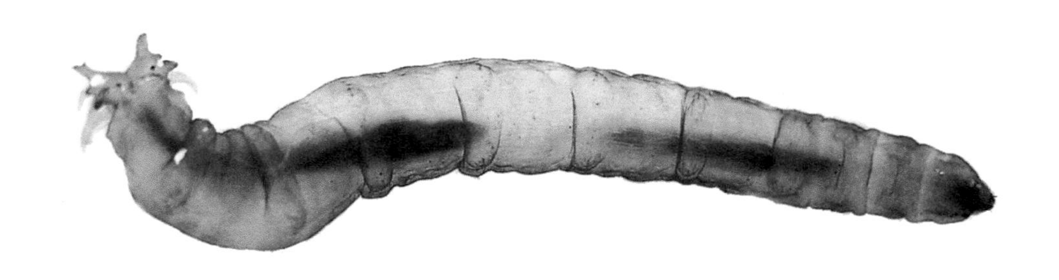

形态：稚虫呈灰褐色，体长 15 毫米。头壳完整、硬化，头部可部分缩入前胸，头壳发达。胸部 3 节，腹部 8 节。腹部呼吸盘周围具 3 对耳状突起，突起的边缘具毛。腹面具 3 对白色尖锥形突起。尾部呼吸盘肉质突起 6 个，通常背侧两个，背外侧或侧面两个，腹侧两个，呼吸盘中央具一对圆形气门。

习性：常见于清洁的河流中，大多生活在杂草处，以新鲜的水草为食，一般以稚虫的形式过冬。

耐污值：7.2*。

地理分布：辽宁。

采集地：辽河流域多采集于太子河上中游、汤河、小汤河、太子河南支、浑河上中游及西辽河上游等水体中。

图片来源：http://www.troutnut.com/specimen/365.

大蚊属 B 种

学名：*Tipula* sp. B

中文名：大蚊属 B 种

分类：节肢动物门 Arthropoda- 昆虫纲 Insecta- 双翅目 Diptera- 大蚊科 Tipulidae- 大蚊属 *Tipula*

形态：稚虫呈黄褐色，体长 30 毫米。头壳完整、硬化，头部可部分缩入前胸，头壳发达。胸部 3 节，腹部 8 节。腹部呼吸盘周围具 3 对可伸缩的叶形突起。腹面具 3 对尖锥形突起。尾部呼吸盘肉质突起 6 个，通常背侧两个，背外侧或侧面两个，腹侧两个，呼吸盘中央具一对椭圆形气门。

习性：稚虫在清洁河流的水体中栖息，大多生活在杂草处，以新鲜的水草为食，一般以稚虫的形式过冬。

耐污值：7.2*。

地理分布：辽宁。

采集地：辽河流域多采集于浑河、太子河上中游、太子河南支及西辽河上游等水体中。

原蚋属 1 种

学名：*Prosimulium* sp.

中文名：原蚋属 1 种

分类：节肢动物门 Arthropoda- 昆虫纲 Insecta- 双翅目 Diptera- 蚋科 Simulidae- 原蚋属 *Prosimulium*

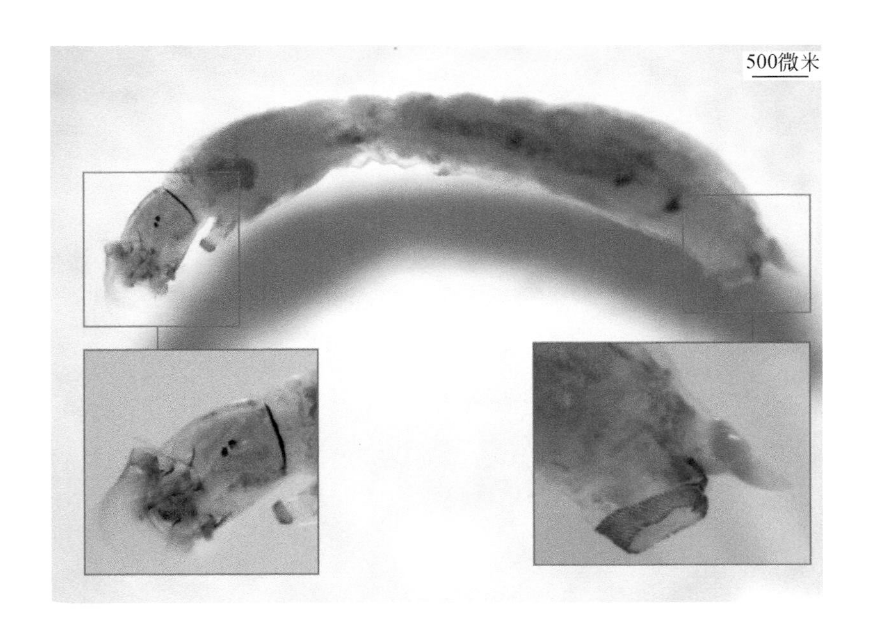

形态：稚虫体长 7 毫米左右。头斑阳性，触角长于头扇柄，头扇毛 32 ～ 34 支。上颚具锯齿 15 个，前 3 齿及第 7 ～ 10 齿较大。亚颏中齿较角齿粗长。后环 62 ～ 64 排，每排具 11 ～ 12 个小钩。

习性：稚虫在山地溪流下游的石块和枯枝落叶间栖息，喜清洁水体，需氧量高。

耐污值：6.5*。

地理分布：辽宁。

采集地：辽河流域仅采集于浑河和小汤河。

瘤虻属 1 种

学名：*Hybomitra* sp.

中文名：瘤虻属 1 种

分类：节肢动物门 Arthropoda- 昆虫纲 Insecta- 双翅目 Diptera- 虻科 Tabanidae- 瘤虻属 *Hybomitra*

形态：稚虫体长 13 毫米左右，呈橙黄色，两头尖似纺锤形。体壁无碳酸钙结晶，大多数体节前部有环生的瘤状突起。腹部末端具一小的呼吸管。上颚呈钩状，可上下活动。头部不很发达，仅背面硬化，常缩入前胸。

习性：稚虫肉食性，捕食水蚯蚓、螺类和水生昆虫稚虫，中等清洁的水体中多见。

耐污值：5.9*。

地理分布：辽宁。

采集地：辽河流域多采集于浑河、汤河、小汤河、细河、兰河和海城河，分布广泛。

广翅目 Megaloptera

广翅目昆虫俗称广蛉，种类较少，全世界已知2科（泥蛉科、鱼蛉科）300余种，包括齿蛉、鱼蛉和泥蛉三大类群。广翅目稚虫体中至大型，体长10~90毫米。稚虫体长而扁，前口式，口器咀嚼型，下颚须5节，下唇须3节；触角细长，分为4节。前胸发达且较大，近似方形，中胸和后胸较宽。足3对，跗节5节等长而不分节，爪一对。腹部10节，两侧有成对的气管鳃，气门8对，腹端延长或有一对尾足。广翅目昆虫为全变态昆虫，成虫陆生，常见于溪流附近的树林中取食，有较强的飞行能力，夜晚有趋光性；稚虫水生，多生活于湍流的小溪，体型衣鱼型或蠕虫型。稚虫老熟后在湿土或石头下等处造蛹室化蛹。广翅目成虫和稚虫均为鱼类天然饵料，因稚虫常生活于栖息地质量较好的溪流，因此常作为敏感类群指示物种用于生物评价。

黄石蛉

学名：*Protohermes grandis*

中文名：黄石蛉

分类：节肢动物门 Arthropoda- 昆虫纲 Insecta- 广翅目 Megaloptera- 齿蛉科 Corydalidae- 星齿蛉属 *Protohermes*

形态：稚虫大型，口器咀嚼式且发达。体长 45 毫米左右，体宽 7.5 毫米左右。体侧有棘状突起，本属物种的最显著分类特征是腹部 1 ～ 7 节的基节有成簇的丝状鳃。腹部末端具 1 对长钩状伪足。

习性：稚虫多栖息于清澈无污染的溪流中。肉食性。

耐污值：2.1*。

地理分布：辽宁、广西等地。

采集地：辽河流域多采集于太子河上游溪流、小汤河、细河和兰河。

半翅目 Hemiptera

半翅目因前翅为半翅而得名，中文简称为“蝽”，古称“椿象”。常见的水生半翅目种类为显角亚目 Brachycera 和隐角亚目 Cryptocerata。显角亚目代表物种主要有跳蝽和黾蝽等；隐角亚目代表物种主要有负子蝽和潜蝽等。大部分半翅目成虫前翅基半部革质，端半部膜质，为半鞘翅。体小型至大型，成虫体壁坚硬，体型扁平。口器刺吸式，下唇特化成喙，通常分为 4 节，少数 3 节或 1 节。触角多为丝状，一般 4~5 节，水生种类触角很短，隐藏于头部腹面的凹陷（触角沟）内。复眼发达，单眼两个，少数种类无单眼。前胸背版较大，呈梯形，中胸小盾片发达。前翅革质部通常由革片和爪片组成，有的还分出缘片和楔片；膜质部常有翅脉，是科级重要分类特征。后翅膜质，翅脉明显。胸足发达，为步行足，少数特化为开掘足、捕捉足、跳跃足或游泳足。腹部通常 10 节，第 2~ 第 8 腹节各具一对气门，背板与腹板汇合处形成侧接缘。半翅目昆虫多数陆生，少数水生或水面生。多数种类植食性，部分肉食性。半翅目昆虫为渐变态，历经卵、若虫和成虫三个阶段。多在河流、湖泊、湿地等水草丰富的水中生活，一般为中等污染水体指示物种。

小黾蝽

学名：*Gerris lacustris*

中文名：小黾蝽

分类：节肢动物门 Arthropoda- 昆虫纲 Insecta- 半翅目 Hemiptera- 黾蝽科 Gerridae- 水黾属 *Gerris*

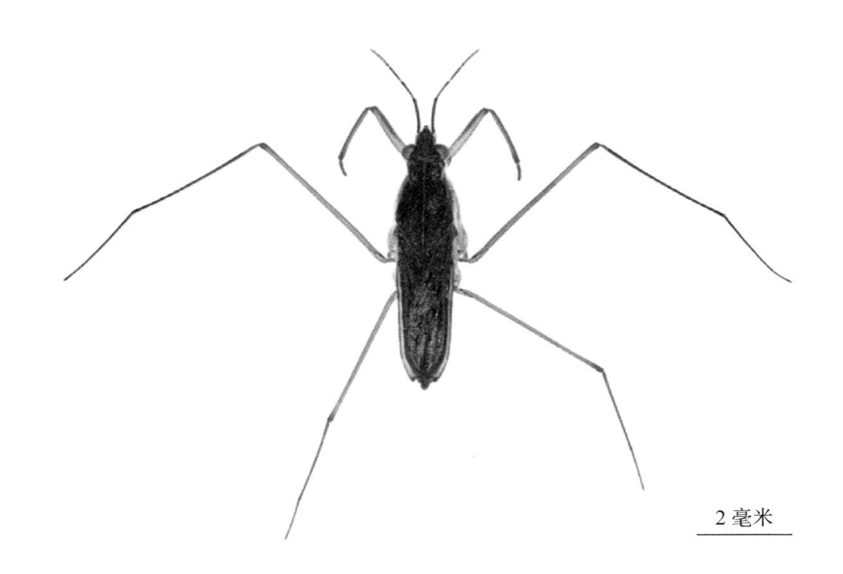

形态：体型细长，体长 9.5 毫米左右。头部稍长，呈三角形状。单眼退化；复眼一对，第 2 节最长。口喙 3 节。触角 4 节，呈丝状。凸出于头前方，长度约为头部的 3 倍。背部呈黑褐色，前翅革质，无膜翅部。腹面呈深灰色。尾部两侧各具一个刺状突起，中部具一个圆柱形突起。

习性：多栖息于湖泊、池塘、水田流速较缓的河岸。

耐污值：5.0*。

地理分布：全国地区。

采集地：辽河流域多采集于西辽河和辽河干流的支流。

图片来源：https://www.discoverlife.org/mp/20q?search=Gerris+lacustris.

红娘华

学名：*Laccotrephes japonensis*

中文名：红娘华

分类：节肢动物门 Arthropoda- 昆虫纲 Insecta- 半翅目 Hemiptera- 蝎蝽科 Nepidae- 红娘华属 *Laccotrephes*

形态：头小，隐于前胸中。体扁而长，体长 40 毫米左右，体宽 10 毫米左右。呼吸管同体长相近。背部呈黑褐色。前胸背面呈梯形且中央有隆起，近后缘与腹部交汇处具一横沟。腹部中央具一纵向隆起。前足发达呈镰刀状，腿节基部具一齿。中、后足细长。属肉食性昆虫。

习性：多栖息于湖泊、池塘、水田流速较缓、水草茂盛的水域中。

耐污值：5.0*。

地理分布：全国。

采集地：辽河流域多采集于辽河干流的支流。

中华大仰蝽

学名：*Notonecta chinensis*

中文名：中华大仰蝽

分类：节肢动物门 Arthropoda- 昆虫纲 Insecta- 半翅目 Hemiptera- 仰蝽科 Notonectidae- 仰蝽属 *Notonecta*

形态：体长 13 毫米左右；体宽 4 毫米左右。背部呈黑褐色，身体狭长，向后逐渐狭尖。复眼大，无单眼。喙尖锐。触角短，呈 4 节。整个身体背面纵向隆起，呈船底状。终生以背面向下，腹面向上的姿势在水中生活。腹部腹面下凹，有一纵中脊。后足很发达，压扁呈桨状游泳足，休息时伸向前方。

习性：多栖息于湖泊、河流的静水水域中。

耐污值：5.0****。

地理分布：黑龙江、辽宁、河北、安徽、江苏、福建等地。

采集地：辽河流域采集于西辽河。

**** 代表该物种耐污值引用自王建国等在《应用与环境生物学报》发表的相关文章，后同。

王建国，黄恢柏，杨明旭，等 . 2003. 庐山地区底栖大型无脊椎动物耐污值与水质生物学评价 . 应用与环境生物学报，9(3): 279-284.

横纹划蝽

学名：*Sigara substriata*

中文名：横纹划蝽

分类：节肢动物门 Arthropoda- 昆虫纲 Insecta- 半翅目 Hemiptera- 划蝽科 Corixidae- 划蝽属 *Sigara*

形态：体长 5.5 毫米左右，体宽 2 毫米左右。体型呈圆柱状。头部后缘少部分同前胸背板覆盖在一起，前胸背板呈周边圆润的三角形。复眼呈黑褐色。喙短，1 ～ 2 节。前胸背板具 5 ～ 6 条黑色横条斑纹。前翅密布不规则的黑色横纹。前足短，跗节特化加粗呈匙形。中足细长，前端分两叉。后足特化为扁浆状，用于水中滑行。

习性：多栖息于水草丰富的湖泊、河流的静水水域中。

耐污值：7.7*。

地理分布：全国。

采集地：辽河流域多采集于西辽河中上游和辽河干流的支流。

负蝽属 1 种

学名：*Diplonychus* sp.

中文名：负蝽属 1 种

分类：节肢动物门 Arthropoda- 昆虫纲 Insecta- 半翅目 Hemiptera- 负子蝽科 Belostomatidae- 负蝽属 *Diplonychus*

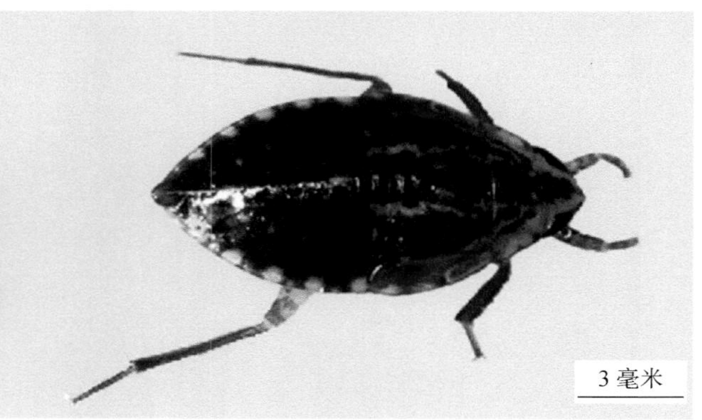

形态：成虫体长约 16 毫米。体型呈长椭圆形，呈浅黄褐色。身体扁阔，呈椭圆形，背部呈灰褐色，喙短而强，腿大，前足强壮。头较小，呈三角形。触角小，前胸大。前翅革质，发达，呈镰刀状。后翅膜质呈色淡黄。跗节短，有一钩爪。中后肢胫节及跗节具长毛，足端具 2 个长爪。

习性：多栖息于池塘、沟渠、河流等静水水域。捕食昆虫、螺、小鱼等食物。

耐污值：6.0[*****]。

地理分布：全国。

采集地：辽河流域采集于太子河南支。

图片来源：Doke D, Morey R, Dahanukar N, et al. 2017. Ontogenetic trajectory and allometry of *Diplonychus rusticus* (Fabricius), an Oriental aquatic bug (Hemiptera: Belostomatidae) from the Western Ghats of India. Arthropod Structure and Development, 46: 297-303.

***** 代表该物种耐污值引用自辽宁省环境监测实验中心编写的《辽河流域底栖动物监测图鉴》，后同。
辽宁省环境监测实验中心 . 2014. 辽河流域底栖动物监测图鉴 . 北京：中国环境出版社 .

鞘翅目 Coleoptera

鞘翅目是昆虫纲中乃至动物界种类最多、分布最广的第一大目。鞘翅目昆虫最主要特点是前翅角质化为一层硬质外壳，坚硬而无翅脉，用以保护后翅以及脆弱的腹部，该外壳称为“鞘翅”，鞘翅目因此而得名。除了发挥保护功效之外，鞘翅也可以用来防止水分流失，大幅度提升了鞘翅目昆虫的适应性。鞘翅目昆虫种类繁多，系统复杂，一般分为四个亚目，分别是原鞘亚目 Archostemata、藻食亚目（菌食亚目）Myxophaga、肉食亚目 Adephaga、多食亚目 Polyphaga。

原鞘亚目主要分类特征是：①身上有一层类似于鳞翅目的鳞片；②大部分种类的鞘翅具有十分发达的刻点或沟；③大部分种类的后足基转节十分发达。

藻食亚目（菌食亚目）主要分类特征是：①体形小，通常不超过 5 毫米；②外颚叶缺失，可移动的齿位于左侧上颚，中胸腹板与后胸腹板大面积接触，翅缘具毛；③触角通常等于或小于 9 节，棒状。

肉食亚目主要分类特征是：①前胸有背侧缝；后翅具小纵室；后足基节向后延伸，将第 1 腹板切为两个部分，后足基节固定在后胸腹板上，不能活动。②有 6 个可见腹板，第 1 腹板中央完全被后足基节窝分割开。③稚虫蛃型；上颚无臼齿区；胸足 5 节；大部分种类具分节的尾突。

多食亚目主要分类特征是：②前胸无背侧缝，后翅无小纵室；②后足基节不固定在后胸腹板上，也不将第一腹节腹板划分开（即腹板为完整的一块，其后缘横贯整个腹部）。

鞘翅目为全变态昆虫，某些种类具有复变态，即稚虫各龄出现多种不同形态。水生种类的蛹、稚虫、成虫阶段一般均在水中度过。成、稚虫的食性复杂，有腐食性、粪食性、尸食性、植食性、捕食性和寄生性等。

端毛龙虱属1种

学名：*Agabus* sp.

中文名：端毛龙虱属1种

分类：节肢动物门 Arthropoda- 昆虫纲 Insecta- 鞘翅目 Coleoptera- 龙虱科 Dytiscidae- 端毛龙虱属 *Agabus*

形态：体型呈椭圆柱形，成虫体长5毫米左右，体宽2.5毫米左右。全身呈深褐色。翅鞘缝合处基部可见小盾片。触角基部顶端内缘有缺口。后基板多样，但并不会强烈地向前收敛于后基板裂片中，翅鞘没有纵向的条纹。唇触须延长，远远大于宽度。前胸背板侧面具成串的珠状突起，若没有则翅鞘缺失浓密的刺状突起。前胸腹板平滑或者纵向中央呈凸面状。

习性：成虫多栖息于水质清洁的溪流中。

耐污值：6.0*****。

地理分布：吉林、辽宁、江苏、江西、湖北等地。

采集地：辽河流域多采集于辽河干流的支流。

真龙虱属 1 种

学名： *Cybister* sp.

中文名： 真龙虱属 1 种

分类： 节肢动物门 Arthropoda- 昆虫纲 Insecta- 鞘翅目 Coleoptera- 龙虱科 Dytiscidae-真龙虱属 *Cybister*

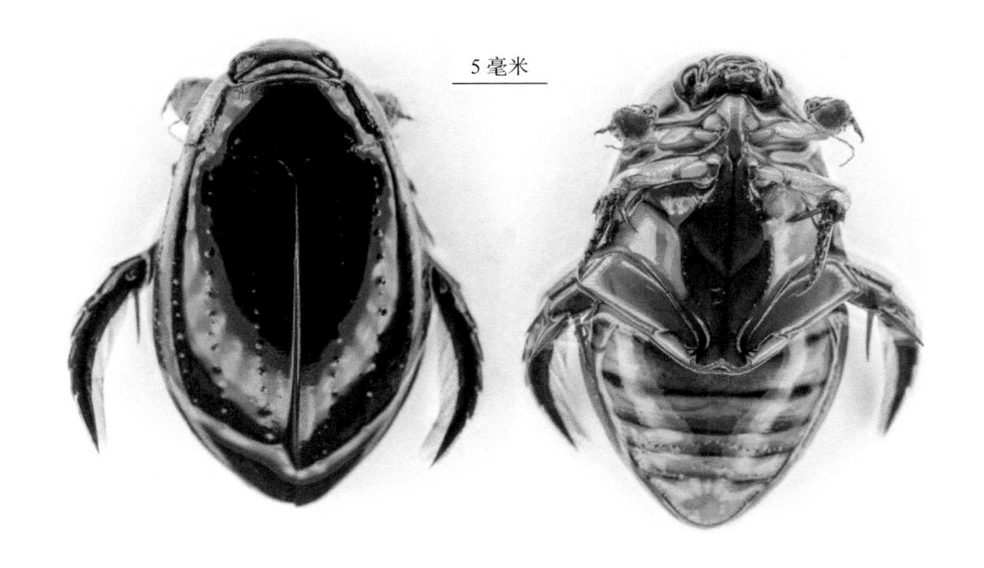

形态： 成虫体长 40 ～ 55 毫米，体宽 20 毫米左右。背部呈黑褐色（也有呈黄绿色，本图片有可能是酒精褪色导致），腹部黄色伴有黑色横向条纹。背部纵向有成列的点状突起。前足跗节膨大呈吸盘状，后足发达，侧扁呈桨状，具长毛，第 2 节具延伸的两个刺突。

习性： 成虫多在水草茂盛的湖泊、河流中分布。

耐污值： 6.5*****。

地理分布： 黑龙江、吉林、辽宁、河北、广东、山东等地。

采集地： 辽河流域多采集于太子河上游溪流，如海城河、太子河南支和西辽河。

豹斑龙虱属 1 种

学名：*Liodessus* sp.

中文名：豹斑龙虱属 1 种

分类：节肢动物门 Arthropoda- 昆虫纲 Insecta- 鞘翅目 Coleoptera- 龙虱科 Dytiscidae- 豹斑龙虱属 *Liodessus*

形态：稚虫体长 2 ～ 10 毫米，体宽 0.4 ～ 2 毫米。体表呈黄褐色。头部呈三角形。前胸第 1 节末端至腹部第 1 节分布有两列纵向的黑色斑纹，由粗变细。具一对钳形大颚。触角 9 节。口上片前缘具 3 个齿，两侧齿的顶端达到中齿端部。

习性：稚虫多在池塘、湿地等缓流的中等污染水域分布。肉食者，捕食水中小鱼和其他底栖动物。

耐污值：—。

地理分布：辽宁、河北、广西、广东、山东、湖北、湖南、福建等地。

采集地：辽河流域多采集于太子河中游水域。

刺鞘牙甲属 1 种

学名：*Berosus* sp.

中文名：刺鞘牙甲属 1 种

分类：节肢动物门 Arthropoda- 昆虫纲 Insecta- 鞘翅目 Coleoptera- 牙甲科 Hydrophilidae- 刺鞘牙甲属 *Berosus*

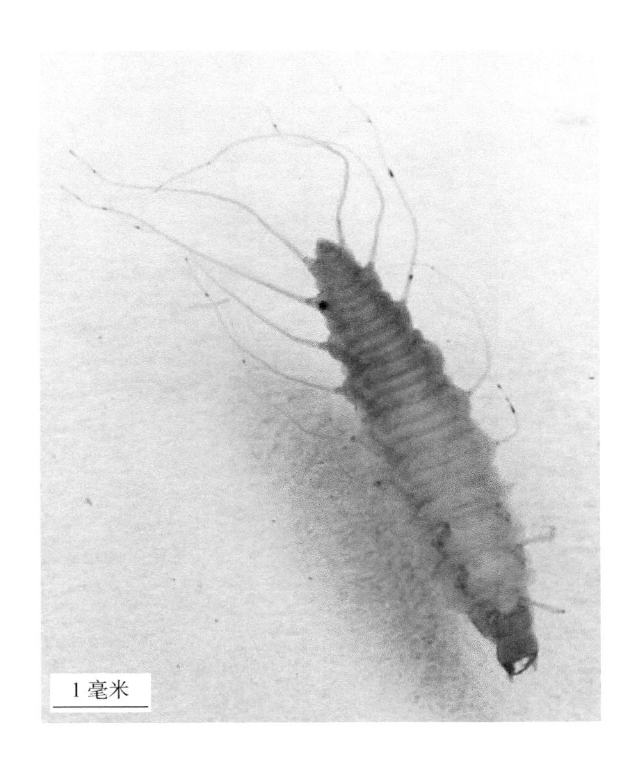

形态：稚虫体长 7 ～ 13 毫米，体宽 3 毫米左右。全身呈淡黄色纺锤形。腹部前 7 节侧面具细长的气管鳃。上颚呈弯月镰刀状，中部有尖状突起。腹部侧面具较宽或较长的突起。触角第 1 节长，第 3 节较短。小颚须 3 节，第 1 节极短，第 2 节长，第 3 节短小。中、后胸与腹部各节背面具数个小疣状突起。

习性：稚虫多栖息于中等偏重的污染水体中。

耐污值：8.6*****。

地理分布：河北、辽宁等地。

采集地：辽河流域多采集于太子河中游水域。

苍白牙甲属 1 种

学名：*Enochrus* sp.

中文名：苍白牙甲属 1 种

分类：节肢动物门 Arthropoda- 昆虫纲 Insecta- 鞘翅目 Coleoptera- 牙甲科 Hydrophilidae- 苍白牙甲属 *Enochrus*

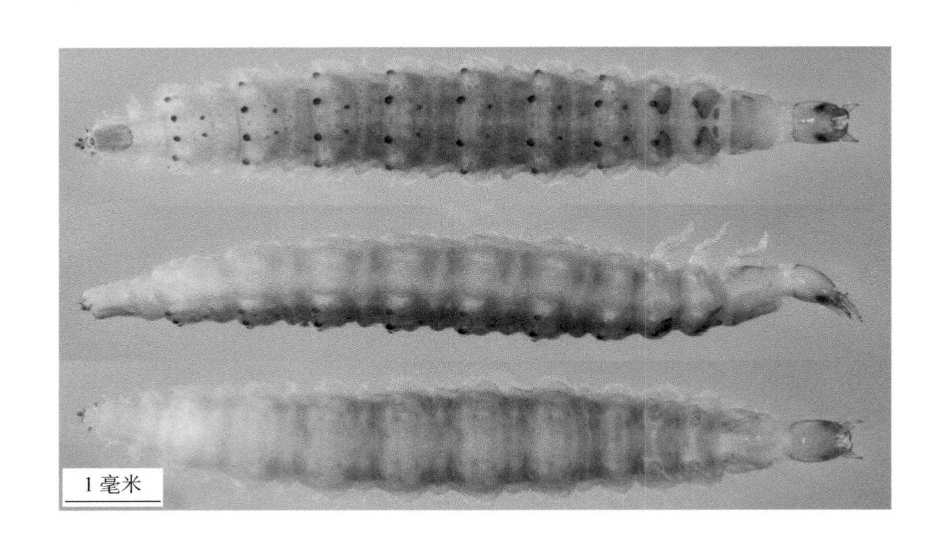

形态：稚虫体长 8.5 毫米左右，体宽 1 毫米左右。体色呈黄褐色。共有 9 节完整的腹节，第 10 节退化，但仍能清晰辨认。腹部前 3 节有腹足。上颚非对称，左边有 2 个内齿，右边仅有 1 个。触角长，共 11 节，头盖缝合处可辨认，但通常较短。唇舌长于唇须的第 1 节。额骨缝合线并不平行，头盖骨缝合线存在或消失。胸部前 3 节存在不同程度骨化，其中第 3 节骨片分成 2 小片，呈细长状。

习性：稚虫多在山地溪流中生活，以底栖藻类为食物来源。

耐污值：—。

地理分布：辽宁。

采集地：辽河流域多采集于太子河上游溪流。

图片来源：Minoshima Y N, Iwata Y, Fikáček M, et al. 2017. Description of immature stages of Laccobius kunashiricus, with a key of the Laccobiini based on larval characters (Coleoptera: Hydrophilidae). Acta Entomologica Musei Nationalis Pragae, 57: 97-119.

刺腹牙甲属 1 种

学名：*Hydrochara* sp.

中文名：刺腹牙甲属 1 种

分类：节肢动物门 Arthropoda- 昆虫纲 Insecta- 鞘翅目 Coleoptera- 牙甲科 Hydrophilidae- 刺腹牙甲属 *Hydrochara*

形态：成虫体长 27.5 毫米左右，体宽 12.5 毫米左右。体色呈黑褐色卵圆形。背部隆起，一般光滑无毛，个别有短毛。眼不凸出。触角 7 ～ 9 节，第 6 节大，呈锥状。头中部有“Y”形裂纹。腹部呈不对称的深凹陷，包围着第 7 节基部。下颚须长于触角。前胸背板横宽，具系统刻点，向前略呈弧形变窄，两侧具明显的镶边。鞘翅具 5 条略不规则的系统刻点列，每列刻点两侧通常具细小刻点形成的细小刻点纹。前胸腹板短，中部纵隆，呈屋脊状。

习性：成虫多生活在池塘、沟渠、河流等静水水域。主要取食丝状藻、水草、腐叶和腐屑。

耐污值：—。

地理分布：辽宁。

采集地：辽河流域采集于浑河、太子河中游水域。

Sperchopsis 属 1 种

学名：*Sperchopsis* sp.

中文名：—

分类：节肢动物门 Arthropoda- 昆虫纲 Insecta- 鞘翅目 Coleoptera- 牙甲科 Hydrophilidae-*Sperchopsis*

形态：成虫体长 3 毫米，体宽 2.5 毫米。体色呈浅黑褐色。前胸背板及侧面没有纵向排列的凹槽。眼不凸出，前背板宽度比翅鞘稍窄，触角一般 5 节。中胸背板和后胸背板没有连续的脊刺。腹部基部的腹片两端没有凹陷且没有二裂片形的板。中间及后部的胫骨没有游泳毛。前背板和翅鞘在外缘呈连续状。腹部背面具纵列排列的点状凹陷，并伴有黑褐色的斑纹。上颚须短而粗，同触角大概等长，最后 1 节等于或长于倒数第 2 节。

习性：成虫多生活在池塘、沟渠、河流等水草丛生的清洁水体中。

耐污值：—。

地理分布：分布于我国辽宁。

采集地：辽河流域采集于浑河、太子河中游水域。

图片来源：https://mississippientomologicalmuseum.org.msstate.edu/Researchtaxapages/Hydrophilidae/hydrophilid.species.pages/Sperchopsis.tessellata.html.

Microcylloepus 属 1 种

学名：*Microcylloepus* sp.

中文名：—

分类：节肢动物门 Arthropoda- 昆虫纲 Insecta- 鞘翅目 Coleoptera- 溪泥甲科 Elmidae-*Microcylloepus*

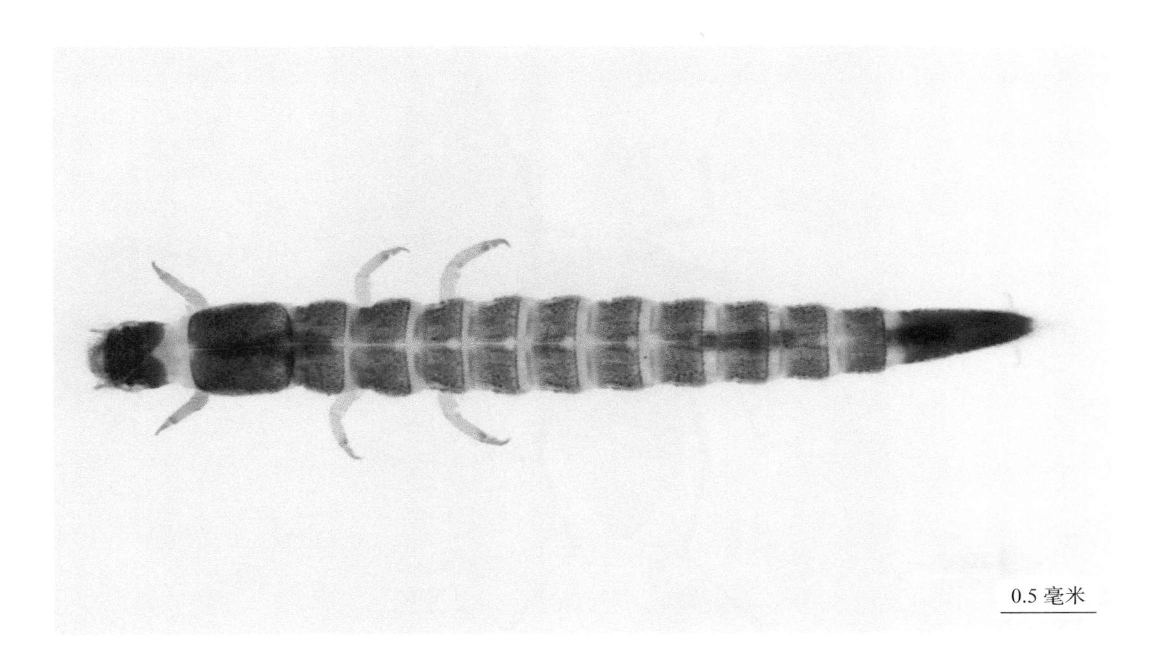

形态：稚虫体长 4.5mm 左右，体宽 0.5mm 左右。体色呈黄褐色，圆筒状。腹部第 5 ～ 7 节有肋膜。前胸后部具有骨板。腹节部分边缘处没有棘状突起。背部无棘刺状瘤突。头部前缘无明显的牙。腹部最后 1 节一般较细长，背部中央斑点靠近后缘，瘤状小突起纵向平行排列。

习性：稚虫多在山地溪流中生活，以底栖藻类为食物来源。

耐污值：—。

地理分布：辽宁。

采集地：辽河流域采集于太子河上游溪流。

图片来源：https://www.macroinvertebrates.org/taxa-specimens/coleoptera-larva/elmidae/microcylloepus/dorsal/dc1005.

Helichus 属 1 种

学名：*Helichus* sp.

中文名：*Helichus* 属 1 种

分类：节肢动物门 Arthropoda- 昆虫纲 Insecta- 鞘翅目 Coleoptera- 泥甲科 Dryopidae-*Helichus*

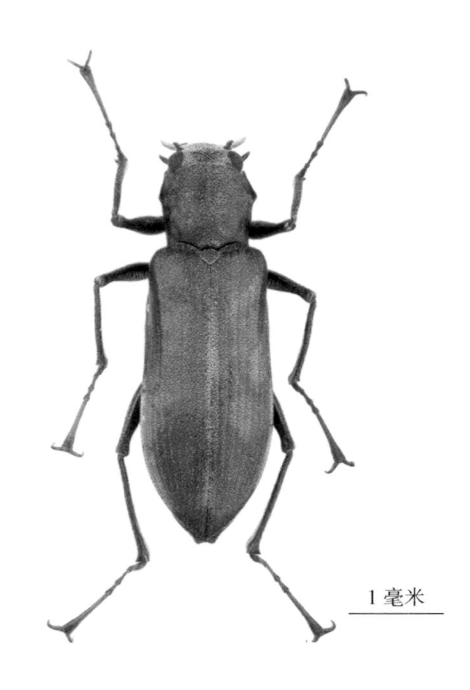

形态：成虫体长 4 毫米左右，体宽 1.5 毫米左右。体色呈黑褐色。前背板两侧没有明显的呈沟渠状的裂缝。触角的第 1 节和第 2 节扩大且严重硬化，在底部形成一个防护盾通过伸缩形成保护罩。触角基部分散，部分体节和腿节具有绒毛。

习性：成虫多在山地溪流的清洁水体中生活。

耐污值：—。

地理分布：辽宁。

采集地：辽河流域多采集于太子河上游溪流。

图片来源：https://www.zin.ru/Animalia/Coleoptera/eng/helangkm.htm.

沼梭属 1 种

学名：*Haliplus* sp.

中文名：沼梭属 1 种

分类：节肢动物门 Arthropoda- 昆虫纲 Insecta- 鞘翅目 Coleoptera- 沼梭科 Haliplidae-沼梭属 *Haliplus*

形态：稚虫体长 3.8 毫米左右，体宽 0.3 毫米左右。体色呈黄褐色。除 1 龄期稚虫外，体侧具棘状突起，但不会过长，且不会超过第 1 体节。腹节顶端向后延伸形成叉状或非叉状角。触角第 3 节是第 2 节的 2 ～ 3 倍。前腿一般呈螯状，第 4 节一般向后延伸，具 2 ～ 3 个棘状突起。

习性：稚虫多生活在池塘、沟渠、河流等水草丛生处。

耐污值：6.0*****。

地理分布：分布于我国河北、辽宁。

采集地：辽河流域采集于太子河和西辽河中游水域。

图片来源：https://bugguide.net/node/view/327585.

水梭属 1 种

学名：*Peltodytes* sp.

中文名：水梭属 1 种

分类：节肢动物门 Arthropoda- 昆虫纲 Insecta- 鞘翅目 Coleoptera- 沼梭科 Haliplidae-水梭属 *Peltodytes*

形态：成虫体长 4.5 毫米左右，体宽 2.5 毫米左右。背部呈浅黑褐色。后足被腹部大基节板覆盖，仅有腹部最后一节露出。前背板呈梯形且周边圆润。前胸背板同腹部缝合处中央两侧各有一个可清晰辨认的黑色斑点。唇及上颌骨触须的最后一段呈圆锥形，翅鞘顶端至少一半处具细小的缝合线条纹。背部纵向密布有小的圆形凹陷，同时有较大的无规则排列的黑色斑纹分布。

习性：成虫多生活在池塘、沟渠等丝状藻丛生的水域中。

耐污值：5.0*****。

地理分布：河北、辽宁。

采集地：辽河流域采集于太子河和西辽河中游水域。

图片来源：https://www.galerie-insecte.org/galerie/esp-page.php?gen=Peltodytes&esp=caesus.

稻水象甲

学名：*Lissorhoptrus oryzophilus*

中文名：稻水象甲

分类：节肢动物门 Arthropoda- 昆虫纲 Insecta- 鞘翅目 Coleoptera- 象甲科 Curculionidae- 稻水象甲属 *Lissorhoptrus*

形态：成虫体长 6 毫米左右，体宽 2.5 毫米左右。背部呈黑褐色。显著特征是其类似于象鼻状的喙状口器。头部部分嵌入前胸背板。复眼小。触角 6 节，末节膨大呈球拍状。腹部背面具纵向排列的沟。上翅具 8 列淡灰色点刻纹。足强壮，第 5 跗节长，具两个钩形爪。

习性：成虫多生活在池塘、沟渠、河流等水草丛生的清洁水体中。

耐污值：5.0*****。

地理分布：辽宁。

采集地：辽河流域采集于太子河上游支流。

图片来源：https://inpn.mnhn.fr/espece/cd_nom/851359.

大眼隐翅虫属 1 种

学名：*Stenus* sp.

中文名：大眼隐翅虫属 1 种

分类：节肢动物门 Arthropoda- 昆虫纲 Insecta- 鞘翅目 Coleoptera- 隐翅虫科 Staphylinidae- 大眼隐翅虫属 *Stenus*

形态：成虫体长 6.3 毫米左右，体宽 1 毫米左右。复眼极大，强烈突起，占据整个头侧，约等宽于鞘翅。体圆筒形，密布刻点。全身密布粗大刻点，具光泽。鞘翅中央后部两侧各具一个清晰可辨的橘黄色圆斑。触角 10 ～ 11 节，第 1 节深褐色，末 3 节膨大。其余各节淡黄色。

习性：成虫多生活在池塘、沟渠、河流等水边湿地。常潜伏在枯枝落叶、树皮或朽木下。食腐败的植物与腐烂的动物。

耐污值：—。

地理分布：辽宁。

采集地：辽河流域采集于东辽河中游。

图片来源：https://www.kaefer-der-welt.de/stenus_kiesenwetteri.htm.

蜻蜓目 Odonata

蜻蜓目成虫多为中型或大型昆虫，细长且体壁较坚硬，体色多艳丽；头灵活，眼发达，单眼3个，具有很好的全方位视觉。成虫多生活在湖泊、池塘等水域附近，集群。善飞翔，肉食性，以蚊类、小型蛾类及叶蝉等小型昆虫为食。蜻蜓目稚虫又称水蚕，水生。口器构造特殊，头部，胸部和腹部3分节明显，复眼发达，下唇特化为捕食器，通常为钩状或钳状（少数为面罩型），可突然伸出捕捉猎物。胸部3节，有背板；合胸上膜翅2对，腹部末端生有尾鳃（豆娘类）或直肠鳃（蜻蜓类）作为呼吸器官。腹部也可迅速排水使身体获得向前的动力，亦为躲避天敌的主要武器。稚虫捕食小型水生昆虫（如蜉蝣稚虫和蚊子稚虫等）、虾苗和鱼苗等，渔民俗称其“水老虎”，给养殖业带来巨大困扰，同时，豆娘类稚虫也是成鱼、蛙等大型水生生物的天然饵料。由于蜻蜓稚虫生活水域广，其分布受温度、水质、流速和水生植被等影响大，成虫在羽化地点附近生活，其捕食、栖息、交配和产卵的场所又与周边的植被息息相关，因此蜻蜓目常被作为重要的水环境质量指示生物应用于水质生物评价研究中。

黑纹伟蜓

学名：*Anax nigrofasciatus*

中文名：黑纹伟蜓

分类：节肢动物门 Arthropoda- 昆虫纲 Insecta- 蜻蜓目 Odonata- 蜓科 Aeshnidae- 伟蜓属 *Anax*

形态：稚虫体长 25 ～ 50 毫米，体宽 5 ～ 10 毫米。全身呈黄褐色。下唇侧片端部具尖锐钩，中部具细小裂缝。腹部各节分节明显，第 7 ～第 9 节侧面具棘刺。背部第 1 ～第 8 节中央两侧及两侧边缘均具成对的黑色斑点。

习性：稚虫多栖息于池塘、沟渠等水草茂盛的静水环境。

耐污值：2.0*****。

地理分布：辽宁。

采集地：辽河流域采集于辽河干流的支流。

马奇异春蜓

学名：*Anisogomphus maacki*

中文名：马奇异春蜓

分类：节肢动物门 Arthropoda- 昆虫纲 Insecta- 蜻蜓目 Odonata- 春蜓科 Gomphidae- 异春蜓属 *Anisogomphus*

形态：稚虫体大型且粗壮，体长 25 毫米左右，体宽 5 毫米左右。全身呈黄褐色。触角 4 节，第 3 节呈棒状并略向内弯，第 4 节退化或者很小。下唇中片前缘呈弧形，侧片端部呈钩状，内缘具 10 个小锯齿。腹部第 9 节具背棘，第 7 ～ 9 节具侧棘。前足、中足胫节端部具突起。

习性：稚虫多栖息于池塘、沟渠等静水多水草水域环境中。

耐污值：0.7*。

地理分布：辽宁。

采集地：辽河流域采集于浑河的支流，如苏子河、太子河支流。

亚春蜓属 1 种

学名：*Asiagomphus* sp.

中文名：亚春蜓属 1 种

分类：节肢动物门 Arthropoda- 昆虫纲 Insecta- 蜻蜓目 Odonata- 春蜓科 Gomphidae- 亚春蜓属 *Asiagomphus*

形态：稚虫体大型且粗壮，体长 20 ～ 35 毫米，体宽 5 ～ 7 毫米。全身呈黑褐色。触角 4 节，第 1 节和第 2 节呈球状，第 3 节呈长棒状，第 4 节较小。下唇平坦呈方形，前缘呈弧形。腹部第 7 ～ 9 节侧面棘突较其他体节大。腹部两侧具黑褐色斑纹。前足、中足胫节端部具突起。

习性：稚虫多栖息于河流的静水水域。

耐污值：—。

地理分布：辽宁。

采集地：辽河流域采集于太子河中上游。

叶春蜓属 1 种

学名：*Ictinogomphus* sp.

中文名：叶春蜓属 1 种

分类：节肢动物门 Arthropoda- 昆虫纲 Insecta- 蜻蜓目 Odonata- 春蜓科 Gomphidae- 叶春蜓属 *Ictinogomphus*

形态：稚虫腹部呈扁圆形，体长 12 ～ 25 毫米，体宽 8 ～ 20 毫米。全身呈黄褐色。触角第 3 节呈长棒状。腹部呈卵圆形，第 1 ～ 9 节背部中央具棘刺。第 6 ～ 9 节背部两侧棘刺明显增大。背部两侧具黑色点状斑纹。

习性：稚虫多栖息于河流两岸多挺水植物的静水水域。

耐污值：3.5*。

地理分布：辽宁、黑龙江和吉林等地。

采集地：辽河流域采集于浑河上游。

环尾春蜓属 1 种

学名：*Lamelligomphus* sp.

中文名：环尾春蜓属 1 种

分类：节肢动物门 Arthropoda- 昆虫纲 Insecta- 蜻蜓目 Odonata- 春蜓科 Gomphidae- 环尾春蜓属 *Lamelligomphus*

形态：稚虫体长 23.5 毫米，体宽 6.5 毫米。体色呈浅黄褐色。触角 4 节，第 4 节膨大呈勺柄状，并伴有浅黄色圆形斑纹。腹部分节明显，第 7 ～ 9 节侧面及背部中央有小型的棘刺。下唇中片中央呈圆弧状，前端外侧尖锐呈细钩状，内侧前端圆滑。背部第 3 ～ 6 节中央具成对的黑色斑点，清晰可辨认。腹部第 8 节和第 9 节背面中央具较小的棘刺。

习性：稚虫多栖息于河流、小溪、池塘等挺水植物茂盛的静水水域。捕食各种小型水生生物。

耐污值：—。

地理分布：吉林、河北、河南、陕西、山东、浙江、福建、广西、四川等地。

采集地：辽河流域采集于辽河干流的支流，如柴河。

显春蜓属 1 种

学名：*Phaenandrogomphus* sp.

中文名：显春蜓属 1 种

分类：节肢动物门 Arthropoda- 昆虫纲 Insecta- 蜻蜓目 Odonata- 春蜓科 Gomphidae- 显春蜓属 *Phaenandrogomphus*

形态：稚虫体长 30 毫米左右，体宽 10 毫米左右。体色呈浅黄褐色。触角 4 节，第 3 节较长呈椭圆形，第 4 节短小呈瘤状。头部较宽，表面覆盖有较小的瘤突。复眼后叶后侧缘呈圆弧形。下唇宽阔光滑，前颏前缘向前呈半圆形突起，具一列浓密的短鬃。下唇须叶内缘具细缘齿，端钩较锋利，动钩锋利。

习性：稚虫多栖息于河流、小溪等水流较快的细砂底质中。捕食各种小型水生生物。

耐污值：—。

地理分布：辽宁、浙江、福建、广西、四川等地。

采集地：辽河流域采集于辽河干流的支流和东辽河。

弗鲁戴春蜓

学名：*Davidius fruhstorferi*

中文名：弗鲁戴春蜓

分类：节肢动物门 Arthropoda- 昆虫纲 Insecta- 蜻蜓目 Odonata- 春蜓科 Gomphidae- 戴春蜓属 *Davidius*

形态：稚虫体长 5 ～ 17 毫米。头部前中部呈近三角形。下唇宽阔光滑，前颏前缘平直，具一列浓密的鬃毛。下唇侧叶内缘具小齿，端钩锋利。触角 4 节，基部两节短，第 3 节延长呈棒状，第 4 节甚端。前胸翅芽分歧，腹部第 2 ～ 9 节背面中央有一列尖锐瘤状突起。

习性：常分布于山地溪流，偏好细砂底或枯叶堆，行动快速，较活跃。

耐污值：2.2*。

地理分布：全国。

采集地：辽河流域分布于太子河上游溪流。

弓蜻属 1 种

学名：*Macromia* sp.

中文名：弓蜻属 1 种

分类：节肢动物门 Arthropoda- 昆虫纲 Insecta- 蜻蜓目 Odonata- 伪蜻科 Corduliidae- 弓蜻属 *Macromia*

形态：稚虫体长 11 毫米左右，体宽 5 毫米左右。体表呈褐色。两触角基部之间具显著的近垂直的角状突。后胸模板具一宽的中型瘤突。腹部背面第 4 ～ 9 节中央具背棘。腹部第 8 节和第 9 节背部侧面具棘刺，较小，呈纵向。胸足长，后足腿节长度略超过腹部第 8 节。各腿节均具环形黑色条纹。

习性：稚虫多栖息于清洁的流水环境，捕食小型水生生物和鱼类。

耐污值：—。

地理分布：辽宁、吉林、黑龙江等地。

采集地：辽河流域采集于太子河支流，如沙松河。

彩虹蜻

学名：*Zygonyx iris*

中文名：彩虹蜻

分类：节肢动物门 Arthropoda- 昆虫纲 Insecta- 蜻蜓目 Odonata- 蜻科 Libellulidae- 虹蜻属 *Zygonyx*

形态：稚虫体长 13 毫米左右，体宽 4 毫米左右。体表呈黄褐色。头部呈梯形，复眼向前凸出显著。上唇呈黑褐色，前缘具甚细的刚毛状鬃。唇基和额呈黑褐色。复眼后叶具两对较大的瘤状突起，一对在中央，一对在侧缘处。下唇呈面罩式，较宽阔，中央凹陷。前颏前缘中央向前显著突起，具一列刺状鬃和细缘齿，侧缘具基方具浓密的刚毛状鬃，基方具较短的侧刺鬃。前颏背鬃有 17 根左右，分成明显的两簇。下唇须叶甚阔，其内缘无明显的齿，具较短的刺状鬃。前胸背板具 3 对瘤状突起，第 1 对位于前叶两侧，第 2 对位于中叶前缘中央，第 3 对位于中叶下缘两侧；侧缘下方，前足基节上方具 3 个锥状突起。第 7 ～ 9 节具侧刺，第 7 节侧刺较短，第 8 ～ 9 节侧刺分别为该节长度的 1/2。第 2 ～ 10 节具背钩，其中第 4 ～ 9 节背钩较发达，呈鱼鳍状。

习性：稚虫多栖息于沟渠、池塘、小溪等沿岸静水环境，捕食小型水生生物。

耐污值：—。

地理分布：辽宁。

采集地：辽河流域采集于太子河支流，如北沙河、海城河等。

灰蜻属 1 种

学名：*Orthetrum* sp.

中文名：灰蜻属 1 种

分类：节肢动物门 Arthropoda- 昆虫纲 Insecta- 蜻蜓目 Odonata- 蜻科 Libellulidae- 灰蜻属 *Orthetrum*

形态：稚虫体长 14 毫米左右，体宽 5 毫米左右。体表呈黄褐色。下唇基节短，复眼呈球状。触角 7 节，除第 1 节和第 2 节外均呈丝状。下唇基节侧片前缘具锯齿状缺刻，并向前凸出。腹部第 4 ～ 8 节背面具背棘，并逐渐增长。

习性：稚虫多栖息于沟渠、池塘、小溪等静水环境中，捕食小型水生生物。

耐污值：7.0*****。

地理分布：河北、吉林、辽宁、四川、山东、陕西、广东、云南等地。

采集地：辽河流域采集于辽河支流，如苇塘河等。

赤蜻属 A 种

学名：*Sympetrum* sp. A

中文名：赤蜻属 A 种

分类：节肢动物门 Arthropoda- 昆虫纲 Insecta- 蜻蜓目 Odonata- 蜻科 Libellulidae- 赤蜻属 *Sympetrum*

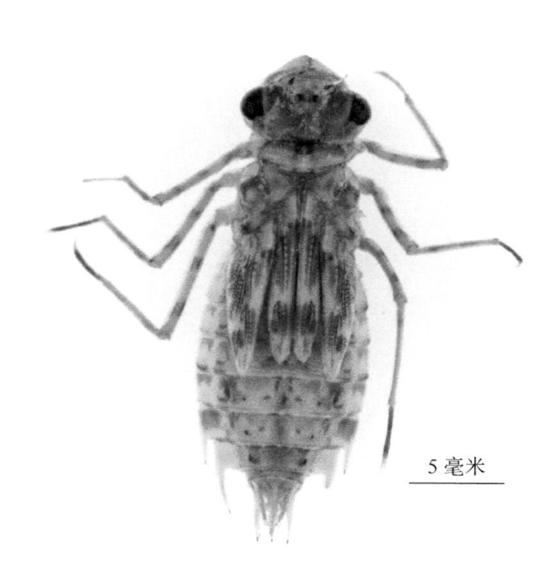

形态：稚虫体长 14 毫米左右，体宽 7 毫米左右。体表呈黄褐色。头部中央具有一对黑色斑点。翅芽分布有近长椭圆形的褐色斑纹。背部无棘刺。第 8 节和第 9 节具长刺状侧棘，后者长度约是前者的两倍。腹部第 9 节具一对褐色斑点，其他体节背部具两对褐色斑点。下唇片前端由两个匙状片环抱而成，下唇中片具刚毛 13 ～ 14 对，侧片具刚毛 11 ～ 12 根。

习性：稚虫多栖息于沟渠、池塘、小溪等水草茂盛的水域中。

耐污值：6.0****。

地理分布：河北、吉林、辽宁、四川、山东、陕西、广东、云南等地。

采集地：辽河流域采集于辽河支流，如招苏台河。

赤蜻属 B 种

学名： *Sympetrum* sp. B

中文名： 赤蜻属 B 种

分类： 节肢动物门 Arthropoda- 昆虫纲 Insecta- 蜻蜓目 Odonata- 蜻科 Libellulidae- 赤蜻属 *Sympetrum*

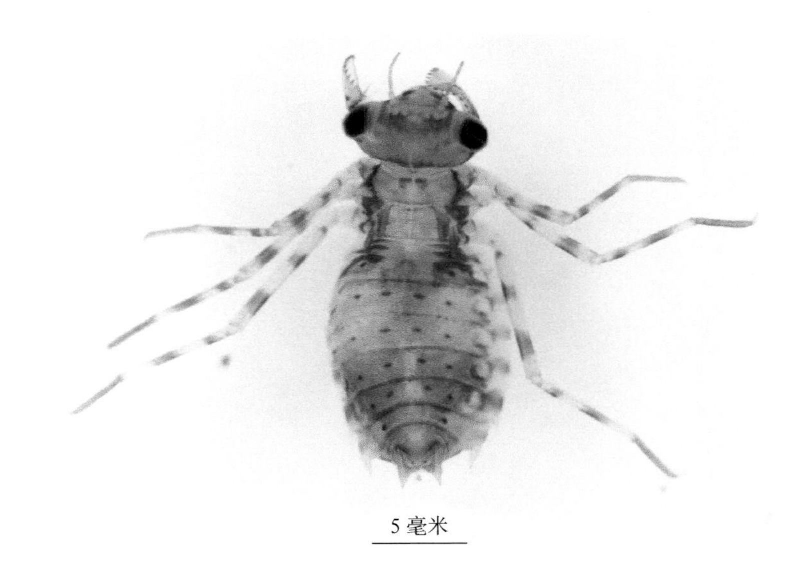

形态： 稚虫体长 11 毫米左右，体宽 5 毫米左右。体表呈浅黄色。头部中央无成对的黑色斑点。其余鉴定特征同赤蜻 A 种。

习性： 稚虫多栖息于沟渠、池塘、小溪等水草茂盛的水域中。

耐污值： 6.0*****。

地理分布： 河北、吉林、辽宁、四川、山东、陕西、广东、云南等地。

采集地： 辽河流域采集于辽河支流，如招苏台河。

褐蜻属 A 种

学名：*Trithemis* sp. A

中文名：褐蜻属 A 种

分类：节肢动物门 Arthropoda- 昆虫纲 Insecta- 蜻蜓目 Odonata- 蜻科 Libellulidae- 褐蜻属 *Trithemis*

形态：稚虫体长 14 毫米左右，体宽 3.5 毫米左右。体表呈黄褐色。复眼呈球形外凸。触角 6 节。下唇基节细长呈匙状，内侧具浅的凹裂。下唇基节侧片外缘刚毛丛生。肛上片前端细，呈等边三角形状。腹末尾须长度不超过肛侧板的一半。腹部第 3 ～ 9 节背部具棘刺，第 8 节和第 9 节侧面具侧刺且等长。腹部背面每节中央具成对的黑色斑点，体节末端具横向排列的成对黑色条纹。

习性：稚虫多栖息于沟渠、池塘、小溪等水草茂盛的水域中。捕食小型水生生物为食。

耐污值：—。

地理分布：辽宁、湖北、湖南、贵州、广东、广西、四川等地。

采集地：辽河流域采集于辽河支流，如招苏台河和清河。

褐蜻属 B 种

学名：*Trithemis* sp. B

中文名：褐蜻属 B 种

分类：节肢动物门 Arthropoda- 昆虫纲 Insecta- 蜻蜓目 Odonata- 蜻科 Libellulidae- 褐蜻属 *Trithemis*

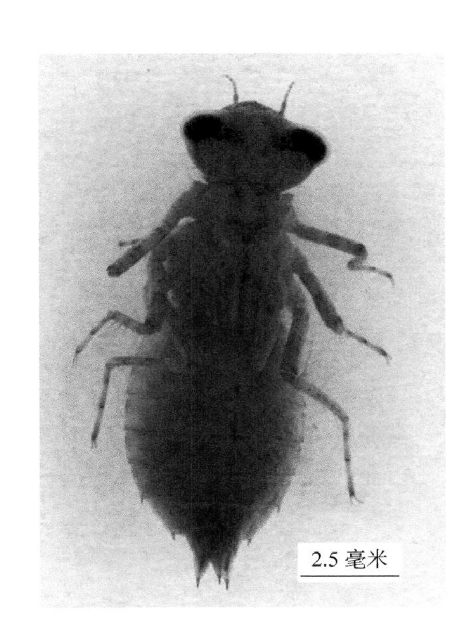

形态：稚虫体长 10.5 毫米左右，体宽 3.5 毫米左右。体表呈浅黄褐色。第 8 节和第 9 节侧面具侧刺，较细且等长。腹部背面无黑色斑点和条纹。其余分类鉴定特征同褐蜻 A 种。

习性：稚虫多栖息于沟渠、池塘、小溪等水草茂盛的水域中。捕食小型水生生物为食。

耐污值：—。

地理分布：辽宁、湖北、湖南、贵州、广东、广西、四川等地。

采集地：辽河流域采集于辽河支流，如招苏台河和清河。

褐蜻属 C 种

学名：*Trithemis* sp. C

中文名：褐蜻属 C 种

分类：节肢动物门 Arthropoda- 昆虫纲 Insecta- 蜻蜓目 Odonata- 蜻科 Libellulidae- 褐蜻属 *Trithemis*

形态：稚虫体长 18.5 毫米左右，体宽 5 毫米左右。体表呈黄褐色。复眼膨大呈椭圆形且外凸。腹部第 3 ～ 9 节背部有棘刺，且较褐蜻 A 种和褐蜻 B 种明显增大。第 8 节和第 9 节侧面具侧刺，较细且等长。腹部背面每节中央具成对的圆形黑色斑点。其余分类鉴定特征同褐蜻 A 种。

习性：稚虫多栖息于沟渠、池塘、小溪等水草茂盛的水域中。捕食小型水生生物为食。

耐污值：—。

地理分布：辽宁、湖北、湖南、贵州、广东、广西、四川等地。

采集地：辽河流域采集于辽河支流，如招苏台河和清河。

黑色蟌

学名：*Calopteryx atratum*

中文名：黑色蟌

分类：节肢动物门 Arthropoda- 昆虫纲 Insecta- 蜻蜓目 Odonata- 色蟌科 Calopterygidae- 色蟌属 *Calopteryx*

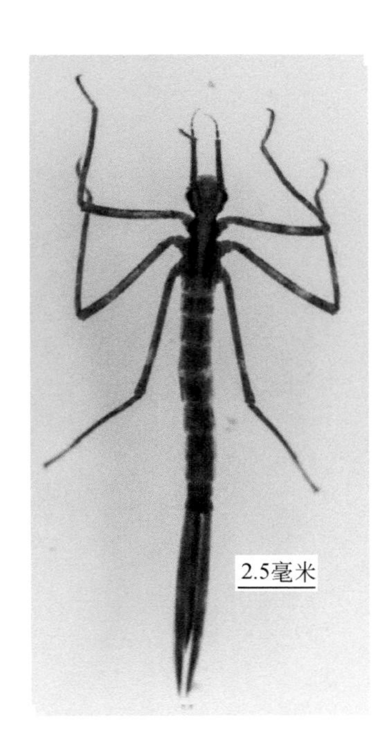

形态：稚虫体长 17 ～ 23 毫米，体宽 1 ～ 2 毫米。体表呈黄褐色。触角第 1 节长度短于头宽。下唇基节中央呈镂空状菱形缺口，且内侧具两对刚毛。下唇侧片活动钩基部具两根刚毛。

习性：稚虫多栖息于沟渠、池塘、小溪等水草茂盛的流水环境中。捕食小型水生生物。

耐污值：0.7*。

地理分布：辽宁、吉林、河北、江苏、浙江等地。

采集地：辽河流域采集于太子河北支以及辽河干流的支流，如招苏台河和条子河。

多斑太阳隼蟌

学名：*Heliocypha perforata*

中文名：多斑太阳隼蟌

分类：节肢动物门 Arthropoda- 昆虫纲 Insecta- 蜻蜓目 Odonata- 犀蟌科 Chlorocyphidae- 太阳隼蟌属 *Heliocypha*

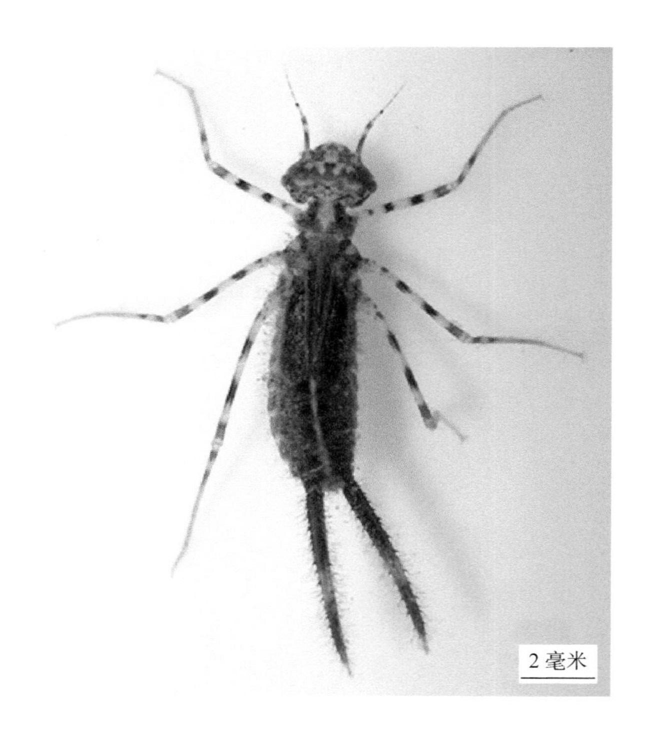

形态：稚虫体长 15 毫米左右，体宽 2 毫米左右。大触角长，第 1 节长度超过其余 6 节总长两倍左右。具 3 片匕首状尾片，中间短于两侧，扁化严重。下唇片呈罩形且扁平，下唇中片具深沟和两个朝内侧的突起。前足及中足基部具黑色环形斑纹。

习性：稚虫多栖息在清洁的溪流中。

耐污值：2.5*。

地理分布：辽宁、吉林、河北、江苏、浙江等地。

采集地：辽河流域采集于太子河北支。

图片来源：Xu Q H. 2015. Description of the final stadium larva of *Heliocypha perforata* perforata (Percheron), with discussion of the taxonomic characters of the larvae of the genus Heliocypha Fraser (Odonata: Zygoptera: Chlorocyphidae). Zootaxa, 3926(1): 137-141.

扇蟌属 A 种

学名：*Platycnemis* sp. A

中文名：扇蟌属 A 种

分类：节肢动物门 Arthropoda- 昆虫纲 Insecta- 蜻蜓目 Odonata- 扇蟌科 Platycnemididae-扇蟌属 *Platycnemis*

形态：稚虫体长 11.5 毫米左右，体宽 2 毫米左右。体色呈黑褐色。尾鳃细长，腹部除第 8 节和第 9 节之外，均具侧棘。头后部向两端显著凸出，并呈锐角。下唇中片刚毛 3 对。

习性：稚虫多栖息于河流、小溪、池塘等挺水植物茂盛的静水水域。捕食各种小型水生生物。

耐污值：4.5*。

地理分布：全国。

采集地：辽河流域采集于太子河支流，如汤河、海城河；辽河干流支流，如寇河、清河、二道河和柳河等。

扇蟌属 B 种

学名：*Platycnemis* sp. B

中文名：扇蟌属 B 种

分类：节肢动物门 Arthropoda- 昆虫纲 Insecta- 蜻蜓目 Odonata - 扇蟌科 Platycnemididae- 扇蟌属 *Platycnemis*

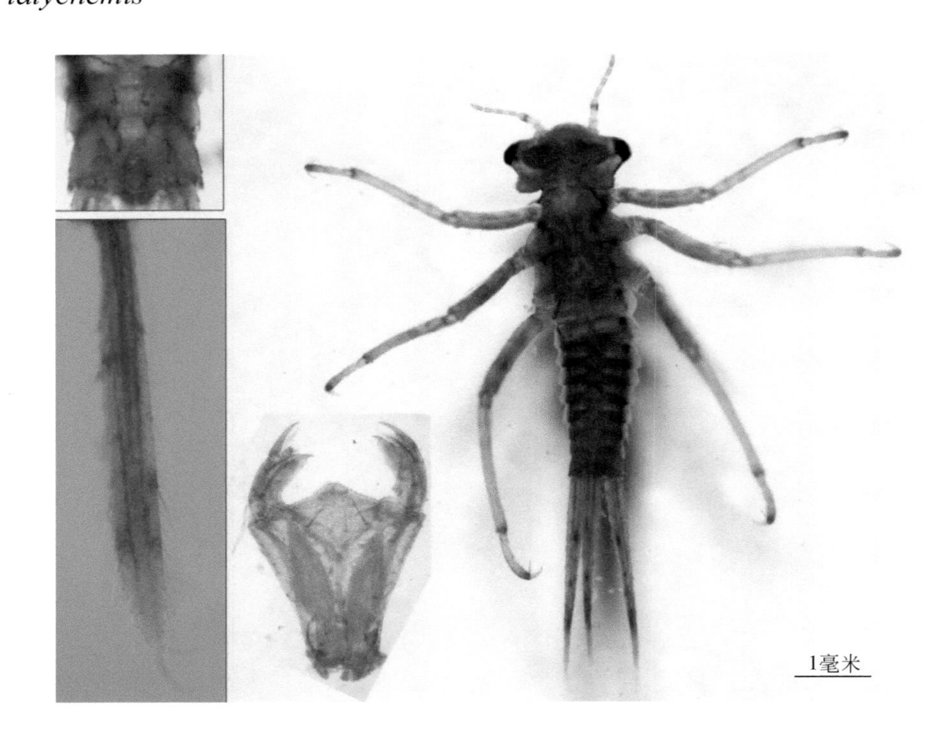

形态：稚虫体长约 4 毫米，尾鳃长约 2 毫米。下唇基节中片中央无明显缺刻，下唇基节鳃帮刺毛 4 根，左右刺毛排成钝角。尾鳃长度短于体长，简短形成细长状突起。腹部其 7 节末端形成小型棘刺，第 8 节和第 9 节腹面中央有一对瘤状突起，第 9 节要大于第 8 节。各尾鳃有 3 ～ 4 条深褐色斑纹。头部后缘向侧后方突出，后侧角尖锐。

习性：稚虫多栖息于河流、小溪、池塘等挺水植物茂盛的静水水域。捕食各种小型水生生物。

耐污值：4.5*。

地理分布：全国。

采集地：辽河流域主要采集于海城河、寇河、清河、二道河和柳河等太子河与辽河的支流。

七条尾蟌

学名：*Paracercion plagiosum*

中文名：七条尾蟌

分类：节肢动物门 Arthropoda- 昆虫纲 Insecta- 蜻蜓目 Odonata- 蟌科 Coenagrionidae- 尾蟌属 *Paracercion*

形态：稚虫体长 9.5 毫米左右，体宽 1.3 毫米左右。体色呈黑褐色。侧尾片长 4 毫米左右，中部至端部有 3 个连续的褐色圆形斑纹。下唇中片具刚毛 4 对，侧片具刚毛 6 根。腹部第 1 ～ 8 节侧面具细小的棘刺，第 9 节和第 10 节棘刺呈痕迹状。

习性：稚虫多栖息于河流、小溪、池塘等挺水植物茂盛的静水水域。捕食各种小型水生生物。

耐污值：5.0*****。

地理分布：辽宁、吉林、河北和浙江等地。

采集地：辽河流域采集于浑太河中游水域。

红眼蟌属 1 种

学名：*Erythromma* sp.

中文名：红眼蟌属 1 种

分类：节肢动物门 Arthropoda- 昆虫纲 Insecta- 蜻蜓目 Odonata- 蟌科 Coenagrionidae- 红眼蟌属 *Erythromma*

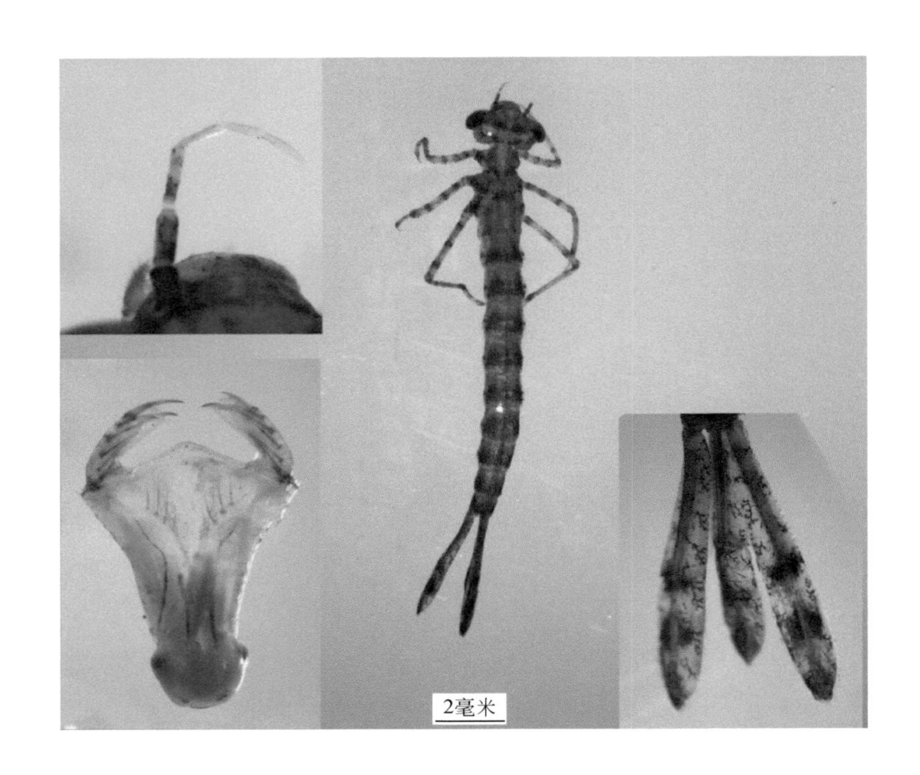

形态：体长约 12 毫米，尾鳃长约 4 毫米。下唇基节中片中央无缺刻，左右两列鳃刺毛着生方向成锐角。触角的第 6 节和第 7 节愈合，外观可见 6 节。尾鳃末端不尖锐，不论有无中央分节，前后两部分有明显区别。

习性：稚虫多栖息于山区河流、湖泊、池塘等水草丰富的静水水域。

耐污值：—。

地理分布：辽宁、吉林、黑龙江和内蒙古等地。

采集地：辽河流域多采集于太子河、浑河中下游水域。

蜉蝣目 Ephemeroptera

蜉蝣目体型较小且相对原始，主要分为水生稚虫和短命陆地成虫。蜉蝣作为昆虫纲的活化石，具有引人注目的原始特征及独特形状，为原始昆虫模式重建、翅起源探讨、脉相演化及附肢演变有重要价值。蜉蝣目成虫体态轻盈，体色雅致，常在溪流、湖滩附近活动。蜉蝣目昆虫为原变态，亚成虫阶段有昆虫界独一无二特征，拥有完全成型、有功能的翅膀。蜉蝣成虫夜晚较活跃，有明显趋光性。成年蜉蝣的唯一价值就是传播和繁殖，寿命长短也根据不同种类，从几分钟到一两天不等，死后成为鱼类及两栖类的天然饵料。稚虫具咀嚼式口器，上唇膜质片状，单眼一般不明显（细蜉科部分种类除外）；腹部两侧具鱼鳞状的气管鳃（一般为7对），用于摄食及活动，其食物来源包括从水底的石头和植被上刮下的藻类和碎屑，其用口器和前肢过滤水中的细小碎屑、藻类和其他有机物质。一只蜉蝣稚虫，能在水中生活一年，更换20多次“外衣”，其丰度、多样性及群落组成经常被用作河流生态健康评价和渔业资源管理等有价值的生态指标。

黄纹四节蜉

学名：*Baetis flavistriga*

中文名：黄纹四节蜉

分类：节肢动物门 Arthropoda- 昆虫纲 Insecta- 蜉蝣目 Ephemeroptera- 四节蜉科 Baetidae- 四节蜉属 *Baetis*

形态：稚虫体长 9 毫米左右，呈浅黄褐色。身体呈小鱼状的流线型，背腹厚度大于身体宽度。触角较长，长度为头宽的 3 倍，触角柄节不具缺刻。鳃位于腹部第 2 ～ 7 节，单枚，呈膜质片状。右上颚臼齿呈齿状。下颚、下唇、前足和中足的基部不具鳃，其中前足爪简单，不分叉；下颚须第 2 节端部不具凹陷。具 3 根尾丝，两侧具长而密的缘毛。

习性：稚虫在山地河流水生植物和砾石间栖息，常在中污染水体中出现。

耐污值：2.5*。

地理分布：辽宁。

采集地：辽河流域主要采集于辽河干流支流。

图片来源：https://bugguide.net/node/view/394418/bgpage.

热水四节蜉

学名：*Baetis thermicus*

中文名：热水四节蜉

分类：节肢动物门 Arthropoda- 昆虫纲 Insecta- 蜉蝣目 Ephemeroptera- 四节蜉科 Baetidae- 四节蜉属 *Baetis*

形态：除腹部第 2 ～ 8 节背部具有“∞”形斑纹外，其余分类特征同黄纹四节蜉相同。

习性：稚虫在山地河流水生植物和砾石间栖息，常在中污染水体中出现。

耐污值：6.2*。

地理分布：辽宁、黑龙江、内蒙古、广西。

采集地：广泛分布于辽河流域的溪流水体中。

四节蜉属 1 种

学名：*Baetis* sp.

中文名：四节蜉属 1 种

分类：节肢动物门 Arthropoda- 昆虫纲 Insecta- 蜉蝣目 Ephemeroptera- 四节蜉科 Baetidae- 四节蜉属 *Baetis*

形态：稚虫体长 7 毫米左右，尾丝 3 根，长 3 毫米左右。浅黄褐色。身体呈小鱼状的流线型，背腹厚度大于身体宽度。触角较长，长度大于头宽的3倍，触角柄节不具缺刻。鳃位于腹部第 2 ～ 7 节，单枚，呈膜片状。右上颚臼齿呈齿状。下颚、下唇、前足和中足的基部不具鳃，其中前足爪简单，不分叉；下颚须第 2 节端部不具凹陷。头部具有三枚黑点。

习性：稚虫在山地溪流中较为常见，轻污染水体中较多分布。

耐污值：6.2*。

地理分布：吉林、辽宁。

采集地：辽河流域多分布在太子河、浑河和辽河干流的一些中上游溪流中。

日本花翅蜉

学名：*Baetiella japonica*

中文名：日本花翅蜉

分类：节肢动物门 Arthropoda- 昆虫纲 Insecta- 蜉蝣目 Ephemeroptera- 四节蜉科 Baetidae- 花翅蜉属 *Baetiella*

形态：稚虫体长 6 毫米，呈黄褐色。身体背腹厚度大于身体宽度。触角较长，长度为头宽的 3 倍，触角柄节不具缺刻。腹部第 1 ～ 6 节具有单枚鳃，呈膜质片状。右上颚臼齿呈齿状；下颚、下唇、前足和中足的基部不具鳃；前足爪简单，不分叉；下颚须第 2 节端部不具凹陷。体表常具各种瘤突或刺。

习性：稚虫在山地溪流的砾石表面附着生活，喜清洁水体。

耐污值：4.8*。

地理分布：辽宁。

采集地：辽河流域主要采集于太子河南支、小汤河、细河、兰河、汤河等太子河的支流。

图片来源：Shi W F, Tong X L. 2015. Taxonomic notes on the genus Baetiella Uéno from China, with the descriptions of three new species (Ephemeroptera: Baetidae). Zootaxa, 4012(2): 553-569.

双翼二翅蜉

学名：*Cloeon dipterum*

中文名：双翼二翅蜉

分类：节肢动物门 Arthropoda- 昆虫纲 Insecta- 蜉蝣目 Ephemeroptera- 四节蜉科 Baetidae- 二翅蜉属 *Cloeon*

形态：稚虫体长 7 毫米，呈浅黄褐色。身体明显呈小鱼形，背腹厚度大于身体宽度。触角较长，长度为头宽的 3 倍。腹部第 1 ～ 6 节鳃明显呈大小类似的两片，膜质。下颚、下唇、前足和中足的基部不具鳃，前足爪简单，不分叉。3 根尾丝明显呈浆状。

习性：稚虫生活在河流水体的砾石间，轻污染的水体中多见。

耐污值：3.9*****。

地理分布：辽宁、重庆、湖北。

采集地：辽河流域主要采集于海城河、汤河和兰河等太子河的支流。

图片来源：https://commons.wikimedia.org/wiki/File:Cloeon_dipterum_nymphe_(male).jpg#filehistory.

广西河花蜉

学名：*Potamanthus kwangsiensisi*

中文名：广西河花蜉

分类：节肢动物门 Arthropoda- 昆虫纲 Insecta- 蜉蝣目 Ephemeroptera- 河花蜉科 Potamanthidae- 河花蜉属 *Potamanthus*

形态：体长 11 毫米，尾丝 5.0 ～ 6.0 毫米。头部和中胸背板背面观有不规则分布的深浅相间的斑纹。上颚牙明显可见，尖端弯曲，略突出于头部前缘。腹部沿中线并列分布有近菱形浅色斑纹。前足腿节背面近中部分布有一列横齿和细毛。

习性：稚虫生活于流水中的石块或砂石的缝隙中，同时在中大型富含腐殖质的流水和静水中也可捕获大量稚虫。滤食性，具有一定的挖掘能力。

耐污值：1.3*。

地理分布：广西、福建、江西、浙江、湖南、辽宁。

采集地：辽河流域主要采集于太子河流域中上游的支流，兰河、小汤河、太子河北支等。

大眼河花蜉

学名：*Potamanthus macrophthalmus*

中文名：大眼河花蜉

分类：节肢动物门 Arthropoda- 昆虫纲 Insecta- 蜉蝣目 Ephemeroptera- 河花蜉科 Potamanthidae- 河花蜉属 *Potamanthus*

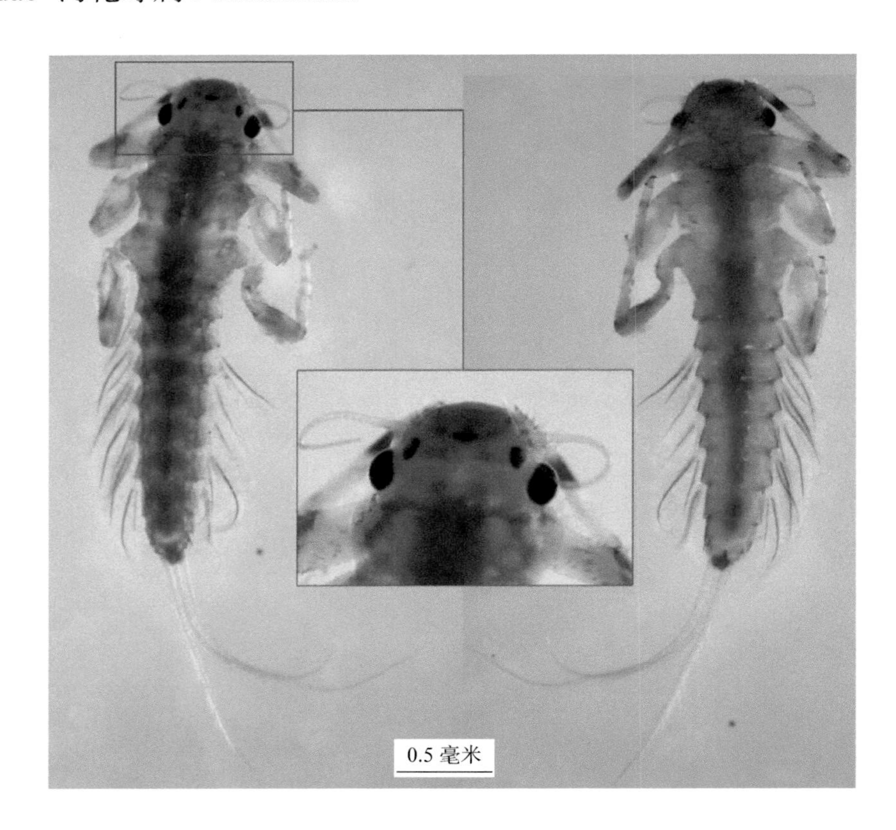

形态：体长约 4 毫米，尾丝约 3 毫米。具上颚牙，但并不突出，长度短于头长 1/2。前腿节具有细毛和一横生的齿列。上颚牙略突出于头部前缘，复眼相对较大。腹部第 2 ～ 7 节鳃呈两分叉状，端部呈缨毛状。尾丝 3 根，侧面有稀疏长细毛。

习性：稚虫生活于流水中的石块或砂石的缝隙中，同时在中大型富含腐殖质的流水和静水中也可捕获大量稚虫。滤食性，具有一定的挖掘能力。

耐污值：1.3*。

地理分布：陕西、四川、云南、江西、福建、辽宁。

采集地：辽河流域多分布在太子河上游水质较好的溪流中，太子河南支和北支较多。

细蜉属 1 种

学名：*Caenis* sp.

中文名：细蜉属 1 种

分类：节肢动物门 Arthropoda- 昆虫纲 Insecta- 蜉蝣目 Ephemeroptera- 细蜉科 Caenidae- 细蜉属 *Caenis*

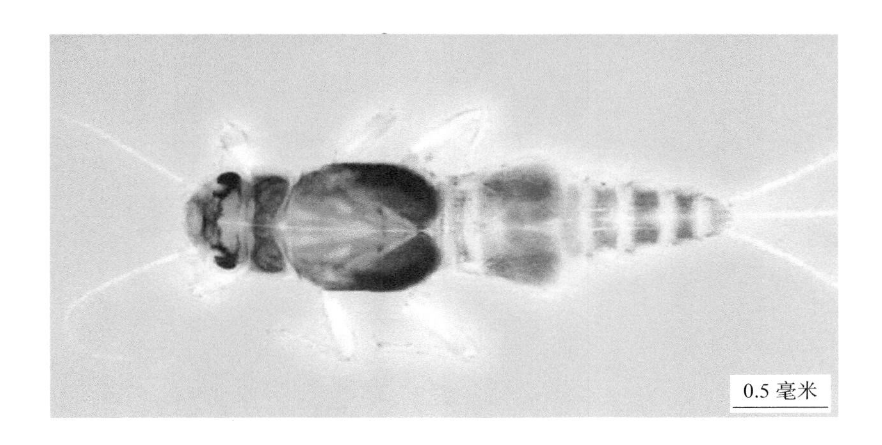

形态：稚虫体长 5 毫米左右，呈深黄褐色。头顶表面光滑平整，唇基不向前凸出，前缘可能具细毛。前足胫节和腿节内缘可能具细毛和刺突，但无排列成行的长毛。中胸背版的前侧角不凸出。腹部第 2 节的鳃呈四方形，两者在中部能相互折叠。腹部各节背板的侧后角向后凸出，但不向背方弯曲。具 3 根尾丝。

习性：稚虫多数生活于静水水体（如水库、池塘、浅潭、水洼等）表层为泥质、泥沙与枯枝落叶混合的底质中。少数生活与急流底部。游泳能力不强，行动缓慢。滤食或舔食性。中度污染偏轻的水体中多见。

耐污值：6.9*。

地理分布：辽宁、吉林。

采集地：辽河流域广泛分布于各上游支流，太子河南支、小汤河、汤河、北沙河、海城河、秀水河、亮中河、清河、柴河和沙河。

图片来源：Malzacher P, Staniczek A H. 2007. Caenis vanuatensis, a new species of mayflies (Ephemeroptera: Caenidae) from Vanuatu. Aquatic Insects, 29(4): 285-295.

长刺细蜉

学名：*Caenis longispina*

中文名：长刺细蜉

分类：节肢动物门 Arthropoda- 昆虫纲 Insecta- 蜉蝣目 Ephemeroptera- 细蜉科 Caenidae- 细蜉属 *Caenis*

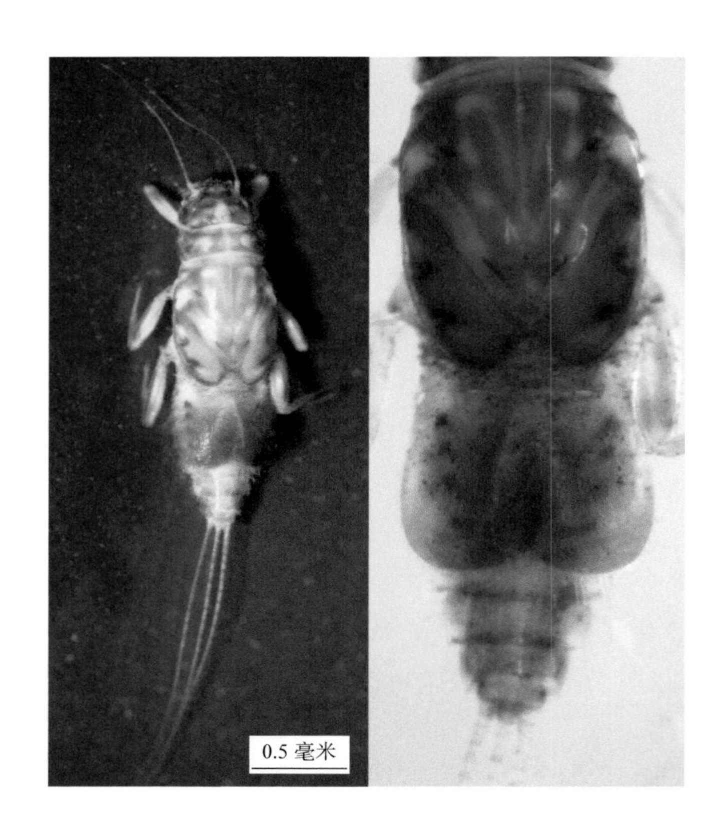

形态：体长约 3 毫米，尾丝长 2 毫米。体色棕黄色，鳃盖背面中后半部呈深棕黄色，其余部分颜色较浅。腹部第 2 节鳃明显扩大成方形，在中部能相互遮盖（完全盖住后补的各对鳃）。前足腿节背面具刺毛列，中胸背板近前侧角初较平整，无明显突出。

习性：稚虫多数生活于表层为腐殖质、泥沙与枯枝落叶混合的底质中。游泳能力不强，行动缓慢。

耐污值：6.9*。

地理分布：辽宁、吉林。

采集地：辽河流域广泛分布于各中游河流，汤河、北沙河、海城河、秀水河、清河、柴河和沙河。

中华细蜉

学名：*Caenis sinensis*

中文名：中华细蜉

分类：节肢动物门 Arthropoda- 昆虫纲 Insecta- 蜉蝣目 Ephemeroptera- 细蜉科 Caenidae- 细蜉属 *Caenis*

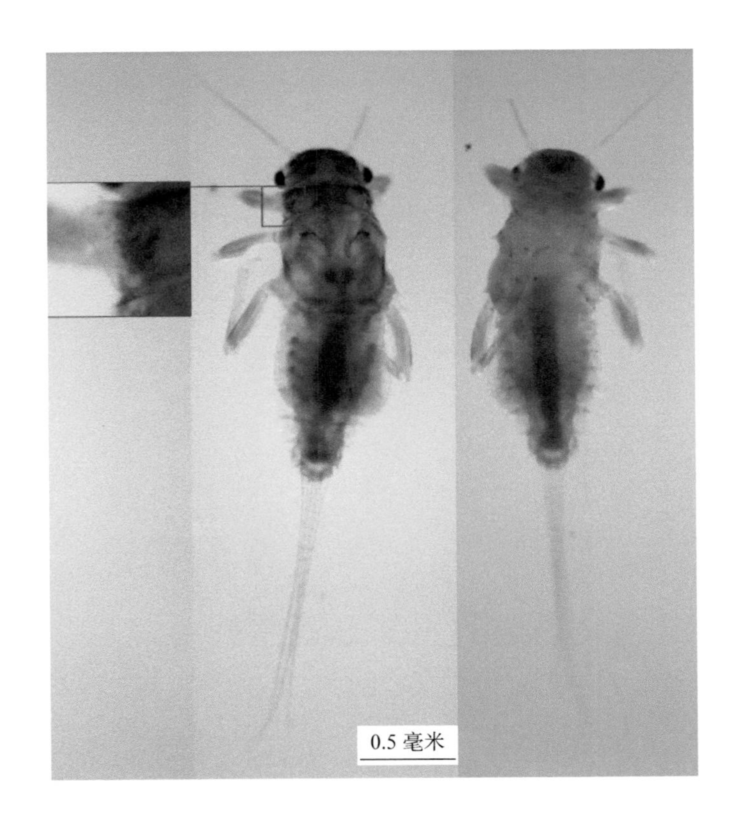

形态：体长 2 毫米左右，尾丝长度与体长近似。个体小型，身体相对宽扁，鳃盖缘部具细毛。头顶表面光滑平整。中胸背版的前侧角有一明显的耳状突出。腹部第 2 节的鳃呈四方形，两者在中部能相互折叠。腹部各节背板的侧后角向后突出，但不向背方弯曲。前足腿节和胫节内缘具细毛，但无排列成行的细毛 3 根尾丝。

习性：稚虫多数生活于静水水体（如水库、池塘、浅潭、水洼等）表层为泥质、泥沙与枯枝落叶混合的底质中。少数生活与急流底部。游泳能力不强，行动缓慢。滤食或舔食性。重污染偏轻的水体中多见。

耐污值：6.9*。

地理分布：贵州、福建、江苏、安徽、北京、陕西、辽宁。

采集地：辽河流域广泛分布于各中游河流，汤河、北沙河、海城河、秀水河、清河、柴河和沙河。

三刺弯握蜉

学名：*Drunella tricantha*

中文名：三刺弯握蜉

分类：节肢动物门 Arthropoda- 昆虫纲 Insecta- 蜉蝣目 Ephemeroptera- 小蜉科 Ephemerellidae- 弯握蜉属 *Drunella*

形态：稚虫体长 5 ～ 12 毫米，体呈黄褐色，体背有深浅斑纹。头部具上额突 3 个。前足腿节背表面具颗粒状突起，前缘具尖齿状突起。前足胫节端部向前延伸至跗节长度的 1/2。腹部背板具成对的背棘。鳃位于第 3 ～ 7 腹节背板两侧，前 3 对形状相似，分背、腹两叶，背叶膜质单片，腹叶呈叉形，每叉又分成许多小叶。第 4 对鳃小，第 5 对鳃最小。尾丝两侧具细毛。

习性：稚虫常在清洁河流水体的砾石间栖息。

耐污值：0.5*****。

地理分布：辽宁、吉林。

采集地：辽河流域主要采集于太子河支流，小汤河。

针刺弯握蜉

学名：*Drunella aculea*

中文名：针刺弯握蜉

分类：节肢动物门 Arthropoda- 昆虫纲 Insecta- 蜉蝣目 Ephemeroptera- 小蜉科 Ephemerellidae- 弯握蜉属 *Drunella*

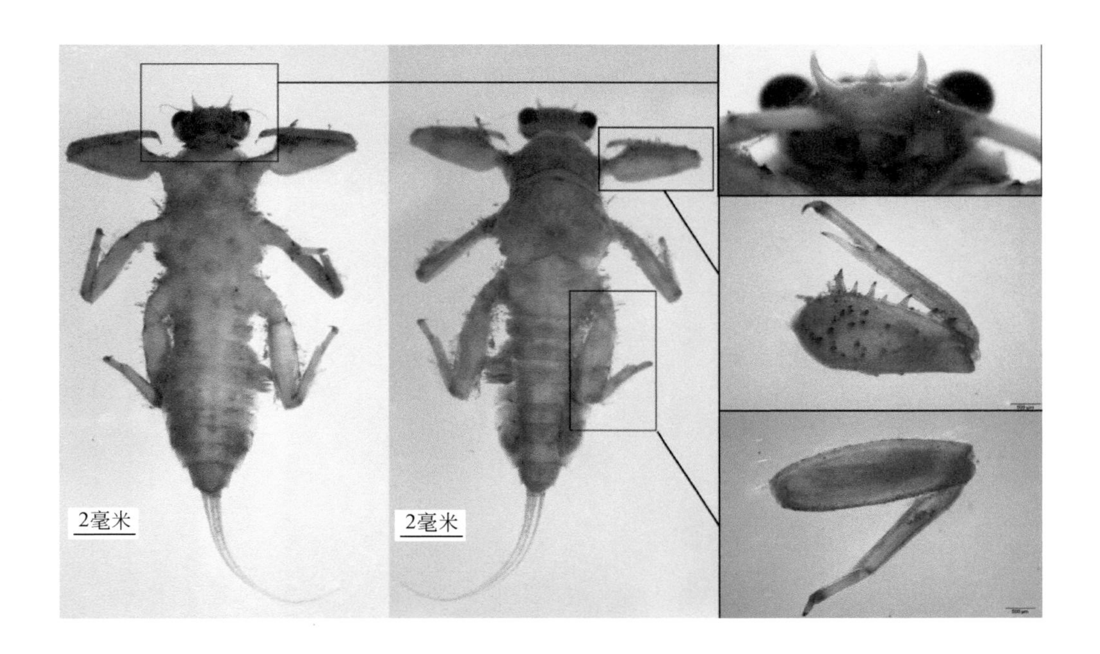

形态：体长约 12 毫米，尾丝约 7 毫米。头部前缘具有 3 个明显的额突，两侧远大于中间。前足腿节前缘具一排大小相间的尖锐齿突，表面分布不规则的小突起。

习性：稚虫常在清洁河流水体的砾石间栖息。

耐污值：0.5*****。

地理分布：黑龙江、吉林、辽宁。

采集地：辽河流域多采集于太子河上游溪流，太子河南支、北支，小汤河等。

长尾锐利蜉

学名：*Ephacerella longicaudata*

中文名：长尾锐利蜉

分类：节肢动物门 Arthropoda- 昆虫纲 Insecta- 蜉蝣目 Ephemeroptera- 小蜉科 Ephemerellidae- 锐利蜉属 *Ephacerella*

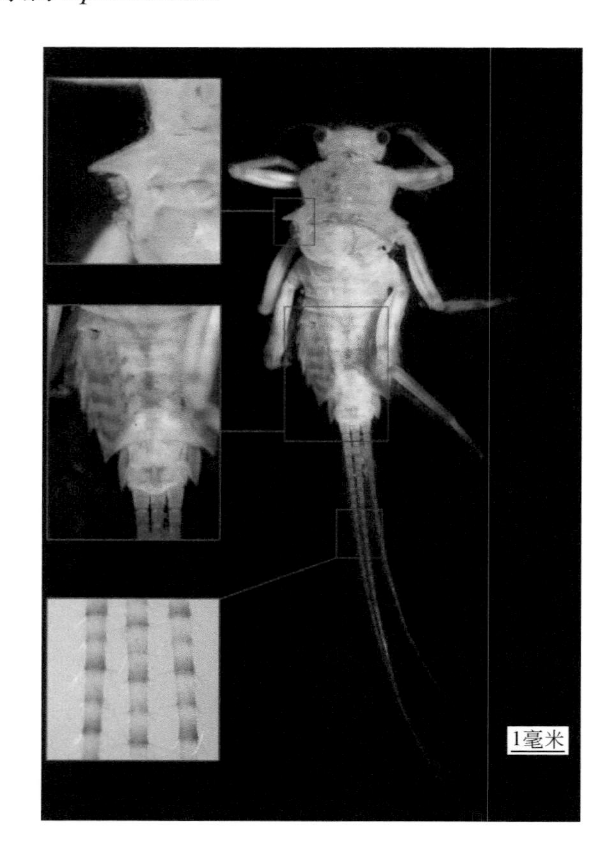

形态：体长 6 ～ 7 毫米，尾丝 8 毫米。中胸背板前侧角后部向侧面延伸突出呈尖锐状。鳃 5 对，位于第 3 ～ 7 节腹部侧面，分背腹两片，背面鳃呈膜片状，具蘑菇样暗色斑，腹面鳃分叉。足腿节、胫节和跗节在端部各有一暗色带。尾丝 3 根，分节处生有成对的刺毛。

习性：稚虫生活在清洁河流水体的砾石间。

耐污值：1.5**。

地理分布：辽宁、内蒙古。

采集地：辽河流域采集于太子河源头水域，太子河南支、太子河北支、汤河等。

红锯形蜉

学名：*Serratella rufa*

中文名：红锯形蜉

分类：节肢动物门 Arthropoda- 昆虫纲 Insecta- 蜉蝣目 Ephemeroptera- 小蜉科 Ephemerellidae- 锯形蜉属 *Serratella*

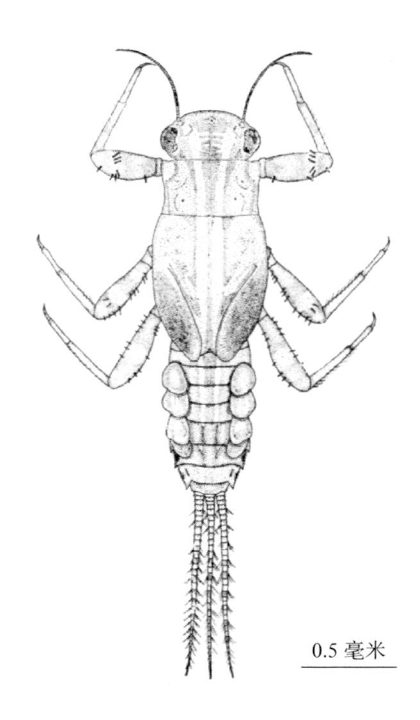

形态：稚虫体长 6 毫米左右。下颚端部具刺和细毛。中胸背板前侧部不向侧面延伸凸出。腹部第 2 节无鳃，第 3 节上的鳃与后面各对鳃大小几乎相等，第 4 节鳃的腹叶部分分成二叉状。尾丝 3 根，具刺。

习性：稚虫常在清洁河流水体的砾石间栖息。

耐污值：3.8*。

地理分布：全国。

采集地：辽河流域采集于浑河、太子河上游，红河、苏子河、章党河、北沙河、汤河、小汤河、兰河、太子河南支、太子河北支、海城河和细河。

图片来源：Yoon Byong, Kim Mi-Lyang. 1981. A Taxonomical Study on the Larvae of Ephemerellidae (Ephemeroptera) in Korea. Ent. Res. Bulletin, 8: 33-59.

天角蜉属 1 种

学名：*Uracaenthella* sp.

中文名：天角蜉属 1 种

分类：节肢动物门 Arthropoda- 昆虫纲 Insecta- 蜉蝣目 Ephemeroptera- 小蜉科 Ephemerellidae- 天角蜉属 *Uracaenthella*

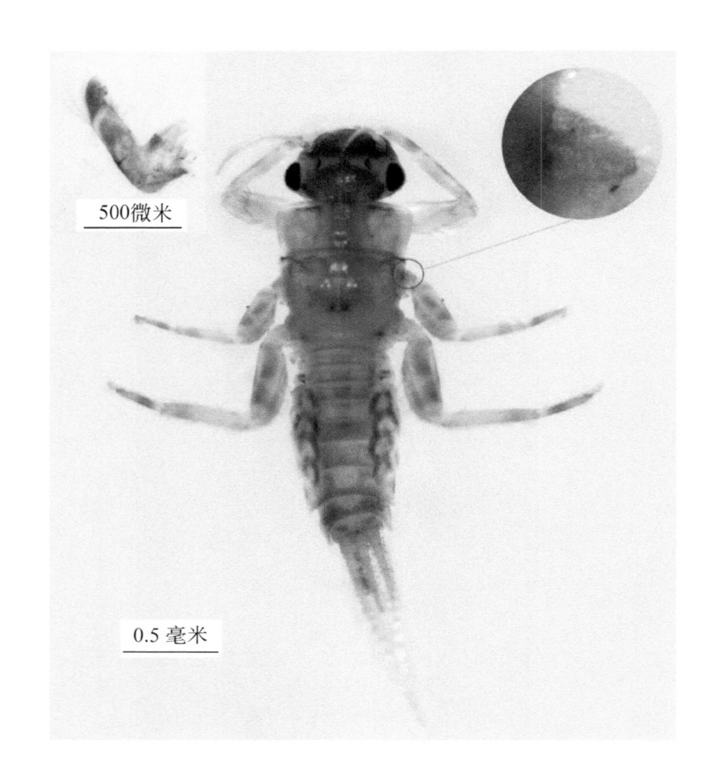

形态：体长 3 毫米左右，尾丝长 2 毫米左右。干足腿节较宽，但内缘光滑无锯状齿。中胸背板前侧稍宽于后侧，不具有向侧面的突出。下颚须消失，下颚端部缺刺而密生细毛。尾丝各节交汇处具两对分叉状刺毛。中胸背板中后部中央具有一堆黑色斑纹。鳃位于第 3 ～ 7 节，呈背腹状，背部膜质，腹部呈分叉状。

习性：多生活于流水的枯枝落叶、石块或腐殖质中，游泳能力和活动能力不强，行动缓慢。

耐污值：2.0*****。

地理分布：吉林、辽宁。

采集地：辽河流域采集于浑河、太子河上游、章党河、北沙河、汤河、小汤河、兰河、海城河和细河。

御氏带肋蜉

学名：*Cincticostella gosei*

中文名：御氏带肋蜉

分类：节肢动物门 Arthropoda- 昆虫纲 Insecta- 蜉蝣目 Ephemeroptera- 小蜉科 Ephemerellidae- 带肋蜉属 *Cincticostella*

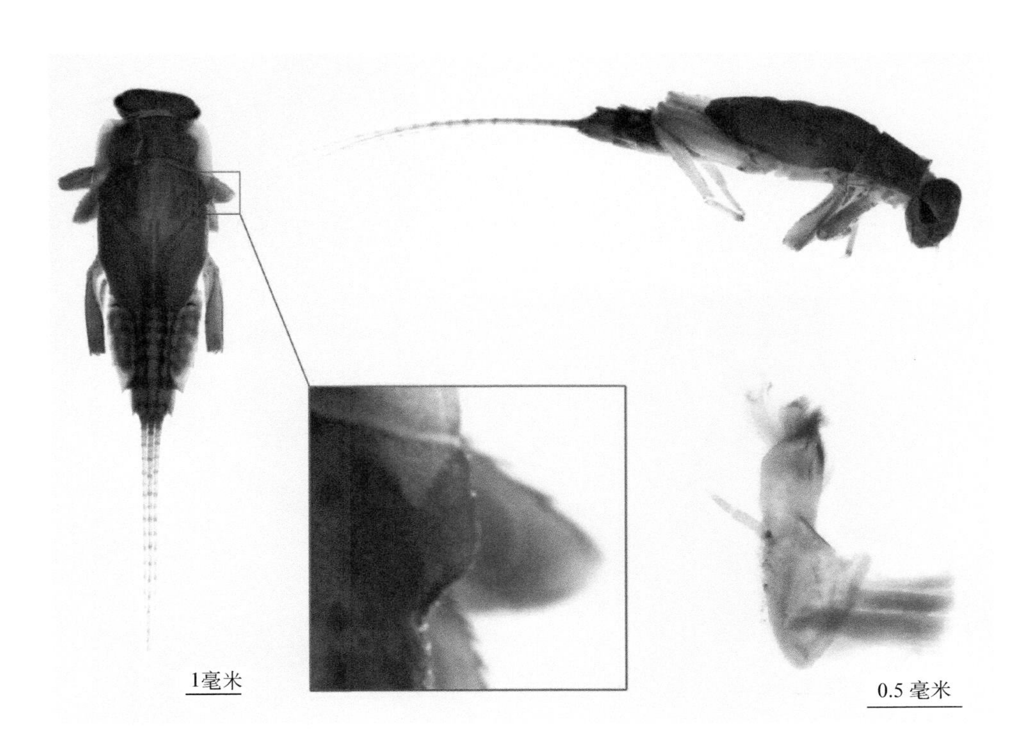

形态：体长约 7 毫米，尾丝约 5 毫米。前足腿节前缘光滑平整，中胸背板前缘向侧面延伸出耳状突起。腹部第 2 ～ 9 节背板中部向后延伸形成一对刺状疣突，其中第 2 节和第 9 节疣突较小，其余体节疣突较大。头部前缘两侧突出成两个直角形突起。下颚端部具有细毛和刺。

习性：多生活去山区溪流中，喜清洁水体。

耐污值：0.8*。

地理分布：广西、黑龙江、吉林、辽宁。

采集地：辽河流域多采集于太子河上游山区溪流。

扁蜉属 1 种

学名：*Heptagenia* sp.

中文名：扁蜉属 1 种

分类：节肢动物门 Arthropoda- 昆虫纲 Insecta- 蜉蝣目 Ephemeroptera- 扁蜉科 Heptageniidae- 扁蜉属 *Heptagenia*

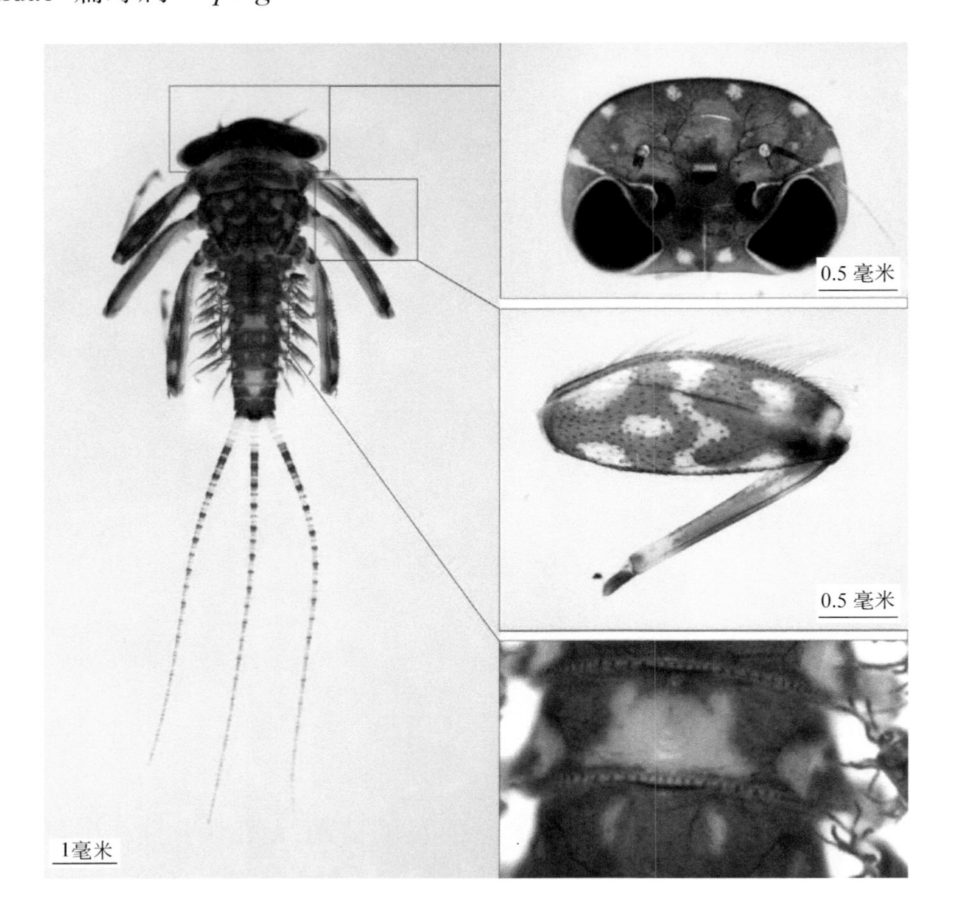

形态：稚虫体长 5 毫米左右，尾丝 5.0 毫米左右。体末具两根尾丝须和一根经尾丝（3 根尾丝）。第 1 ～ 9 体节下端具有一排整齐的小刺。头壳前缘完整，没有明显缺刻。下颚端部具有一列栉状齿。

习性：稚虫多在一些流速较快且底质多砾石和枯枝落叶的溪流中，在湖泊和河流近岸缓流处也可采集到，滤食性为主。

耐污值：1.2*。

地理分布：辽宁。

采集地：辽河流域多采集于太子河和浑河上游山地溪流中。

奇埠扁蚴蜉

学名：*Ecdyonurus kibunensis*

中文名：奇埠扁蚴蜉

分类：节肢动物门 Arthropoda- 昆虫纲 Insecta- 蜉蝣目 Ephemeroptera- 扁蜉科 Heptageniidae- 扁蚴蜉属 *Ecdyonurus*

形态：稚虫体长 5 毫米，体宽 1.5 毫米。体表呈淡黄色。体末具 3 根尾丝。腹部第 1 节和第 7 节鳃的膜片往往小于中间几节。腹部第 1 节的鳃膜片部分较小，呈膜质片状。下颚端部具一列栉状齿，表面细毛散生。头壳前缘完整，下唇的侧唇舌向侧面强烈扩展，边缘凹陷。腹部第 5 节和第 6 节鳃的膜片端可能逐渐变窄呈尖细状，但不附生凸起。上颚臼齿部分的刺多于 5 根，下颚的栉状刺多于 13 根。前胸背板的后侧角部向后显著伸展，延伸到中胸背板的侧面。尾丝上具齿突但无毛。

习性：稚虫生活在山地溪流等快速流动的水体中。

耐污值：2.5*。

地理分布：辽宁。

采集地：辽河流域采集于太子河南支。

宽叶高翔蜉

学名：*Epeorus latifolium*

中文名：宽叶高翔蜉

分类：节肢动物门 Arthropoda- 昆虫纲 Insecta- 蜉蝣目 Ephemeroptera- 扁蜉科 Heptageniidae- 高翔蜉属 *Epeorus*

形态：稚虫体长 13 毫米，体宽 4 毫米。体表呈淡黄色。体末具两根尾丝。头部扁平，前缘呈圆弧状。下颚端部具 3 枚可动的齿。腹部丝状鳃不发达。腹部背板中央具一行细毛。腹部第 1 ～ 7 节侧缘具 7 对鳃，鳃叶呈卵圆形。

习性：稚虫生活在山地溪流等快速流动的水体中。

耐污值：2.6*。

地理分布：黑龙江、吉林、辽宁等地。

采集地：辽河流域采集于太子河南支。

图片来源：https://bugguide.net/node/view/56200.

似动蜉属 1 种

学名：*Cinygmina* sp.

中文名：似动蜉属 1 种

分类：节肢动物门 Arthropoda- 昆虫纲 Insecta- 蜉蝣目 Ephemeroptera- 扁蜉科 Heptageniidae- 似动蜉属 *Cinygmina*

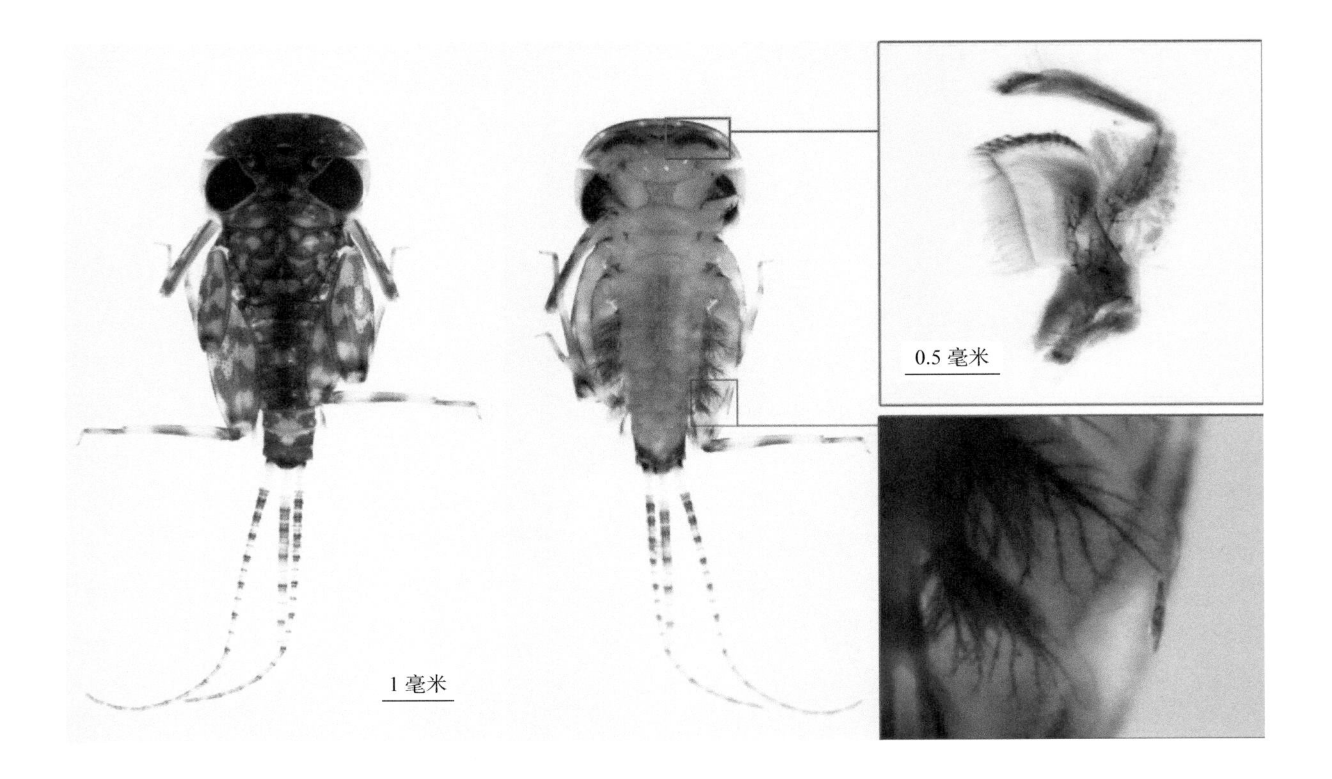

形态：体长约 4 毫米，尾丝长约 4 毫米。腹部背板侧后角凸出呈刺状，但长度较短，并不超过后一体节的长度。腹部背板后缘具一排突起。下颚端部具有一列栉状齿。头壳前缘完整。第 5 对和第 6 对鳃片端部附生一个凸出部分。

习性：常见于山区的溪流中，底质以卵石和落叶组成为主。在湖泊和河流近岸边流域较缓的水域也可采集到。刮食性或滤食性。

耐污值：1.6*****。

地理分布：辽宁、福建、安徽、江苏等地。

采集地：辽河流域多采集于太子河上游山区溪流。

细裳蜉属 1 种

学名：*Leptophlebia* sp.

中文名：细裳蜉属 1 种

分类：节肢动物门 Arthropoda- 昆虫纲 Insecta- 蜉蝣目 Ephemeroptera- 细裳蜉科 Leptophlebioidea- 细裳蜉属 *Leptophlebia*

形态：稚虫体长 5.5 毫米，体宽 1.2 毫米。体表呈浅黑褐色。腹部背板与腹板的结合缝位于身体侧面，鳃位于腹部第 1 ～ 7 节背侧面。下颚须短或中等长，背面观不明显或不可见。腹部第 2 ～ 7 节鳃缘部呈缨毛状。腹部第 1 对鳃与后面各对鳃在形状和结构上不同，第 1 对鳃呈单根丝状，第 2 ～ 7 对鳃的后缘延伸呈尖锐的细丝状。

习性：稚虫生活在山地溪流等快速流动的清洁水体中。

耐污值：2.0*****。

地理分布：黑龙江、吉林、辽宁等地。

采集地：辽河流域采集于太子河上游支流，太子河南支、太子河北支、汤河、小汤河、细河和兰河。

等蜉属 1 种

学名：*Isonychia* sp.

中文名：等蜉属 1 种

分类：节肢动物门 Arthropoda- 昆虫纲 Insecta- 蜉蝣目 Ephemeroptera- 等蜉科 Isonychiidae- 等蜉属 *Isonychia*

形态：稚虫体大型，体长 10 毫米，体宽 2 毫米。体表呈黑褐色。身体呈流线型，运动时像小鱼游动。触角长度是头部宽度的 2 倍以上。背腹厚度大于体宽。口器各部分均密生细毛，下颚基部具一簇丝状鳃。前足基节内部也具一簇丝状鳃。前腿节和胫节的内侧具长而密的细毛。鳃 7 对，分为两部分。背部的鳃呈单片状，腹部的鳃呈丝状，位于腹节第 1 ～ 7 节背侧面。具 3 根尾丝，粗大，中尾丝的两侧和两侧尾丝的内缘均具密生的细长毛。

习性：稚虫生活在山地溪流等快速流动的清洁水体中。

耐污值：0.9*。

地理分布：辽宁。

采集地：辽河流域采集于太子河南支、汤河、小汤河、细河和兰河等太子河上游支流。

图片来源：https://commons.wikimedia.org/wiki/File:Brushlegged_mayfly,_Isonychia_bicolor_(7188803470).jpg.

东方蜉蝣

学名：*Ephemera orientalis*

中文名：东方蜉蝣

分类：节肢动物门 Arthropoda- 昆虫纲 Insecta- 蜉蝣目 Ephemeroptera- 蜉蝣科 Ephemeridae- 蜉蝣属 *Ephemera*

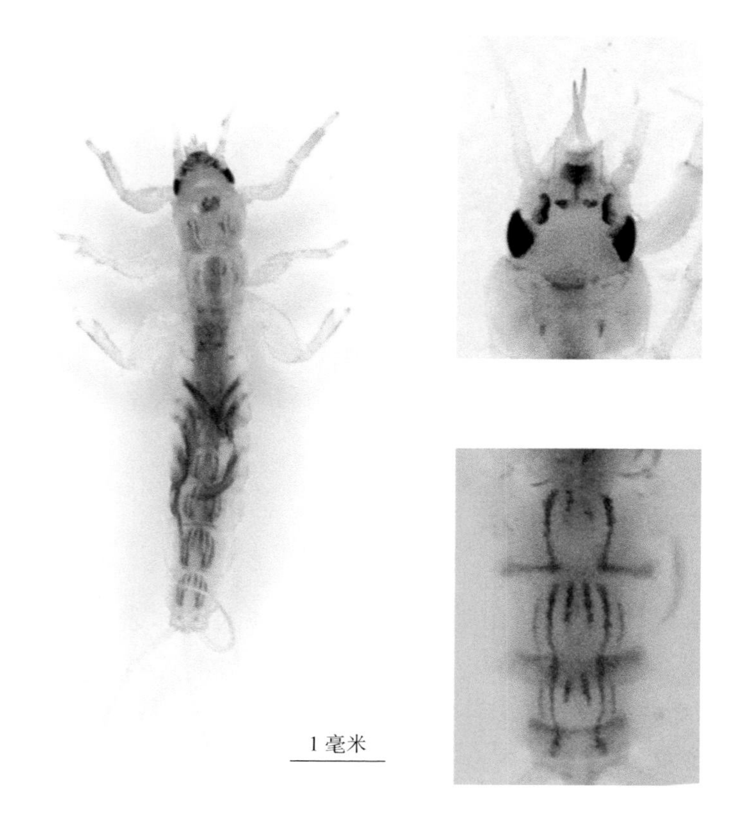

形态：稚虫大型，体长一般在 15 毫米以上，长达 20 ～ 30 毫米。长筒形，两端尖。触角长，具缘毛。足胫节边缘的刺突较大，前足胫节长度为宽的 4 倍，跗节长尾宽的 5 倍，爪细长。腹部背板的斑纹与成虫一致。第 7 ～ 9 节背板具 3 对褐色或深褐色纵纹，中央的一对相对比两边的短。第 10 节背板具一对小黑斑。尾毛 3 条，等长。

习性：稚虫的足强壮，适于掘泥，栖息在清洁河流水体泥沙型底质中。

耐污值：3.2*。

地理分布：辽宁、黑龙江。

采集地：辽河流域多采集于浑河、太子河、太子河南支、小汤河、细河、兰河、汤河、海城河。

条纹蜉

学名：*Ephemera strigata*

中文名：条纹蜉

分类：节肢动物门 Arthropoda- 昆虫纲 Insecta- 蜉蝣目 Ephemeroptera- 蜉蝣科 Ephemeridae- 蜉蝣属 *Ephemera*

形态：稚虫体长约 20 毫米，尾丝长约 9 毫米。额突前缘分叉；触角长约是头宽的两倍，触角各节连接处生有细毛，触角基部内缘有一小突起。腹部背板上的斑纹呈斜纹状，第 7 ～ 9 节背中线出无斑纹，第 10 节背板无色斑。尾丝 3 根，丛生细长毛。

习性：多为穴居于泥质的静水水体底质中，滤食性。

耐污值：2.3*。

地理分布：内蒙古和辽宁等地。

采集地：辽河流域主要采自太子河、浑河和辽河干流的下游静水区。

襀翅目 Plecoptera

襀翅目属于小型原始昆虫，喜生活在温带地区及高海拔地区，生存于除南极洲以外的世界各地。成虫体软，体长13~24毫米，体型修长且扁平，体色带有深棕色或黑褐色光泽。头部扁平，复眼发达，单眼2~3个，长触角，唇齿发达；有两对翅膀，常背部对折(有些种类为短翅或者无翅，膜质)，后翅一般大于前翅，翅脉多且复杂。跗节三节，腹部有肛尾，尾须多呈细丝状且多节，各脚多为淡黄褐色。飞行能力差，常停靠在水边岩石或植被上。稚虫常见于凉爽、快速流动底质由岩石、鹅卵石、砾石等覆盖的溪流中（热带地区，只生存于溶解氧含量高的河口。温带地区，喜出现在潮湿栖息地）；有较高的敏感性，一般被作为溪流水质污染的优良指示物种。稚虫形似成虫，无产卵器。胸部翼片随年龄增长变大，较头部和腹部宽，跗节同成虫，有气管鳃。而成虫则生活在陆地，大部分为狭温种，发育类型为半变态，在秋冬或早春羽化、交配，水边产卵呈块状，水温对其地理分布及繁殖起到重要作用。该目中较小物种的稚虫通常植食性，食蓝绿藻或碎屑，而较大的物种多为肉食性，具掠夺性及夜晚趋光性。

新襀属 1 种

学名：*Neoperla* sp.

中文名：新襀属 1 种

分类：节肢动物门 Arthropoda- 昆虫纲 Insecta- 襀翅目 Plecoptera- 石蝇科 Perlidae- 新襀属 *Neoperla*

形态：稚虫小型，体长 5 毫米。体呈黄褐色。头部后缘具一对单眼。触角长超过体长的一半以上。前胸背板呈长椭圆形。前胸、中胸和后胸腹面分别具 1 对、2 对和 3 对鳃。足各节外缘密生长毛。腹部末端具一对肛门塞。尾毛长约为体长的一半。

习性：稚虫多栖息于山地溪流等流速较快的清洁水体中。

耐污值：2.1*。

地理分布：辽宁。

采集地：辽河流域采集于太子河南支和北支。

图片来源：https://commons.m.wikimedia.org/wiki/File:Common_stonefly,_genus_Neoperla_(7381126240).jpg.

大山石蝇属 1 种

学名：*Oyamia* sp.

中文名：大山石蝇属 1 种

分类：节肢动物门 Arthropoda- 昆虫纲 Insecta- 襀翅目 Plecoptera- 石蝇科 Perlidae- 大山石蝇属 *Oyamia*

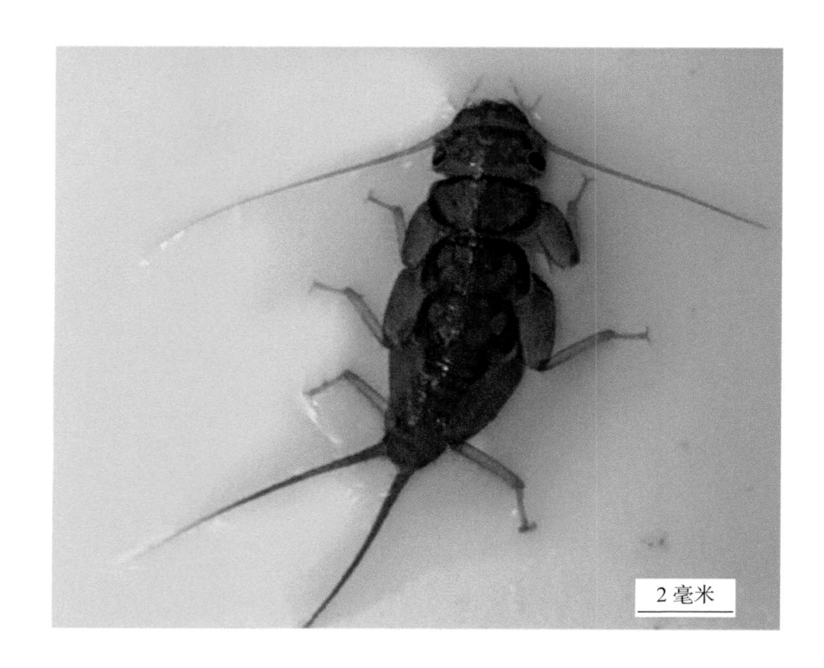

形态：稚虫大型，体长 30 毫米。体呈黄褐色。头部呈三角形，单眼 3 个。触角超过体长的一半以上。胸部各节外缘密生长毛。前胸背板呈扁圆形，中胸及后胸背板呈梯形且后端两侧边缘呈锐角状。腹部末节具一对肛门鳃。足粗壮，扁平，呈黄褐色。

习性：稚虫多栖息于山地溪流等流速较快的清洁水体中。

耐污值：1.3*。

地理分布：辽宁。

采集地：辽河流域采集于太子河南支和北支。

图片来源：https://www.naturing.net/o/319400.

毛翅目 Trichoptera

毛翅目因翅面多刚毛而得名，成虫称为石蛾，稚虫称为石蚕。成虫小型至中型，外观似蛾类。毛翅目为完全变态昆虫，卵通常以果冻状产于水中，成虫大多具夜行趋光性，飞行能力差，白天多栖息在河岸植被等潮湿凉爽的环境。稚虫为水生，有完全发育的口器，头背面呈“Y”形，分额群基区和两侧颅侧区。有数个单眼，聚生。触角钉状，三胸肢（每对胸肢至少有五节）及腹前肢。腹部着生瘤突，有气管鳃。稚虫多有筑巢习性，巢筒多为砂石、砾石枯枝落叶等组成，其形状及精致程度可誉为“昆虫界的鬼斧神工”。肉食性种类以摇蚊稚虫以及小型甲壳动物为主，植食性种类主要以蓝绿藻为食。稚虫化石多被用于作为耳环等装饰品，不同生长阶段的毛翅目也作为水生态评价的指示物种，在生境调查评估中发挥重要作用。

短石蛾属 1 种

学名：*Brachycentrus* sp.

中文名：短石蛾属 1 种

分类：节肢动物门 Arthropoda- 昆虫纲 Insecta- 毛翅目 Trichoptera- 短石蛾科 Brachycentridae- 短石蛾属 *Brachycentrus*

形态：稚虫体长 3.5 毫米。第 1 腹节无背瘤突和侧瘤突。中胸背板及后胸背板骨片化，并分成 4 片；中胸的 4 个骨片紧密结合，后胸则分散排列，每片骨片上长有丛生的刚毛。中胸及后胸的腿较长，其腿节长度与头壳等长。巢桶呈四棱台灯罩状。

习性：稚虫多栖息于山地溪流等流速较快的水域中。

耐污值：1.0。

地理分布：辽宁。

采集地：辽河流域采集于西辽河上游支流，查干木伦河和巴尔汰河。

图片来源：https://programs.iowadnr.gov/bionet/Inverts/Taxa/421.

短脉纹石蛾属 1 种

学名：*Cheumatopsyche* sp.

中文名：短脉纹石蛾属 1 种

分类：节肢动物门 Arthropoda- 昆虫纲 Insecta- 毛翅目 Trichoptera- 纹蛾科 Hydropsychidae- 短脉纹石蛾属 *Cheumatopsyche*

形态：稚虫体长 10 ~ 16 毫米。头部和胸部呈黑褐色，腹部背面颜色较头部浅。头部腹面颊未完全向两侧分开，并向前后延伸。腹板后缘中央长度远远小于宽度。腹部鳃丝的茎杆中央及顶端长有约 10 根细丝。前足基部摩擦器一般二分叉，有时会缺失。腹部第 8 节背面有成对的骨片，亚颏顶端处有凹口。前胸腹板后端具较小且成对的骨片。腹部第 9 节背面后缘的每一片骨片均有凹口。

习性：稚虫多栖息于山地和平原的中度污染水体中。

耐污值：4.5*。

地理分布：全国。

采集地：辽河流域广泛分布于中上游河流中。

纹石蛾属 1 种

学名：*Hydropsyche* sp.

中文名：纹石蛾属 1 种

分类：节肢动物门 Arthropoda- 昆虫纲 Insecta- 毛翅目 Trichoptera- 纹蛾科 Hydropsychidae- 纹石蛾属 *Hydropsyche*

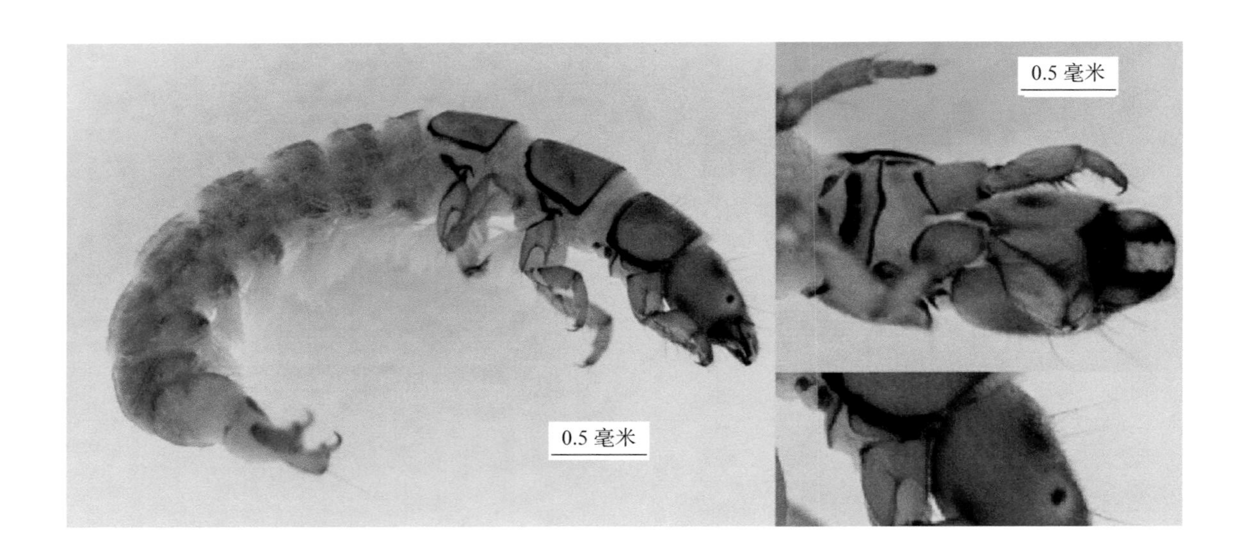

形态：稚虫体长 10 ～ 15 毫米。头部上缘偏平。腹部呈灰褐色。前胸腹部具一个腹板，后缘呈黑褐色，后方具一对近菱形骨片。中胸及后胸后缘中央具黑色斑纹。前足基部摩擦器二分叉。中胸、后胸及腹部第 1 ～ 7 节具丛生的树枝状气管鳃，共 4 纵列。肛塞 4 个。尾足端具长毛簇。

习性：稚虫多栖息于山地和平原的中度污染水体中。

耐污值：6.0*****。

地理分布：全国。

采集地：辽河流域广泛分布于中上游河流中。

Neophylax 属 1 种

学名：*Neophylax* sp.

中文名：*Neophylax* 属 1 种

分类：节肢动物门 Arthropoda- 昆虫纲 Insecta- 毛翅目 Trichoptera- 黑管石蛾科 Uenoidae-*Neophylax*

形态：稚虫中大型，体长约 30 毫米，体宽约 6 毫米。头部触角较短，长不及宽的 3 倍。头部触角位于眼与头壳前缘中间，上唇中部有 4 根横向排列的刚毛。前胸和中胸背板股片花，后胸膜质化。腹部第 1 节背部和侧面有较大的瘤状突起，腹部各节具成簇的长条形棒状气管鳃。后胸背板具前小盾片，前胸背盾板长大于宽。

习性：稚虫多栖息于山地流速较快的溪流中。

耐污值：4.0****。

地理分布：辽宁、江西等。

采集地：辽河流域采集于太子河北支和南支。

沼石蛾属 1 种

学名：*Limnephilus* sp.

中文名：沼石蛾属 1 种

分类：节肢动物门 Arthropoda- 昆虫纲 Insecta- 毛翅目 Trichoptera- 沼石蛾科 Limnephilidae- 沼石蛾属 *Limnephilus*

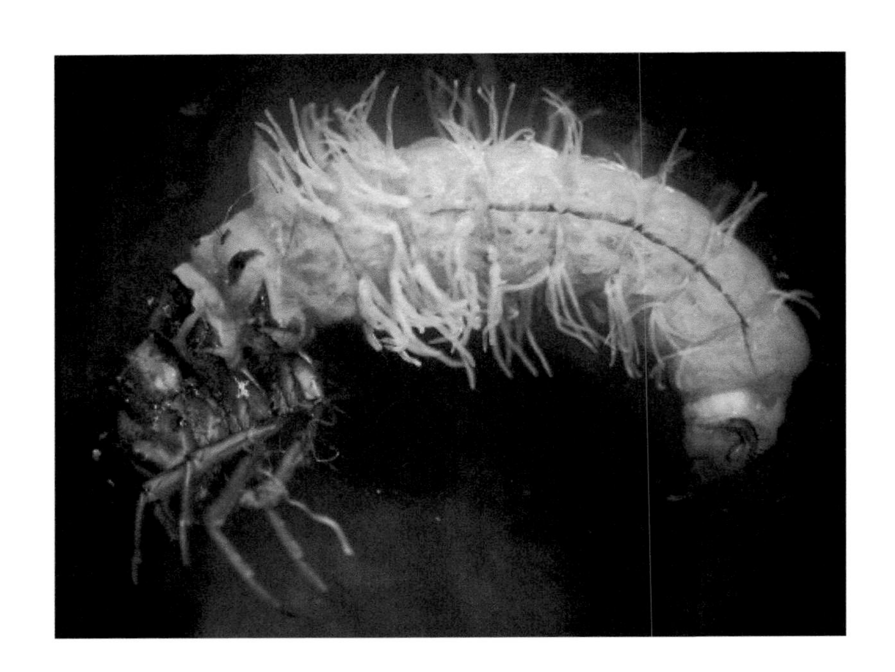

形态：稚虫体长 3 ～ 30 毫米。体型圆柱形，臀足外缘骨片化。前胸背板中央具一角状突。前胸背板边缘及头壳无浓密刚毛，仅有少量刚毛。腹部气管鳃呈簇状，分布较分散。头壳背部从冠状缝到上颚基部有两条条带扩展延伸。

习性：稚虫多栖息于山地溪流等清洁水体中。

耐污值：4.0*****。

地理分布：辽宁。

采集地：辽河流域采集于太子河南支。

Pseudoneureclipsis 属 1 种

学名：*Pseudoneureclipsis* sp.

中文名：*Pseudoneureclipsis* 属 1 种

分类：节肢动物门 Arthropoda- 昆虫纲 Insecta- 毛翅目 Trichoptera- 多距石蛾科 Polycentropodidae-*Pseudoneurcelipsis*

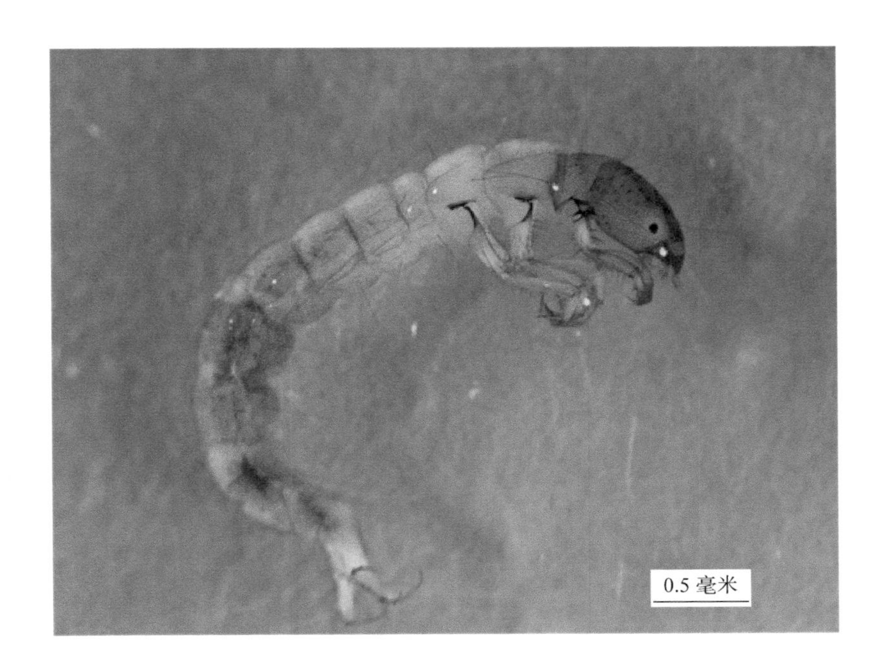

形态：稚虫体长约 10 毫米。体呈圆筒形，头壳呈浅黄色。腹板前部的额唇基颜色比颊颜色深。上唇中部有较浅的凹陷，呈非对称分布，左半部要明显小于右半部。下颚略带弧度，牙稍钝，每 1 个外缘具 2 根刚毛，左下颚中部凹陷处具成簇的刚毛。腹板前部呈三角形，颏单一。下唇前端较长，呈针状，无触须。颚颊间片较短，呈圆锥形，从第 2 基节缝合处分离。前胸背板呈浅黄色。中胸背板具一对浅黄色的骨片，轻度硬化。胸部腿短粗。所有的股骨背侧外缘呈凸圆形。腹部侧边缘存在，但刚毛较短。臀足基部同前端等长。

习性：稚虫多栖息于山地溪流等清洁水体中。

耐污值：—。

地理分布：辽宁。

采集地：辽河流域采集于太子河南支。

图片来源：https://www.inaturalist.org/taxa/154684-Polycentropodidae.

纽多距石蛾属 1 种

学名：*Neureclipsis* sp.

中文名：纽多距石蛾属 1 种

分类：节肢动物门 Arthropoda- 昆虫纲 Insecta- 毛翅目 Trichoptera- 多距石蛾科 Polycentropodidae- 纽多距石蛾属 *Neureclipsis*

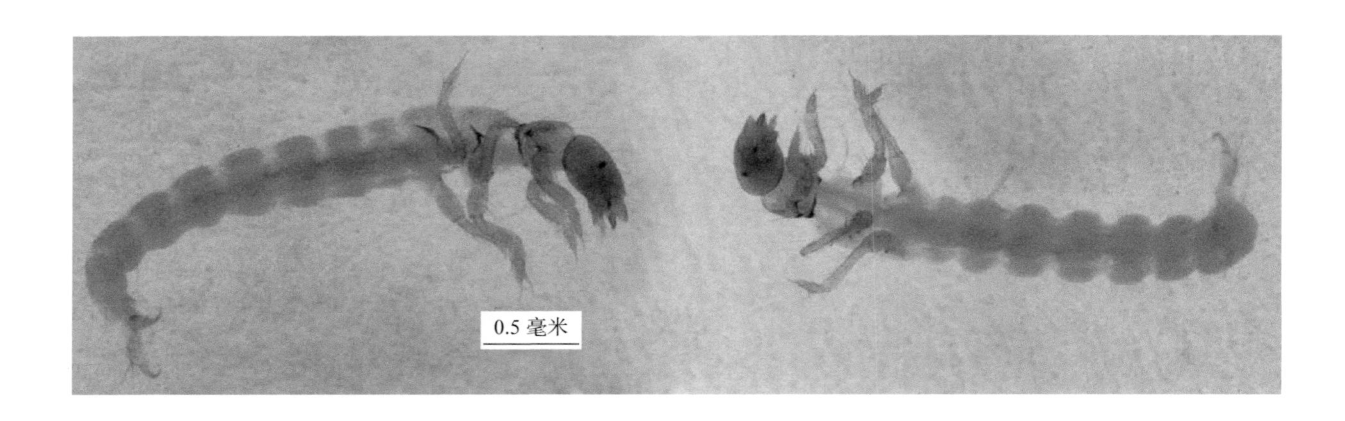

形态：稚虫体长 6 毫米。体呈长细圆筒形，头壳呈浅黄色。臀爪无梳状爪。臀爪基部同末端等长，且在基部仅具 2 ～ 3 根刚毛。臀爪沿腹部方向和凹陷边缘具多根细小的棘状突起。

习性：稚虫多栖息于缓流区的各种水生栖息地中。多为收集者。

耐污值：2.8**。

地理分布：辽宁、安徽。

采集地：辽河流域采集于太子河南支。

条纹角石蛾

学名：*Stenopsyche marmorata*

中文名：条纹角石蛾

分类：节肢动物门 Arthropoda- 昆虫纲 Insecta- 毛翅目 Trichoptera- 角石蛾科 Stenopsychidae- 角石蛾属 *Stenopsyche*

形态：稚虫体长约 30 毫米。身体呈两端细中央粗的近圆柱形。体色呈黑褐色。头部呈长圆筒状，背面额板细长，中间具黑色纵纹，纵纹两侧具数对黑斑。前胸退化，有黑色斑点。前足基节上方具分叉形刺突，上端的刺突长度为下端的两倍。腹部无气管鳃。具 4 对肛鳃。

习性：稚虫多栖息于山地溪流激流的清洁水体中。

耐污值：1.7*。

地理分布：黑龙江、吉林和辽宁等地。

采集地：辽河流域采集于浑河、太子河源头溪流，如太子河南支、太子河北支、汤河、小汤河。

寡毛石蛾属 1 种

学名： *Oligotricha* sp.

中文名： 寡毛石蛾属 1 种

分 类： 节肢动物门 Arthropoda- 昆虫纲 Insecta- 毛翅目 Trichoptera- 石蛾科 Phryganeidae- 寡毛石蛾属 *Oligotricha*

形态： 稚虫小型，体长 5 ～ 100 毫米。身体呈圆柱形。体色呈黄褐色。头部额板中央纵向分布一道黑色条纹，两侧具两道黑色条纹并呈“V”形，头部侧面各具一道黑色条纹。前胸腹板前端具一个棘状突起，中后胸背板膜质。第 1 腹节具 3 个显著的瘤状突起，侧面的两个突起端部具细毛。腹部背面和腹面各节的缝合处有两簇丛生的鳃丝团。巢筒呈圆柱形，由细小的砂砾构成。

习性： 稚虫多栖息于山地溪流激流的清洁水体中。

耐污值： —。

地理分布： 黑龙江、吉林和辽宁等地。

采集地： 辽河流域采集于浑河、太子河源头溪流，如太子河南支、太子河北支、汤河、小汤河。

图片来源： https://midge.cfans.umn.edu/vsmivp/trichoptera/phryganeidae.

黄碟石蛾

学名：*Psychomyia flavida*

中文名：黄碟石蛾

分类：节肢动物门 Arthropoda- 昆虫纲 Insecta- 毛翅目 Trichoptera- 碟石蛾科 Psychomyiidae- 碟石蛾属 *Psychomyia*

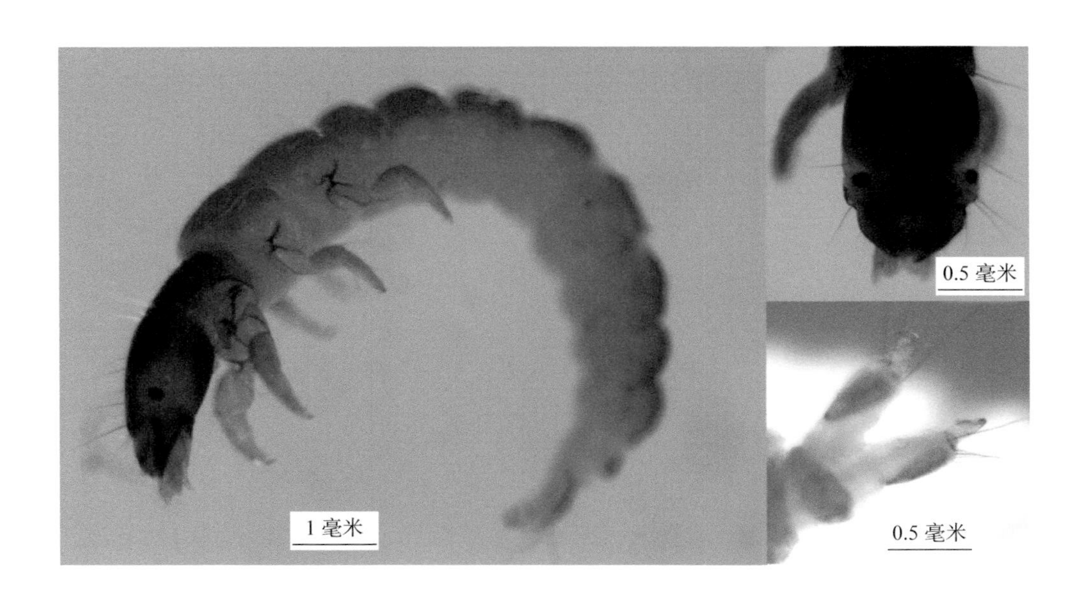

形态：稚虫小型，体长 6 ～ 15 毫米。头呈黄褐色，前缘呈“W”形。前胸背板骨质化。中、后胸膜质。前足相对粗大，基节处具一个尖锐的棘突。中后足较小。腹部无鳃。腹部末端臀足内缘具 4 个齿，排列呈梳状。

习性：稚虫多栖息于山地溪流激流的清洁水体中。

耐污值：2.0**。

地理分布：辽宁等地。

采集地：辽河流域采集于汤河。

辽河流域

常见鱼类图谱

圆口纲 Cyclostomata

圆口纲是鱼形动物中最早的一类，无成对偶肢和上下颌的低等脊椎动物。身体裸露无鳞，呈鳗形。全为软骨。无偶鳍。无肩带和腰带。无上、下颌，又称无颌类。具一鼻孔。鳃呈囊状，又称囊鳃类。舌肌发达，上附角质齿。舌以活塞式运动舐刮鱼肉。脊索终生存在。内耳半规管 1 ～ 2 个。生活于海洋或淡水中，有些种类具有洄游。

现存的圆口纲动物约 70 多种，分属于两个目：七鳃鳗目（Petromyzoniformes）和盲鳗目（Myxiniformes）。代表种如日本七鳃鳗（*Lampetra japonicus*）、盲鳗（*Myxine glutinosa*）。营寄生或半寄生生活，以大型鱼类及海龟类为寄主。七鳃鳗主要用前端的口漏斗吸附于寄主体表，用角质齿锉破皮肤吸血食肉；七鳃鳗更能由鱼鳃部钻入寄主体内，吃尽其内脏，使之仅存躯壳，因而常给渔业造成危害。

七鳃鳗目 Petromyzoniformes

吻呈漏斗吸盘，有角质齿，口位于漏斗中央。舌上有小齿，成刮器。无上、下颌，无鳃盖骨。单鼻孔，位于两眼之间，鼻垂体管腔与咽部相通，鼻孔后方具透明的皮斑。成鱼眼明显，幼鱼眼不发达，埋在不透明的皮下。口呈三角形裂缝状。外鳃孔位于头后体前部的两侧，每侧 7 个。成体吻部无颌。幼鱼具口吻。无食道皮管。体裸露，无偶鳍。背鳍 2 个。

七鳃鳗目只有 1 科，即七鳃鳗科（Petromyzonidae）。

东北七鳃鳗

学名：*Lampetra mori* (Berg)
地方名：森氏八目鳗、七星子、七星鳝
分类：七鳃鳗目 Petromyzoniformes- 七鳃鳗科 Petromyzonidae- 七鳃鳗属 *Lampetra*
物种保护等级：地方级

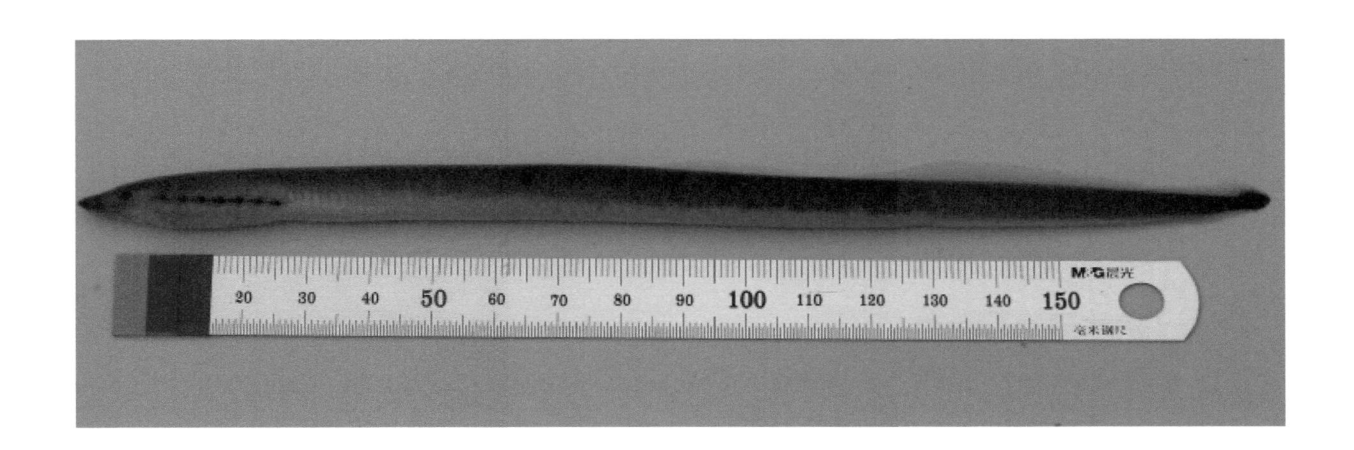

形态：体鳗形，尾部稍侧扁。头略圆。眼上位。鼻孔单个，位于头背面两眼前方。鼻孔后有透明皮斑。口下位，呈漏斗状吸盘。上唇齿较大，排列无次序；下唇齿小，一行，排列呈半弧形。体裸露无鳞。鳍皮呈膜状，无鳍条，无偶鳍。两背鳍不相连。臀鳍低矮，与尾鳍和第 2 背鳍相连。背部呈灰绿色，腹部呈灰黄色。幼鱼体细长，呈口马蹄形，无齿，口缘乳突呈穗状。头小，眼埋于皮下。鳃孔位于头侧一直行的凹沟内。臀鳍不明显。幼鱼体色稍浅。

习性：淡水定居，栖息于有流、沙质底质的山区河溪里。白天钻入沙内或石缝中，夜间觅食。冬季钻入淤泥中越冬。体表黏液多，便于钻沙或入石缝。幼鱼以有机碎屑、藻类和浮游动物为食。成鱼一般营寄生生活。4 年性成熟。产卵期在 6 ～ 7 月。在河流缓流处集群产卵，雌雄鱼缠绕在一起。产卵后亲体大多死亡。

地理分布：辽宁鸭绿江水系、碧流河上游、太子河上游、浑河上游及吉林、黑龙江东部山区河流。

采集地：2014 年 9 月采集于太子河北支。

硬骨鱼纲 Osteichthyes

硬骨鱼纲，成体的骨骼大多为硬骨，大多口位于吻端，鼻孔位于头上方。鳃间隔退化，具鳃盖骨，因而鳃裂并不直接开口于体表。尾鳍大多为正尾型，即尾鳍的上下叶对称。内部尾椎的末端向上翘但仅达尾鳍基部。体表大多被圆鳞或栉鳞，两者都是骨质鳞，圆鳞的游离缘圆滑，栉鳞的游离缘成齿状；少数硬骨鱼被硬鳞，鳞片呈菱形，表面有一层闪光质。大多数有鳔，作为身体的比重调节器，借鳔内气体的改变以帮助调节身体的浮沉。

鲱形目 Clupeiformes

鲱形目是脊索动物门硬骨鱼纲（Osteichthyes）辐鳍亚纲（Actinopterygii）的一目，是现代真骨鱼中最原始的一目。体被圆鳞。口裂小或中等大。上颌口缘由前颌骨和上颌骨组成，上颌辅骨12块。齿小或不发达。多数种类鳃耙细长。无喉板。胸鳍基、腹鳍基有腋鳞。无侧线或仅前部几枚鳞片有侧线孔。背鳍1个，无硬棘。无脂鳍。胸鳍下侧位。腹鳍腹位。尾为正尾型。具眶蝶骨和中乌喙骨。有鳔管。幼鱼发育无变态期。

鲱形目种类较多，而且世界上多数产量大的鱼种均属于本目，有重要经济价值。全球有5科84属364种（含淡水种79种），辽河流域分布有鲱科（Clupeidae）和鳀科（Engraulidae）。

斑鰶

学名： *Clupanodon puntcatus* (Temminck et Schlegel)
地方名： 棱鲫、海鲫鱼
分类： 鲱科 Clupeidae- 鰶属 *Clupanodon*

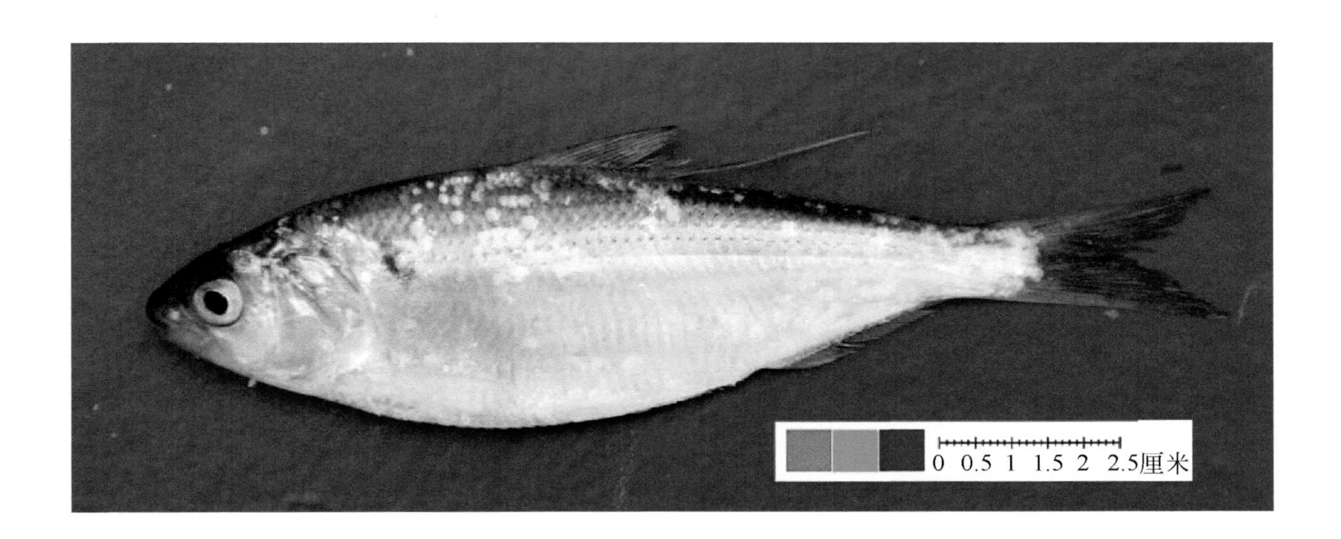

形态： 体呈长椭圆形，侧扁，腹缘有较强硬锯齿状棱鳞。头小而侧扁。吻短。眼中大，侧中位。脂眼睑不完全覆盖眼球。眼间隔凸出，中间横棱不太明显。口小，前位。上颌长于下颌，前颌骨有缺刻。鳃孔大，鳃盖骨光滑，无棱鳞。背鳍鳍条延长为丝状而向后延伸。臀鳍鳍条短小。胸鳍下位，末端不达腹鳍基。腹鳍小于胸鳍。肛门位于臀鳍起点前或最末棱鳞后。体背和上侧呈青绿色，有多行黑色的虚线条，下层呈银白色。鳃盖后上方有一明显黑斑。

习性： 分布较广的暖水性浅海食用鱼类。适盐范围较广，可进入淡水生活。每年10月南下越冬，越冬场位于黄海中部，次年3～4月北上洄游产卵。产卵后亲鱼就地索饵，主要摄食浮游生物和有机碎屑，以硅藻、桡足类和原生动物为主。

地理分布： 辽宁黄河北部、辽东湾及其他沿海。

采集地： 2012年9月采集于盘锦辽河口。

鲤形目 Cypriniformes

口缘上颌由前颌骨组成，下颌由下颌骨组成。多数种类的颌及犁骨上无齿。第五鳃弓扩大特化成下咽骨，其上着生1～3行咽齿。体前端4～5椎骨已特化与内耳联系，成韦伯氏器。口常能伸缩，无齿。头无鳞。无脂鳍（少数鳅科鱼类例外）。下咽骨镰刀状且有齿1～4行（双孔鲤科无齿；鳃膜条骨3；左右顶骨互连；有肌隔骨刺即肌间骨）。有或无圆鳞。须有或无。

鲤形目是脊索动物门，硬骨鱼纲辐鳍鱼亚纲的一目，仅次于鲈形目的第二大目，现生淡水鱼类中最大的一目，有6科256属3000余种。主要分布于亚洲东南部，其次为北美洲、非洲及欧洲。有大型食浮游植物的鲢、食草的草鱼及食固着藻类的齐口裂腹鱼等。有体最长仅25毫米的小似鲴，也有鳡等大型凶猛肉食性鱼类。

宽鳍鱲

学名： *Zacco platypus* (Temminck et Schlegel)

地方名： 红翅子

分类： 鲤科 Cyprinidae- 鱲属 *Zacco*

形态： 体长而侧扁，体高略大于头长，腹部呈圆形。口前位。眼较小，侧上位。体被圆鳞。侧线完全，在胸鳍上方显著下弯。侧线完全，在腹部下微弯，向后延至尾柄正中。腹鳍末端可达肛门。肛门位于臀鳍基部前方。臀鳍基距腹鳍较距尾鳍基为近，第 1 ～ 3 分枝鳍条延长达尾鳍基，雄鱼显著延长达尾鳍中部。背部呈青灰色，体侧、腹部呈银白色。生殖期臀鳍 1 ～ 3 软条间膜呈橙红色。

习性： 生活于流水、沙砾底质的河湾中或水流稳定水体中。常集居在一起。主要以浮游植物、甲壳类为食，也食小鱼或有机碎屑。生殖期在 6 ～ 7 月。体较小，经济价值不大。

地理分布： 辽宁鸭绿江、辽河、浑河、太子河、小凌河、六股河、英那河、碧流河及我国北起黑龙江南至广东的多数水系。

采集地： 2012 年 7 月采集于铁岭汎河上游。

马口鱼

学名： *Opsariichthys bidens* (Günther)
地方名： 马口、大口扒、马鱼、桃花鱼、凸背鱼、黑条鱼
分类： 鲤科 Cyprinidae- 马口鱼属 *Opsariichthys*

形态： 体长而侧扁，腹部圆。体侧、腹部呈银白色，眼上缘呈橙黄色。口前上位，口裂大且斜。下颌凸出，前端具明显凸起与上颌凹部相嵌合，两侧也具凹凸上下嵌合，形如马嘴。鳞中等大，呈圆形。侧线完全，在腹部起点向下弯曲，入后延至尾柄正中。背鳍起点与腹鳍基相对。臀鳍起点至腹鳍基较尾鳍基为近。胸鳍尖，不达腹鳍。腹鳍较圆，不达臀鳍。尾鳍呈深叉形。峡部及偶鳍和尾鳍下叶呈橙黄色。体侧具 10 ～ 14 条浅蓝色垂直斑条。生殖季节雄鱼尤为艳丽。

习性： 喜栖于湖泊、水库中上层，也存在于有流的河溪里，多与宽鳍鱲混栖于同一水体。通常集群活动。以小鱼为食，也摄食小型昆虫，为小型凶猛性鱼类。生长速度较慢。

地理分布： 辽宁鸭绿江、辽河、大凌河、小凌河、六股河、英那河、碧流河及我国从北向南各水系。

采集地： 2012 年 9 月采集于辽河干流沈阳段。

瓦氏雅罗鱼

学名： *Leuciscus waleckii* (Dybowski)
地方名： 东北亚罗鱼、沙包、华子鱼、罩林子
分类： 鲤科 Cyprinidae- 亚罗鱼属 *Leuciscus*
物种保护等级： 地方级

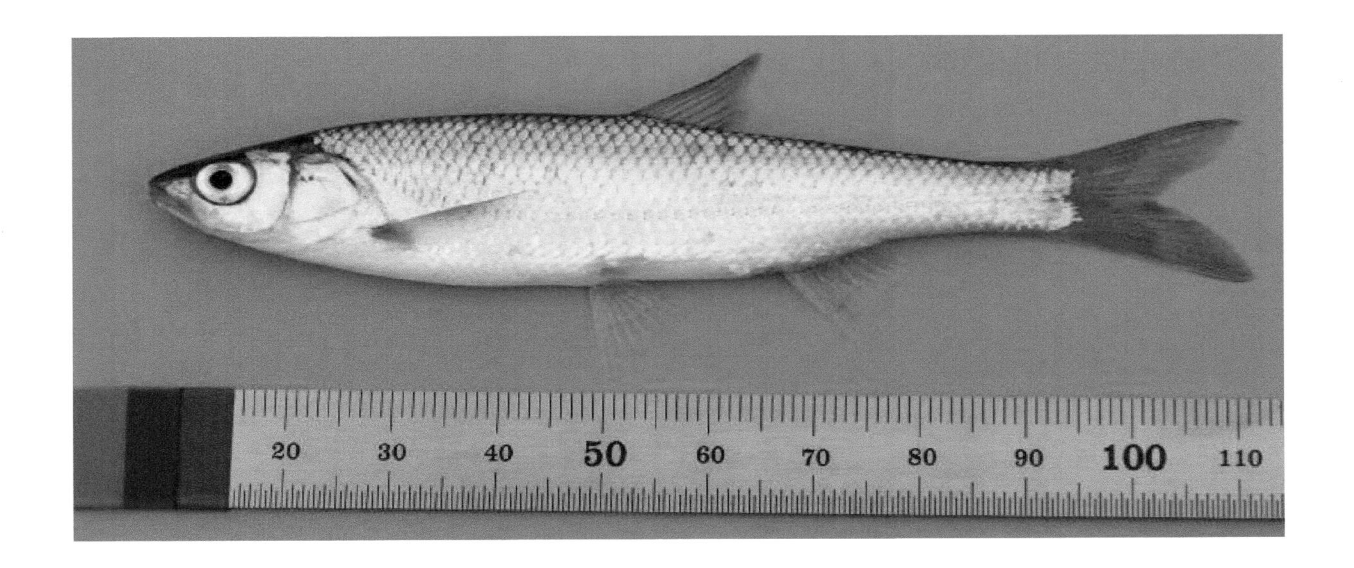

形态： 体长而侧扁。背缘呈弧形，腹部圆。口前位，口裂斜，口裂后缘在鼻孔后缘之下。唇薄。眼位头侧正中。鳞中大。侧线前部呈弧形，后部平直，伸至尾柄中轴偏下。背鳍起点至尾鳍基的距离较至吻端为近。臀鳍位于背鳍的后下方，起点距腹鳍基较距尾鳍基为近。胸鳍末端可达胸腹鳍距中点之后。腹鳍起点位于背鳍起点之前下方。尾鳍呈叉形，具小黑点。体背呈青灰色，腹侧色浅，体侧鳞片后缘呈灰黑色。

习性： 喜凉耐寒，适应盐碱化水域的中小型鱼。食性广杂，摄食枝角类、桡足类、昆虫幼虫、藻类及植物碎屑。产卵期在 3 ～ 5 月，产卵集群，有“顶着冰凌逆流产卵”的习性。

地理分布： 辽宁鸭绿江、辽河、大凌河、小凌河及黑龙江、图们江、滦河、黄河、内蒙古内流性水域。

采集地： 2012 年 9 月采集于老哈河上游。

拉氏鱥

学名： *Phoxinus lagowskii* (Dybowski)
地方名： 洛氏鱥、长尾鱥、柳根垂
分类： 鲤形目 Cypriniformes- 鲤科 Cyprinidae- 鱥属 *Phoxinus*

形态： 体低而长，稍侧扁，腹部圆，尾柄长而低。吻尖。口亚下位，上颌长于下颌。鳞细小，排列紧密。侧线完全，较平直。背鳍起点在眼前缘与尾鳍间距的中点。臀鳍起点在背鳍基之后。胸鳍末端伸达胸腹鳍间距中点。腹鳍起点距吻端与距尾鳍基相等。尾鳍浅呈叉形，两叶末端圆。体背和体侧有不规则黑色小斑点，背部自颈部后至尾基有黑色条带，尾鳍有黑色斑点。侧线上方背部呈灰黑色，腹部呈灰白色。

习性： 喜集群生活在水流湍急而清澈的河流中，常栖息于柳树根毛水下而得名“柳根垂”。杂食性。2 龄性成熟，产卵期在 5 ～ 6 月，通常将卵产于水流湍急的砾石滩中。

地理分布： 辽宁鸭绿江、辽河、大凌河、小凌河、辽东半岛诸河及黄河以北的广大地区。

采集地： 2012 年 8 月采集于西辽河上游。

草鱼

学名： *Ctenopharyngodon idellus* (Cuvier et Valenciennes)

地方名： 鲩、白鲩、草根

分类： 鲤形目 Cypriniformes- 鲤科 Cyprinidae- 草鱼属 *Ctenopharyngodon*

形态： 体长，前部呈近圆筒形，尾部侧扁，无腹棱。头宽，前部略平扁。吻短钝，吻长稍大于眼径。口端位，口宽大于口长；上颌略长于下颌；上颌骨末端伸至鼻孔的下方。唇后沟中断，间距宽。眼位于头侧前半部，眼间宽，稍凸。鳃孔向前伸至前鳃盖骨后缘的下方，鳃盖膜与峡部相连。鳞中大，呈圆形。侧线前部呈弧形，后部平直，伸达尾鳍基。体呈茶黄色，腹部呈灰白色，体侧鳞片边缘呈灰黑色，胸鳍、腹鳍呈灰黄色，其他鳍呈浅色。

习性： 栖息于平原地区江河、湖泊等水域中上层和近岸多水草处的大型鱼类，性情活泼，草食性。江河流水处产卵，产漂流性卵，北方产卵期在 7 ～ 8 月，与江河汛期涨水相吻合。冬季在深水处越冬。为重要的经济鱼类。

地理分布： 黑龙江、黄河、长江、珠江等水系，辽宁无自然分布。

采集地： 2014 年 9 月采于太子河。

𩷶

学名：*Hemiculter leucisculus* (Basilewsky)

地方名：白漂子、青鳞子

分类：鲤形目 Cypriniformes- 鲤科 Cyprinidae- 𩷶属 *Hemiculter*

形态：体侧扁而长。腹棱完全，自胸鳍基部至肛门。口前位。侧线完全，在胸鳍上方急剧向下弯折，其后位于体侧下部，与腹缘平行，进入尾柄折向体中线。背鳍起点在腹鳍之后，有光滑的硬刺。胸鳍不达腹鳍基部。腹鳍起点在背鳍之前下方，不达肛门。臀鳍起点在背鳍之后。尾鳍呈深叉形，下叶略长于上叶。背部呈灰色或灰黑色，侧部和腹部呈银白色。

习性：生活于流水或静水的上层，沿岸集群。冬季于深水越冬。杂食性鱼类，繁殖力强。在生殖季节和越冬前大量集群。小型经济鱼类。

地理分布：辽宁鸭绿江、大凌河、小凌河、六股河、鸭绿江水系及黑龙江、黄河、长江、珠江等各水系。

采集地：2012 年 9 月采集于辽河干流铁岭段。

达氏鲌

学名：*Culter dabryi* (Bleeker)
地方名：青梢、麻连
分类：鲤形目 Cypriniformes- 鲤科 Cyprinidae- 鲌属 *Culter*

形态：体长而侧扁，头后背部显著隆起。腹棱自腹鳍基部至肛门。头略尖，头长小于体高。口亚上位，口裂斜，下颌略长于上颌。鳃盖膜与峡部相连。鳞中大，侧线平直，位于体轴中侧。背鳍起点至吻端距离大于至尾鳍基距离，末根不分枝鳍条为粗壮硬刺。臀鳍起点距腹鳍基较至尾鳍基为近。胸鳍末端伸达腹鳍起点。尾鳍呈叉形。背部呈灰黑色，腹部呈银白色。

习性：以动物食性为主的杂食性，其食物组成随个体大小不同而异。幼鱼主要以枝角类、桡足类和昆虫幼虫、虾、植物碎屑为食；成鱼以鱼和虾为食，多为鮈亚科、虾虎鱼类等。生长缓慢。产卵期在 6 ～ 7 月。产卵场一般多位于潜水区杂草丛生处，也可在敞水区漂浮物上产卵。卵黏性。

地理分布：辽宁鸭绿江、大凌河、六股河、鸭绿江水系及黑龙江、黄河、长江、珠江等各水系。

采集地：2012 年 9 月采于辽河干流盘锦段。

大鳍鱊

学名：*Acheilognathus macropterus* (Dybowski)

地方名：鳑鲏、葫芦子、杨树叶

分类：鲤形目 Cypriniformes- 鲤科 Cyprinidae- 鱊属 *Acheilognathus*

形态：体侧扁，呈椭圆形，背缘较腹缘隆起。头小，吻顿。口亚下位，口的顶点水平线在眼下缘之下。口角须一对。眼较大，侧上位。侧线完全，平直。背鳍位于体中央。臀鳍起点与背鳍基中点相对。腹鳍位于背鳍前下方，腹鳍基部和背鳍起点往往在同一垂直线上。尾鳍呈叉形。鳃孔后上方第 1 侧线及第 4 ～ 5 侧线鳞上各有一个黑斑。繁殖期雄鱼婚姻色明显，雌鱼具产卵管。

习性：栖息于江河湖泊静水或缓流水域，植食性，于水体的中下层活动，不作长距离游动。主要以藻类、植物碎屑为食，也摄食枝角类和桡足类。产卵期在 5 ～ 7 月，雌鱼具长的产卵管，产卵于蚌的鳃腔内。

地理分布：辽河流域及全国各大水系。

采集地：2012 年 9 月采集于东辽河四平段。

高体鳑鲏

学名： *Rhodeus ocellatus* (Kner)

地方名： 鳑鲏、葫芦子、杨树叶

分类： 鲤形目 Cypriniformes- 鲤科 Cyprinidae- 鳑鲏属 *Rhodeus*

形态： 体高而侧扁，近似卵圆形，头后背部显著隆起。头小。吻短而钝。口端位，口顶端约在眼中央水平线上。口角位于眼下缘水平线之上，口角无须。侧线不完全。眼侧上位。背鳍、臀鳍末根不分枝鳍条稍硬，分别与背鳍、臀鳍的第一根分枝鳍条粗细相当。背鳍起点于吻端和尾鳍基之间或略有前后。臀鳍位于背鳍下方。腹鳍起点位于背鳍起点前下方，腹鳍基和背鳍起点在同一垂线上。有婚姻色，雄鱼吻端、眼眶会有珠星，眼上部呈朱红色。臀鳍、背鳍、尾鳍也呈朱红色，体侧闪耀浅蓝色光泽。雌鱼具产卵管。

习性： 生活于江河湾汊浅水处的底栖性小鱼，喜栖水草较多的水区。杂食性，主要摄食藻类、水绵、浮游动物、昆虫幼虫和植屑。生长缓慢。

地理分布： 辽河流域及全国各大水系。

采集地： 2012 年 9 月采集于东辽河四平段。

彩鳑鲏

学名： *Rhodeus lighti* (Wu)
地方名： 鳑鲏、葫芦子、杨树叶
分类： 鲤形目 Cypriniformes- 鲤科 Cyprinidae- 鳑鲏属 *Rhodeus*

形态： 体似长卵圆形，侧扁而高，腹部圆。头短，头长稍大于体高。吻短而钝。眼较大，侧上位。口小，端位。口顶的水平线可穿过瞳孔；口裂较深。口角水平线在眼下缘水平线之下。口角无须。背鳍起点距尾鳞基较距吻端为近。臀鳍位于背鳍之下方。腹鳍位于背鳍前下方。肛门位于腹鳍基部和臀鳍起点之间。尾鳍呈叉形。侧线不完全。雌鱼具产卵管。

习性： 生活于江河湾汊浅水处的底栖性小鱼，喜栖水草较多的水区。杂食性，主要摄食藻类、水绵、浮游动物、昆虫幼虫和植屑。生长缓慢。在 4 ～ 7 月产卵。分批产卵，卵产于蚌鳃内。

地理分布： 辽宁鸭绿江、辽河及北起黑龙江南至福建、广东的水系。

采集地： 2012 年采集于辽河干流。

黑鳍鳈

学名： *Sarcocheilichthys nigripinnis* (Günther)

地方名： 花皮老、花花媳妇、红头鱼

分类： 鲤形目 Cypriniformes- 鲤科 Cyprinidae- 鳈属 *Sarcocheilichthys*

形态： 体长，略侧扁，腹部圆。头小，头长略小于体高。吻短。眼较少。口小，下位，呈弧形。下颌前缘角质缘薄。唇薄，唇后沟中断。侧线完全，较平直。背鳍起点至吻短远小于之尾鳍距离。胸鳍后伸不达腹鳍起点。腹鳍末端可达肛门，其起点位于背鳍起点之稍后方。肛门位于腹鳍基与臀鳍起点中间。尾鳍分叉，上下叶等长。体背及体侧灰暗，间杂有黑色和棕黄色斑纹，腹部呈白色。体侧中轴自鳃盖后上角至尾鳍基具黑色斑纹。

习性： 江河湖泊支流湾汊处的小鱼，多栖息于水的中下层。杂食性，以底栖昆虫幼虫和桡足类、枝角类以及丝状藻类、硅藻等为食。个体小，生长慢。2 龄成熟。生殖期雌鱼产卵管延长、外露。为中国特有鱼类。

地理分布： 辽宁鸭绿江、辽河中下游及我国黑龙江、黄河、长江、珠江、海南岛、台湾。

采集地： 2014 年采集于太子河。

麦穗鱼

学名： *Pseudorasbora parva* (Temminck et Schlegel)
地方名： 小草鱼、罗汉鱼
分类： 鲤形目 Cypriniformes- 鲤科 Cyprinidae- 麦穗鱼属 *Pseudorasbora*

形态： 体长而侧扁，腹部圆。头稍小，前端尖。吻短，尖而凸出。口小，上位，下颌长于上颌。唇薄，唇后沟中断。无须。眼中大。侧线完全，平直。背鳍起点距吻端较距尾鳍基的距离相等或略短。臀鳍短，其起点距腹鳍起点较至尾鳍基部为近。尾鳍宽，分叉浅。体背和体侧上半部呈灰黑色，腹部呈灰白色。鳞片后缘具新月形黑纹。

习性： 为江河湖库静水浅小水体的中下层小型鱼，多栖息于沿岸、湾汊水草丛生处。以动物食性为主的杂食性，主要摄食桡足类、枝角类，也食藻类、植物体、昆虫幼虫及卵等。生长缓慢。与沿岸潜水地带产卵，卵黏性，雄鱼有护卵行为。

地理分布： 全国各水系。

采集地： 2012 年 9 月采于辽河干流铁岭段。

高体鮈

学名：*Gobio soldatovi* (Berg)

地方名：苏氏鮈

分类：鲤形目 Cypriniformes- 鲤科 Cyprinidae- 鮈属 *Gobio*

形态：体长，略侧扁，背鳍起点处最高，腹部圆。头长大于体高。吻短，吻长小于眼后头长。口下位，呈弧形。唇薄，结构简单。唇后沟中断。须一对，短小，位于口角。胸部在胸鳍基部之前裸露无鳞。侧线完全，微下弯。背鳍起点至吻端距离小于至尾鳍基部。腹鳍起点位于背鳍起点后下方。肛门位于腹鳍基部与臀鳍起点间的后 1/3 处。臀鳍起点至腹鳍基部较至尾鳍基部为近。尾鳍分叉，上下叶等长。

习性：生活于湖泊等静水域的底栖型小型鱼，很少进入流水的江河支流里。底栖型鱼类。以昆虫幼虫为主的底栖生物食性。在 6 ～ 7 月产卵，在沙砾底质的沿岸地带产卵。

采集地：2012 年 8 月采于西拉木伦河。

凌源鮈

学名： *Gobio lingyuanensis* (Mori)

地方名： 船钉子

分类： 鲤形目 Cypriniformes- 鲤科 Cyprinidae- 鮈属 *Gobio*

形态： 体长，稍侧扁，腹部圆。头长大于体高。吻稍短，小于眼后头长。眼侧上位，上缘与头顶平齐。口下位，唇薄，无乳突。须一对，末端伸达眼中央下方。胸部在胸鳍基部之前裸露。侧线完全。背鳍起点至吻端的距离小于至尾鳍基部距离。胸鳍末端不达腹鳍起点。腹鳍末端刚盖过肛门。肛门距臀鳍起点近，约位于腹鳍基部和臀鳍起点间的后 1/3。臀鳍起点距腹鳍基部小于至尾鳍基部。背部及体侧上部具许多黑色小点组成的纵纹带，腹部呈白色。沿体侧中轴具 7 ～ 9 个黑斑点。背、尾鳍布有小黑点。

习性： 喜栖于流水沙砾底质处。底栖生物食性，主要摄食昆虫幼虫，也食寡毛类、枝角类、桡足类。生长缓慢。生殖期在 5 ～ 6 月。

地理分布： 辽宁大凌河、小凌河及我国黑龙江、滦河水系。

采集地： 2012 年 8 月采集于西拉木伦河。

犬首鮈

学名：*Gobio cynocephalus* (Dybowsky)

地方名：花丁鮈、黑龙江普通鮈

分类：鲤形目 Cypriniformes- 鲤科 Cyprinidae- 鮈属 *Gobio*

形态：体长，稍侧扁。头长，近锥形，吻长大于眼后头长。口下位，呈弧形。唇无乳突，结构简单。须一对，位于口角，较长，末端可达眼后缘下方。眼侧上位，眼前缘稍隆起。胸部在胸鳍基部之前裸露。侧线完全，平直。背鳍起点距吻端较至尾鳍基部为近。胸鳍末端不达腹鳍起点。腹鳍向后伸过肛门。肛门位于腹鳍基部与臀鳍起点中点。体背呈灰黑色，腹部呈灰白色。背部正中具 7 ～ 8 个不太明显的黑斑，体侧中轴具 8 ～ 9 个黑色大斑点。背鳍和尾鳍上具由小黑点组成的若干条纹。

习性：底栖小型鱼类，喜栖江河有流水的环境中。为底栖无脊椎动物食性。产卵期 6 月。产卵场一般位于河道沙石底质处。

地理分布：辽宁辽河下游、清河、太子河及黑龙江水系。

采集地：2014 年 9 月采集于太子河。

细体鮈

学名：*Gobio tenuicorpus* (Mori)

地方名：长须鮈

分类：鲤形目 Cypriniformes- 鲤科 Cyprinidae- 鮈属 *Gobio*

形态：体细长，呈圆筒状。背部稍隆起，腹部略圆或平坦。尾柄细长。头长大于体高。口下位。唇稍厚。须一对，后伸达前鳃盖骨后缘。眼侧上位。侧线完全。背鳍起点至吻端等于或略小于至臀鳍末端的距离，约与背鳍基后端至尾鳍基部的距离相等。胸鳍末端达到或超过胸鳍基部与腹鳍起点间的后 1/3 处。腹鳍起点位于背鳍起点的后下方，末端远超过肛门。肛门位于腹鳍基部和臀鳍起点间的前 1/3 处。体背呈灰黑色，具若干小黑点。体侧中轴具 8 ～ 11 个长形黑斑块，腹部呈灰白色。

习性：栖息于江河等流水环境的底栖性小型鱼。底栖生物食性，摄食昆虫幼虫，包括摇蚊幼虫、毛翅目和蜉蝣的幼虫以及其他底栖动物。

采集地：2012 年 9 月采于辽河干流辽中段。

清徐胡鮈

学名： *Huigobio chinssuensis* (Nichols)

地方名： 清徐拟鮈、爬虎鱼

分类： 鲤形目 Cypriniformes- 鲤科 Cyprinidae- 胡鮈属 *Huigobio*

形态： 体长，前部近圆柱形，后部侧扁。头较小，其长稍大于体高。吻端钝。口下位。唇具显著乳突。须一对，长约为眼径的 1/2。眼侧上位。腹面自胸部至腹部基部的稍前方裸露无鳞。侧线完全。背鳍起点距吻端小于距尾鳍基，略大于其基部后段至尾鳍基的距离。腹鳍起点位于背鳍起点之后。肛门约位于腹鳍基部与臀鳍起点间的前 1/4 处。臀鳍起点位于腹鳍基部起点与尾鳍基的中点。体背呈灰黑色，腹部白色。

习性： 为江河支流和湖库浅水中下层小型鱼，多栖息于泥沙底质处。杂食性，主要以底栖生物为食，摄食摇蚊幼虫等昆虫幼虫，附着硅藻、蓝藻、绿藻等。产卵期在 6 月。

地理分布： 辽宁碧流河、大凌河及滦河、黄河水系。

采集地： 2012 年 9 月采于辽河干流铁岭段。

东北颌须鮈

学名： *Gnathopogon mantschuricus* (Berg)

地方名： 无

分类： 鲤形目 Cypriniformes- 鲤科 Cyprinidae- 颌须鮈属 *Gnathopogon*

形态： 体稍侧扁，背部稍隆起。腹部圆。头较小，头长小于体高。吻短而钝。口端位，口宽与口长相等。上颌骨末端伸达鼻孔中部的下方。唇薄，简单。须一对，位口角。眼中大，侧上位。胸腹部具鳞。侧线完全，几呈平直。背鳍起点距吻短与至尾鳍基约相等。胸鳍后伸远不及腹鳍起点。腹鳍起点与背鳍第 2 根分枝鳍条相对。肛门紧靠臀鳍起点。体背呈灰黑色，腹部呈灰白色。体侧中轴具一条黑色条纹，侧线上下具数条黑色细纵纹。背鳍鳍条上部具黑色横纹。

习性： 栖息于水体中、下层。生殖季节在 5 月。主要食物为水生昆虫、藻类和水生植物。

采集地： 2014 年 9 月采于太子河。

亮银鮈

学名：*Squalidus nitens* (Günther)

地方名：西湖银鮈

分类：鲤形目 Cypriniformes- 鲤科 Cyprinidae- 银鮈属 *Squalidus*

形态：体长，稍侧扁。胸部较平，腹部圆。头中等大，头长通常大于体高。吻呈圆锥形。口亚下位。唇薄。须一对，位口角。眼大，侧上位。胸、腹部具鳞。侧线完全、平直。背鳍起点至吻端的距离较至尾鳍基部为近。胸鳍末端后伸不达腹鳍起点。腹鳍位于背鳍起点的下方略后，末端可伸达肛门。肛门近臀鳍。臀鳍短，位腹、尾鳍基的中点。体呈银白色，背部及体侧上部较深暗。体中轴沿侧线具浅黑色斑纹一条，前浅后深，其上具一列深黑色斑点。

习性：中下层小型鱼类，多栖息于江河湖泊湾汊、沿岸缓流区。杂食性。2 ～ 3 龄性成熟。产卵期在 5 ～ 6 月，产卵期间仍进行摄食。

地理分布：辽宁辽河中下游，大连大西山水库及长江中下游水系。

采集地：2014 年 9 月采于太子河。

棒花鱼

学名：_Abbottina rivularis_ (Basilewsky)
地方名：拟鮈、爬虎鱼、船钉子、沙锤
分类：鲤形目 Cypriniformes- 鲤科 Cyprinidae- 棒花鱼属 _Abbottina_

形态：体长，粗壮，前部近圆筒状，后部略侧扁，背部隆起，腹部平直。头大，大于体高。吻长，向前凸出，鼻孔前方下陷。口下位。唇厚下唇有 1 对肉质突起。须一对。眼小，侧上位。侧线完全。背鳍起点距吻端较尾鳍基为近。胸鳍末端不达腹鳍起点。腹鳍起点位于背鳍起点后。肛门约在腹鳍基于臀鳍基起点间的前 1/3 处。体背和侧部呈黄褐色，腹部呈银白色。体侧上半部每一个鳞片后缘具一个黑色斑点。背鳍、尾鳍具黑色小点组成的条纹。

习性：为中下层小型鱼，喜栖于河湖支流湾汊沙砾底质处。杂食性，以枝角类、桡足类、端足类为主，其次为昆虫及幼虫、水蚯蚓，也食植物碎片和藻类。产卵期在 5 ～ 7 月，卵黏性，有筑巢产卵和护卵习性。

地理分布：辽河流域及我国各大水系。

采集地：2012 年 9 月采于辽河干流铁岭段。

似鮈

学名： *Pseudogobio vaillanti* (Sauvage)

地方名： 拟鮈、长吻拟鮈、沙鮀、沙棒子

分类： 鲤形目 Cypriniformes- 鲤科 Cyprinidae- 似鮈属 *Pseudogobio*

形态： 体长，前段呈圆筒形，胸、腹部平，尾柄细长。头长且尖，其长大于体高，前尖后宽。吻长，平扁。口下位。唇厚，上唇乳突细小，下唇分 3 叶，均具乳突。须一对。眼侧上位。侧线完全、平直。背鳍起点至吻端较至尾鳍基部为近。胸鳍近腹面，第 2、第 3 分枝鳍条最长。腹鳍起点与背鳍第 2、第 3 分枝鳍条相对。肛门靠近腹鳍基部。体背和体侧呈灰黑色，腹部呈白色。横跨体背具 5 块较大的黑斑。

习性： 为江河浅水处和湖泊水库近岸沙石底质处的小型鱼类，通常伸出吻部从沙石底质处吸食食物。喜栖于清澈有流处。以底栖生物为主的杂食性。2 ～ 3 龄性成熟。产卵期在 5 ～ 6 月，产卵场多在沙石底质处，卵黏性。

地理分布： 辽宁鸭绿江、大凌河、英那河、碧流河、庄河及黄河、淮河、长江中游、闽江、钱塘江、灵江等各水系。

采集地： 2014 年 9 月采集于太子河。

鲤

学名： *Cyprinus carpio* (Linnaeus)
地方名： 鲤子、鲤拐子
分类： 鲤形目 Cypriniformes- 鲤科 Cyprinidae- 鲤属 *Cyprinus*

形态： 体呈纺锤形，侧扁，背部隆起。头较小，吻钝。眼侧上位。口亚下位。唇发达。须两对，口角须长于吻须。侧线完全。背鳍外援凹入，起点前于腹鳍起点。臀鳍末根不分枝，鳍条为硬刺，后缘具锯齿，起点位于背鳍倒数第 4、第 5 根分枝鳍条下方。胸鳍末端不达腹鳍起点。腹鳍后伸不达肛门。背部呈灰黑色或黄褐色，体侧带呈金黄色，腹部呈银白或浅灰色，尾鳍下呈叶红色。体侧鳞片后部具新月形黑斑。

习性： 底栖性鱼类，喜在水体下层活动。多在深水或水草丛生水域越冬。春季产卵。杂食性，以底栖动物和水生植物为主。对水域生态环境和繁殖条件有很强的适应性。

地理分布： 辽宁各河流、水库、泡沼及我国北起黑龙江南至闽江和台湾的各水系。

采集地： 2012 年 8 月采集于辽河干流铁岭段。

鲫

学名： *Carassius auratus* (Linnaeus)
地方名： 鲫鱼、鲫瓜子
分类： 鲤形目 Cypriniformes- 鲤科 Cyprinidae- 鲫属 *Carassius*

形态： 体较高，稍侧扁，腹部圆，尾柄宽短。头较小，头长小于体高。吻短，圆钝。口小，端位。无须。眼较小，位头侧上方。鳃盖膜连于峡部。侧线完全。背鳍末根不分枝鳍条为硬刺，后缘带锯齿。胸鳍末端伸达腹鳍起点。腹鳍不达肛门。肛门紧靠臀鳍起点，臀鳍末根不分枝鳍条为带锯齿的硬刺。尾鳍浅分叉。背部呈灰黑色，腹部呈白色。

习性： 为中下层鱼类。广温性鱼类，适应力很强，不论深浅、流水或静水、清或浊等不同水体均能正常生活。产卵期长，产黏性卵。个体发育过程可塑性大，体色、形态等易产生变异。杂食性，以无脊椎动物和植物为主。

地理分布： 辽宁各河流、水库、泡沼及其他江河湖泊中。

采集地： 2012 年 9 月采于辽河干流铁岭段。

鲢

学名： *Hypophthalmichthys molitrix* (Cuvier et Valenciennes)
地方名： 白鲢、鲢子、胖头鱼
分类： 鲤形目 Cypriniformes- 鲤科 Cyprinidae- 鲢属 *Hypophthalmichthys*

形态： 体侧扁，稍高。腹部扁薄，从胸鳍基部前下方至肛门间有发达的腹棱。头小。吻短而圆钝。口宽大，端位。无须。眼小，位头侧中轴之下。眼间隔宽，稍隆起。鼻孔在眼前缘的上方。鳞小。侧线完全。背鳍起点位腹鳍起点的后上方，末根不分枝鳍条为软条。胸鳍后伸达腹鳍基部。腹鳍起点距胸鳍底栖较臀鳍起点为近。臀鳍起点距腹鳍较距尾鳍基为近。尾鳍深分叉。背部呈青灰色，体侧、腹部呈银白色。背、尾鳍呈灰黑色，偶鳍呈灰白色。

习性： 水体中上层鱼类，性活泼，能跃出水面，受惊扰后四处跳跃。平时多于江河湾汊和附属湖泊摄食，春季逆流上溯产卵，冬季深水处越冬。仔鱼、稚鱼食性以浮游动物为主，浮游植物为辅。幼成鱼主要摄食浮游植物。

采集地： 2012 年 9 月采于辽河干流盘锦段。

潘氏鳅鮀

学名：*Gobiobotia pappenheimi* (Kreyenberg)

地方名：鳅鮀、八须鮈

分类：鲤形目 Cypriniformes- 鳅科 Cobitidae- 鳅鮀属 *Gobiobotia*

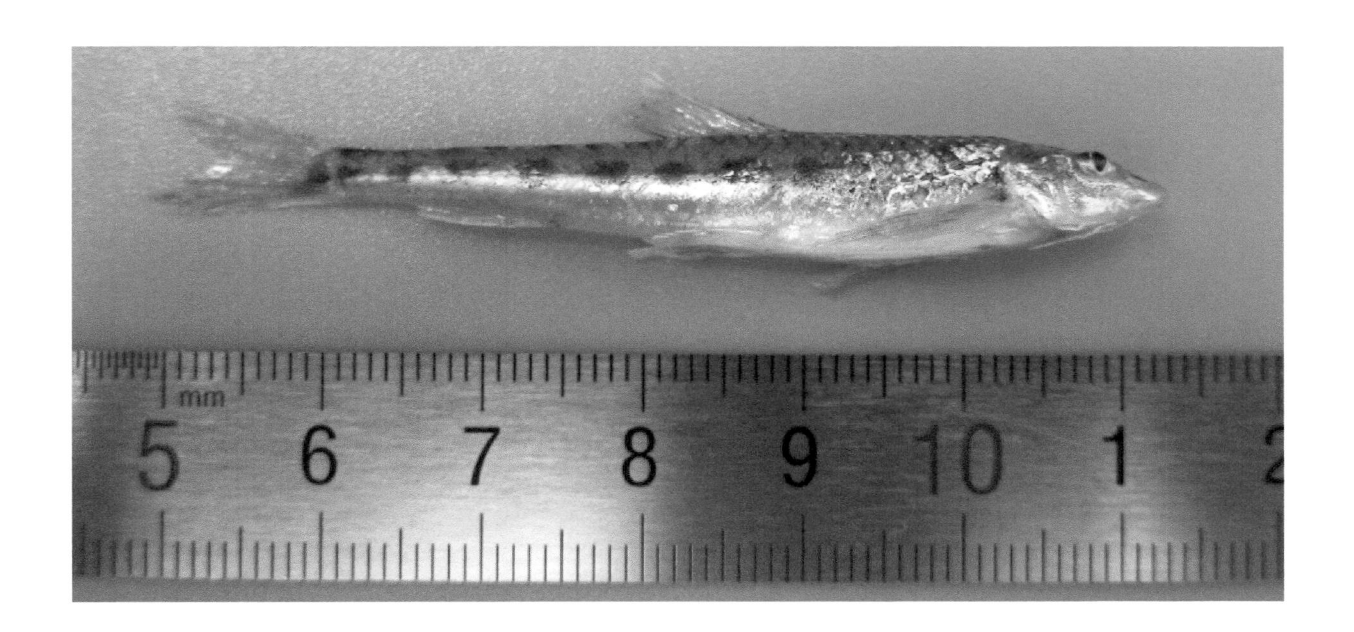

形态：体长，腹部平坦，后部稍侧扁。头扁平，头背及两颊满布细小的皮质颗粒和条纹。吻圆钝。口下位，横宽。唇薄，具细小乳突和褶皱。眼侧上位。须 4 对，口角须 1 对，3 对颏须，第 3 对颏须最长。鳞呈圆形，侧线完全。背鳍前方的侧线以上鳞片具发达的皮质棱脊。背鳍起点稍后与腹鳍起点。胸鳍末端凸出鳍膜，后伸超过腹鳍起点。腹鳍起点约在胸鳍起点至臀鳍起点的中点。肛门约位于腹鳍起点至臀鳍起点的前 1/3 处。尾鳍呈叉形。

习性：栖息于江河流水处的小鱼，喜急流，贴于水底。背部的鳞片上具皮质棱脊。典型食底栖动物鱼类。两年性成熟。6 ～ 7 月在河道有流水处产卵。卵浮性，顺流而下漂浮发育。

采集地：2014 年 9 月采于太子河干流。

北方须鳅

学名：*Barbatula barbatula nuda* (Bleeker)

地方名：北方条鳅、巴鳅、董氏条鳅、花泥鳅

分类：鲤形目 Cypriniformes- 鳅科 Cobitidae- 须鳅属 *Barbatula*

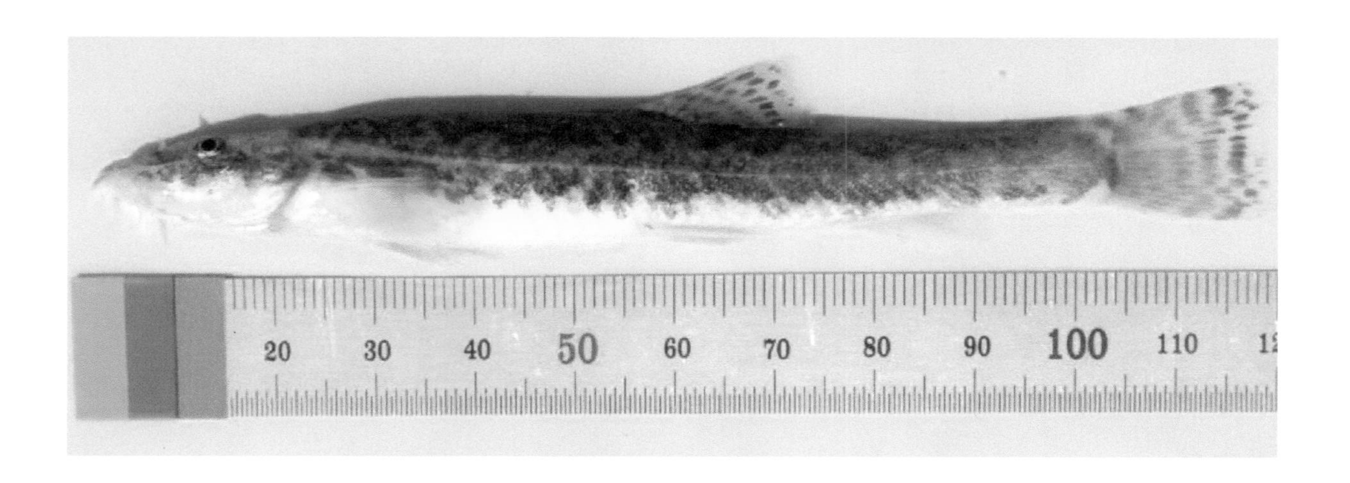

形态：体长，侧扁，前部较宽。头稍平扁。吻长约等于眼后头长。前鼻孔与后鼻孔稍分开。眼较小，侧上位。口下位，唇厚。须短，外吻须伸达鼻孔之下，颌须伸达眼球中心和眼后缘之间的下方。鳞片退化，前躯常裸露，后躯被有稀疏的小鳞。侧线完全。背鳍起点至吻端比距尾鳍为远。腹鳍起点约与背鳍起点相对，末端不达肛门。臀鳍起点距腹鳍起点较至尾鳍基为近。尾鳍后缘平截或微凹。背部呈黄褐色，体侧至腹部呈灰黄色。背部和体侧具深褐色云斑。分布范围广，不同水域体色和斑点变化较大。

习性：喜栖于清冷水体中沙石底质处的小型鱼。不大集群。杂食性，以甲壳动物和昆虫幼虫为主。在 5 ～ 7 月产卵。受精卵呈圆形，卵膜上布满膜丝，黏附于石面或水草上发育。

采集地：2012 年 8 月采于老哈河上游。

达里湖高原鳅

学名：*Triplophysa dalaica* (Kessler)

地方名：达里湖条鳅、叉尾巴鳅、后鳍巴鳅、后鳍条鳅

分类：鲤形目 Cypriniformes- 鳅科 Cobitidae- 高原鳅属 *Triplophysa*

形态：体长，粗壮，前躯呈圆筒形，后躯侧扁，尾柄较高，至尾鳍基高度几乎不变。头部稍平扁。口下位。唇厚，下唇中间一对乳突较大。须中等长，颌须伸达眼后缘下方。无鳞，皮肤光滑。侧线完全。背鳍起点至吻端的距离约等于体长的一半。胸鳍长约为胸、腹鳍基部之间距的 3/5。腹鳍位置较后，末端伸过肛门或达臀鳍起点。尾鳍后缘凹入。雄鱼眼下缘具一游离的皮瓣状突起。背和体侧呈浅褐色，腹面呈灰黄色。背部具深褐色斑块或横斑，体侧具不规则深褐色斑块或扭曲横条。

习性：底栖性小型鱼。对生态环境有很强的适应力，耐高寒、耐盐碱。杂食性，主要以摇蚊科幼虫为食，也食枝角类、桡足类、藻类等。产卵期在 6 ～ 7 月。

采集地：2012 年 10 月采于西辽河克什克腾旗段。

北鳅

学名： *Lefua costata* (Kessler)
地方名： 八须泥鳅、纵带平鳅、纵带北鳅、须鼻鳅
分类： 鲤形目 Cypriniformes- 鳅科 Cobitidae- 北鳅属 *Lefua*

形态： 体延长，侧扁。头平扁，头长大于体高。口小，亚前位，呈半月形。吻长短于眼后头长。唇厚，下颌前缘具角质。前鼻孔在一短管状突起中，管状突起顶端延长成须。眼小，侧上位。须 4 对，吻须 2 对，鼻须 1 对，颌须 1 对。身体被有密集小鳞，埋在皮下，无侧线。背鳍位置较后。胸鳍长约为胸、腹鳍起点间距一半。腹鳍起点在背鳍前下方，腹鳍末端不达肛门。尾鳍后缘呈圆弧形。背部呈浅褐色，腹部呈浅黄。背部和体侧具褐色斑点，体侧中部自头后方至尾鳍基部具一条褐色纵条纹。

习性： 喜栖于多水草的静水或缓流处，为底栖性小型鱼。杂食性，多于水草丛生的泥底觅食，主要摄食昆虫幼虫等甲壳动物、寡毛类、藻类及植物碎屑。产卵期在 5 ～ 7 月。

采集地： 2012 年 8 月采于辽河干流铁岭段。

北方花鳅

学名：*Cobitis granoei* (Rendahl)
地方名：花泥鳅、扁担钩
分类：鲤形目 Cypriniformes- 鳅科 Cobitidae- 花鳅属 *Cobitis*

形态：体细长，侧扁。眼小，位于头侧上方，具眼下刺。口下位。须 3 对，口角须后伸达眼中点下方。体被细鳞。侧线不完全。背鳍起点位于腹鳍起点稍前上方。臀鳍起点至腹鳍起点的距离大于至尾鳍基距离。胸腹鳍起点间距大于腹臀鳍起点间距。肛门位于臀鳍前。尾鳍呈截形。背部具 13 ～ 17 个矩形花斑，体侧具一列 13 ～ 18 个褐色斑点。头部及体上侧具蠕虫形花纹或不规则斑点。背鳍和尾鳍上具 3 ～ 4 列灰褐色斑条。

习性：为江河、湖泊、水库等沿岸缓流或静水潜水区底栖小型鱼。以底栖动物为主的杂食性鱼类，也摄食藻类和植物碎屑以及枝角类、桡足类等浮游动物。

采集地：2012 年 8 月采于西辽河克什克腾旗段。

泥鳅

学名： *Misgurnus anguillicaudatus* (Cantor)

地方名： 泥勒勾子

分类： 鲤形目 Cypriniformes- 鳅科 Cobitidae- 泥鳅属 *Misgurnus*

形态： 体长，略呈圆柱状。头小。吻短。眼小，侧上位。口下位。须 5 对，口角须可达前鳃盖骨。体被细鳞。侧线不完全，末端超过胸鳍末端上方。背鳍起点位于腹鳍起点稍前上方。臀鳍起点至尾鳍基的距离为腹鳍基至臀鳍起点距离的 1.2 ～ 1.5 倍。腹鳍末端不达肛门。尾鳍呈圆形。体色变异较大，与生活环境有关。背部色深，腹部色浅，体上散步小斑点。背、尾鳍具不规则小斑点。

习性： 喜栖于静水水体底层，常见于池塘、水沟等小水体。除用鳃呼吸外，能行肠呼吸，对水中缺氧忍耐力强。皮肤上多黏液。有钻泥的习性。杂食性，主要摄食小型甲壳类、昆虫幼虫、水蚯蚓，也食藻类和植物碎屑。能以口部从软泥底质处吸取腐殖质。

采集地： 2012 年 9 月采于东辽河四平段。

黑龙江泥鳅

学名： *Misgurnus mohoity* (Dybowski)

地方名： 泥鳅

分类： 鲤形目 Cypriniformes- 鳅科 Cobitidae- 泥鳅属 *Misgurnus*

形态： 体细长，呈圆柱形。头小，吻钝，口下位。须 5 对，其中吻须 1 对，上颌须 2 对，下颌须 2 对。眼小，侧上位。鳃孔小，鳃裂止于胸鳍基部。鳞片细小，埋于皮内。侧线完全。背鳍起点位于腹鳍起点稍前上方。臀鳍起点距尾鳍基的距离远大于至腹鳍起点的距离。胸鳍起点至腹鳍起点的距离约等于腹鳍起点至尾鳍基的距离。腹鳍小，起点位于背鳍的第 2 分枝鳍条下方。尾鳍后缘圆。体呈黑灰色，背鳍前背中线具 1 条、体侧具 2 ～ 3 条由斑点组成的不连续纵条纹。头部、体侧及腹部具不规则斑点。

习性： 为河汊、湖泊、沼泽等泥沙质静水区栖居的小鱼，受惊扰时则潜入水下泥底或石缝中。不做长距离洄游。底栖生物食性。产卵期在 6 月，卵黏性，黏附于植物体上发育。对不良的生存环境有较强的适应能力。

采集地： 2014 年 9 月采于太子河。

大鳞副泥鳅

学名： *Paramisgurnus dabryanus* (Sauvage)

地方名： 泥鳅、大鳞泥鳅

分类： 鲤形目 Cypriniformes- 鳅科 Cobitidae- 副泥鳅属 *Paramisgurnus*

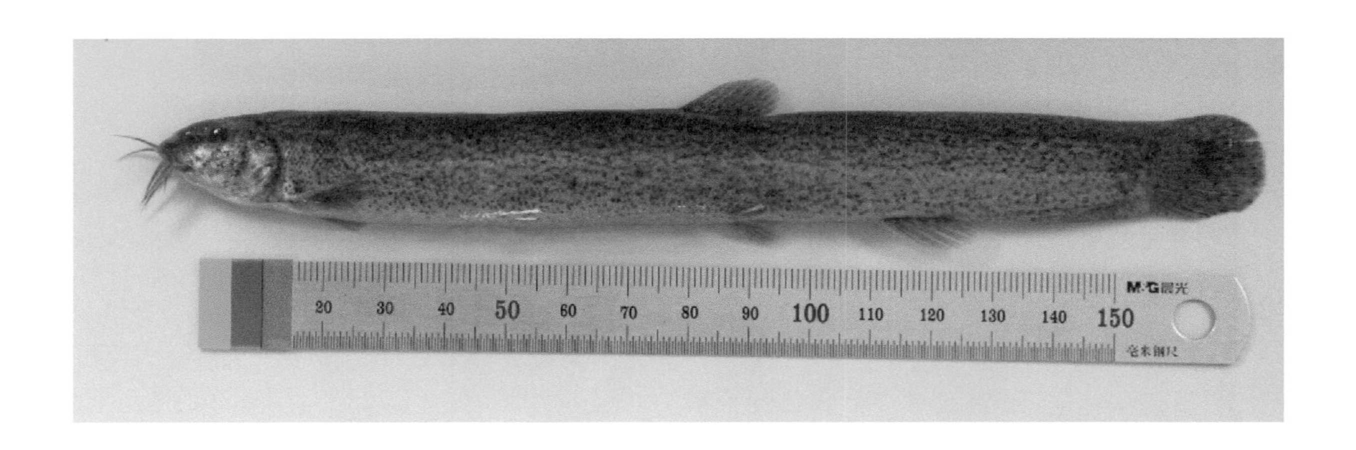

形态： 体较短、较高，稍侧扁。头短，头长小于体高。吻较尖。眼小，侧上位。口下位。须 5 对，较长，口角须后伸达前鳃盖骨后缘。鳞较大。尾柄皮褶棱非常发达。背鳍起点约在前鳃盖骨至尾鳍基部距离之中点。腹鳍起点位于背鳍第 2 分枝鳍条之下。尾鳍呈圆形。体背呈灰褐色，腹部呈浅黄色，全身散布不规则的黑色斑点，背鳍和尾鳍具黑色斑点。

习性： 底栖小型鱼，属定居型，不做长距离游动。多栖于富含有机质的泥底浅水水域。生态适应力强。杂食性，摄食昆虫幼虫、水蚯蚓、枝角类、桡足类、藻类、植物碎屑和腐殖质。2 龄性成熟。产卵期在 6 ～ 7 月。卵沉性，黏附于植物上发育。

采集地： 2012 年 9 月采于东辽河四平段。

鲇形目 Siluriformes

鲇形目是脊索动物门，硬骨鱼纲辐鳍鱼亚纲的一目。体裸出或被骨板。上颌骨退化，仅余痕迹，用以支持口须。有韦伯氏器，口须 1 ～ 4 对，上、下颌有齿，咽骨正常具细齿。无续骨、下鳃盖骨及顶骨。第 2、第 3、第 4（有时第 5）椎骨彼此愈合。无肌间骨。常具脂鳍，胸鳍位低，常和背鳍一样具一强大的骨质棘。鳔大，分 3 室，鳔中隔的构造复杂，少数种类鳔包在脊椎骨变异的骨质囊中。无幽门盲囊。

鲇形目是分布广泛的淡水鱼类，但在北海水系第四系的地层中发现有鲇类的存在。在热带、亚热带以及中纬度区域的大陆水域中，鲇有重要的经济价值。全世界有 34 个科，310 个属，约 2316 种。辽河流域分布有鲿科（Bagridae）和鲇科（Siluridae）。

黄颡鱼

学名： *Pelteobagrus fulvidraco* (Richardson)

地方名： 嘎鱼、嘎牙子、草牯、黄龙

分类： 鲇形目 Siluriformes- 鲿科 Bagridae- 黄颡鱼属 *Pelteobagrus*

形态： 体长，后部稍侧扁，腹部平坦。头大而扁平。头背大部裸露。眼较小，位于头侧。口下位，口裂宽大。前后鼻孔相距较远，鼻须位于后鼻孔前缘。颏须一对，后伸达或超过胸鳍基部。外侧颏须长于内侧颏须。背鳍起点距吻端大于距脂鳍起点，其骨质硬刺前缘光滑，后缘具细锯齿。脂鳍起点位于背鳍后端至尾鳍基中央偏前。臀鳍基底长。胸鳍侧下位，其骨质硬刺前缘锯齿细小而多，后缘锯齿粗壮而少。体背呈黑褐色，腹部呈浅黄色。沿侧线上下各具一狭窄的黄色横带。

习性： 多栖息于水流缓慢、水生植物繁生的水底层，白天少活动，夜间活动觅食。对环境适应力强。动物食性，幼鱼摄食桡足类、枝角类，成鱼逐渐向水生昆虫幼虫、软体动物和小型鱼类转变。生长较慢。产卵期在 5 ～ 7 月，产卵活动在夜间进行，雄鱼掘泥筑巢，有护卵行为。

采集地： 2012 年 9 月采于辽河干流铁岭段。

鲇

学名： *Silurus asotus* (Linnaeus)
地方名： 鲇鱼、鲇巴郎、鲇拐子
分类： 鲇形目 Siluriformes- 鲇科 Siluridae- 鲇属 *Silurus*

形态： 体延长，前部平扁，后部侧扁。头中大，宽大于头高。口大，次上位。唇厚，口角唇皱发达。上、下颌具绒毛状细齿。眼小，侧上位。前后鼻孔相距较远。颌须较长，达胸鳍基后上方；颏须短。体裸露无鳞。侧线完全。背鳍约位于体前 1/3 处。臀鳍基部甚长，后段与尾鳍相连。胸鳍呈圆形，下侧位，其硬刺前缘具弱锯齿，后缘锯齿强。腹鳍起点位于背鳍基后端垂直下方之后。肛门近臀鳍起点。背部呈黄褐色、灰绿色，体侧色浅，腹部呈白色。

习性： 生活于江河缓流处或湖泊、水库多水草泥质的底层，白天常隐居，夜间觅食。肉食性，多捕食小型鱼类。产卵期在 5 ～ 7 月，在水草多的地点产卵，卵黏性。生长较快。

采集地： 2012 年 9 月采于东辽河四平段。

鲑形目 Salmoniformes

上颌缘一般由前颌骨与上颌骨构成，具齿。一般有前后脂眼睑。体形和特征与鲱形目相似，但背鳍后方常具一脂鳍。有侧线。鳃条骨 7 ～ 20 根。具中乌喙骨。鳃膜伸向前，但不与颊部相连，幽门盲囊 11 ～ 210 个。脊椎骨 50 ～ 75 个，最后椎骨向上弯。

鲑形目是世界性重要经济鱼类。辽河流域仅分布有胡瓜鱼亚目（Osmeroidei）。

香鱼

学名：*Plecoglossus altivelis* (Temminck et Schlegel)
地方名：油香鱼、秋生子、黄瓜鱼
分类：鲑形目 Salmoniformes- 香鱼科 Plecoglossidae- 香鱼属 *Plecoglossus*
物种保护等级：国家级

形态：体细长，侧扁。头小，吻尖，吻前端向下弯呈钩状突起。口大，下颌两侧各具一突起，突起之间呈凹形，口闭时，吻钩与此凹陷吻合。上、下颌具宽扁的细齿；前上颌骨、上颌骨和舌上均具齿。口底具黏膜褶皱。体被小圆鳞。侧线完全。背鳍起点在腹鳍基前上方。脂鳍与臀鳍末端相对。臀鳍起点位于肛门后缘。胸鳍后伸远不达腹鳍。腹鳍腹位，起点在背鳍起点后下方。尾鳍呈叉形。背部呈灰褐色，体侧呈黄色。

习性：为一年生小型鱼类，个别可见到 2 龄鱼。幼鱼主要以昆虫和枝角类、桡足类为食。成体几乎全以藻类为食。在 8 ～ 9 月上旬上溯到水库上游河道产卵。产卵场多位于砾石底质，水浅急流处。傍晚和夜间出现产卵高潮。

采集地：2014 年 9 月采集于太子河。

池沼公鱼

学名：*Hypomesus olidus* (Pallas)

地方名：公鱼、黄瓜鱼、春生子

分类：鲑形目 Salmoniformes- 胡瓜鱼科 Osmeridae- 公鱼属 *Hypomesus*

形态：体长，侧扁。口端位，上颌骨后端不达眼中点下方。上、下颌具绒毛状细齿。眼较大，侧上位。体被薄鳞，侧线不完全。背鳍起点约位于体中部，背鳍与腹鳍相对。脂鳍后端游离呈屈指状。胸鳍位低，后伸不达腹鳍。臀鳍起点距尾鳍基的距离大于至腹鳍基的距离。尾鳍深分叉。背部呈绿褐色，体侧呈银白色。鳞片边缘具暗色小斑点。各鳍均呈灰黑色。

习性：淡水定居型一年生小型鱼。大部分生命周期只有一年，少数个体可活到两年。喜栖息于水温低、清澈的水域里，在近岸浅水区摄食。不做长距离游动。幼体摄食小型浮游动物，成体取食桡足类、枝角类、昆虫及其幼虫，食物中为主的杂食性鱼类。产卵场多位于沙石底质处，卵黏性。产卵后亲体多数死亡。

采集地：2013 年采集于辽河干流福德店。

大银鱼

学名： *Protosalanx hyalocranius* (Abbott)
地方名： 面条鱼
分类： 鲑形目 Salmoniformes- 银鱼科 Salangidae- 大银鱼属 *Protosalanx*

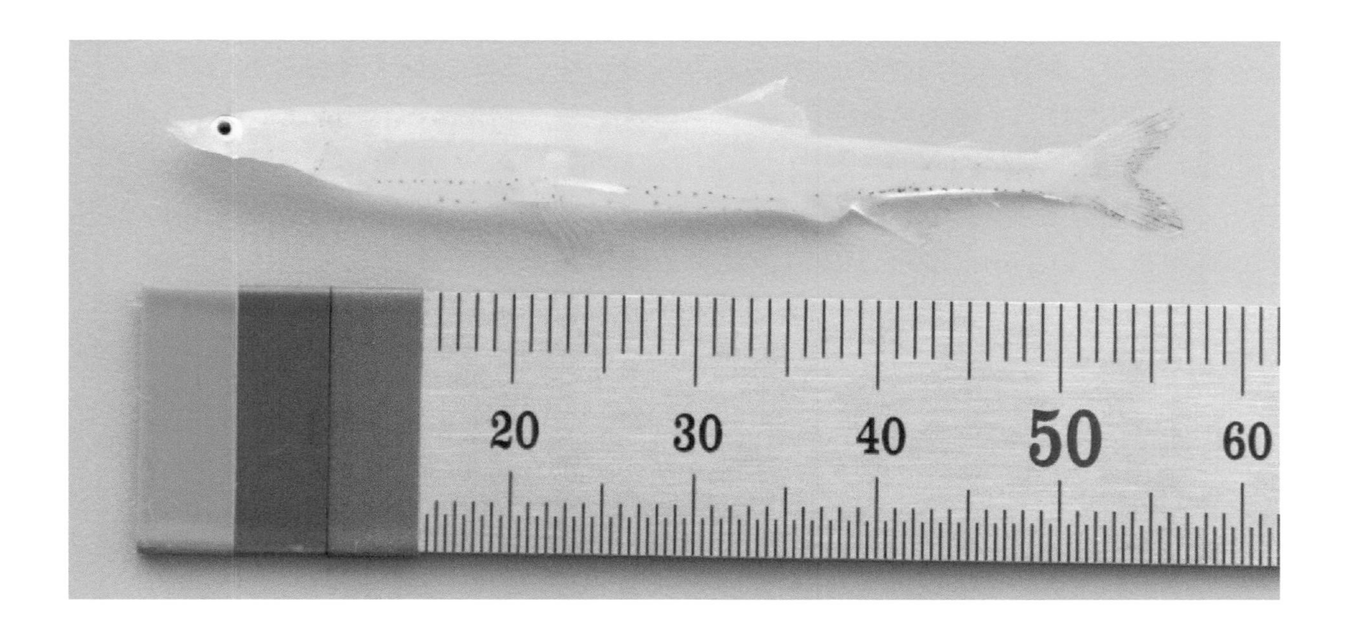

形态： 体狭长，前部平扁，后部侧扁。头长而平扁。吻尖，呈扁三角形，吻长短于眼前头宽。口宽大，下颌长于上颌。鳃孔大，具假鳃。体无鳞，仅雄性臀鳍基上方具一行鳞。无侧线。背鳍起点位于臀鳍起点的前上方。脂鳍小，与臀鳍末端相对。胸鳍具发达的肌肉基。腹鳍起点约位于胸鳍起点与背鳍起点中间。尾鳍呈叉形。体呈乳白色，生活时略透明。

习性： 为生活于河口及近海的洄游性鱼类，进入淡水产卵，亦可定居于淡水环境。生活于中上层水体的肉食性鱼类，主要摄食轮虫、无节幼体、原生动物及少量藻类。生长速度有阶段性，稚幼鱼阶段生长快，生殖腺发育前生长速度变缓。

采集地： 2012 年 9 月采集于辽河干流盘山闸上。

鳉形目 Cyprinodontiformes

体延长，头部平扁。口小，上位，口裂上缘仅由前颌骨组成。两颌常具细齿。体被圆鳞。侧线无或不发达。各鳍无棘。背鳍小，1个，位于臀鳍上方，鳍条不分节。腹鳍腹位，鳍条不多于7。无中喙骨及眶蝶骨。有上、下肋骨，无肌间骨刺。鳔无管。

鳉形目包括飞鱼亚目（Exocoetoidei）、怪颌鳉亚目（Adrianichthyoidei）和鳉亚目（Cyprinodontoidei），主要为亚洲、非洲及美洲热带的淡水鱼类。辽河流域仅有飞鱼亚目的鱵鱼科（Hemiramphidae）和怪颌鳉亚目的青鳉科（Oryziidae）。

沙氏下鱵鱼

学名： *Hemirhamphus sajori* (Temminck et Schlegel)

地方名： 鱵、针鱼、大棒

分类： 鳉形目 Cyprinodontiformes- 鱵鱼科 Hemiramphidae- 下鱵鱼属 *Hemirhamphus*

形态： 体细长，略呈圆柱形。头长，顶部及两侧平坦，近腹部变窄。吻狭。口中等大。上颌尖锐呈三角形，下颌延长为扁平针状喙。齿细小，三峰状。眼圆，较大，上侧位。鼻孔大，位于眼前上方。体被圆鳞，除吻部外余均被鳞。侧线低位，靠近腹缘，前端在胸鳍基部下方有一向上分枝伸达胸鳍基部，末端止于臀鳍最后鳍条上方。背鳍位于体后部，为尾鳍靠近，相对于臀鳍，基部起点在臀鳍稍前上方。臀鳍与背鳍同形，起点在第 2 背鳍鳍条下方。胸鳍较短宽。腹鳍小，腹位。尾鳍分叉。体呈银白色，背部呈暗绿色，左右体侧上中部各具银色纵带。体侧鳞片后缘呈淡黑色，侧线下方呈白色。头顶部及上下颌区均呈黑色。胸鳍基部及尾鳍具许多细小黑斑。

习性： 浅海小型鱼类，一般不做长距离洄游。游泳敏捷，常跃出水面。喜栖于河口咸淡水中。浮游生物食性，摄食藻类、水母、甲壳动物等。雄鱼 1 龄成熟，雌鱼 2 龄成熟。产卵期在 5 ～ 6 月，产卵场多在近海内湾藻丛生的浅水处。

采集地： 2012 年 9 月采于辽河干流盘锦段。

中华青鳉

学名： *Oryzias latipes* (Temminck et Schlegel)

地方名： 小鳉鱼、大眼鱼

分类： 鳉形目 Cyprinodontiformes- 青鳉科 Oryziidae- 青鳉属 *Oryzias*

形态： 体长而侧扁，背部平直，腹部呈弧形。头较宽，平坦。吻宽扁。眼大，侧上位。口上位，下颌长于上颌。体被圆鳞。无侧线。背鳍后位，近尾基部，与臀鳍后部相对。臀鳍基底长，起点距尾鳍基较距吻端为近。胸鳍位高，上侧位，后端超过腹鳍。腹鳍腹位，后段超过肛门。尾鳍呈截形。体背呈灰褐色，体侧和腹部呈银白色。奇鳍具黑色小斑点。

习性： 集群生活于淡水静水小水域表层的小型鱼，喜栖于水草丛生处。对温度和盐度适应力强。主要摄食浮游动物、昆虫幼虫、藻类、植物碎片等。产卵期在 5 ～ 9 月，水温 21 ～ 26 摄氏度。卵浮性。

采集地： 2012 年 8 月采于老哈河上游。

刺鱼目 Gasterosteiformes

口小，位吻端。口裂上缘仅由前颌骨组成，上颌能伸缩，前颌骨的上升突起发达。无后匙骨。有围眶骨多块。有鼻骨及顶骨，前方的椎骨不细长。体细长形。体裸露无鳞或体侧有 1 行骨板。背鳍 1 个，位后，与臀鳍相对。腹鳍亚胸位或无。背鳍前方背面常有游离硬鳍棘。

刺鱼目包括 3 科，辽河流域仅有刺鱼科（Gasterosteidae）1 科。

九棘刺鱼

学名：*Pungitius pungitius* (Guichenot)

地方名：中华多刺鱼、多刺鱼、黑龙江刺鱼

分类：刺鱼目 Gasterosteiformes- 刺鱼科 Gasterosteidae- 九棘刺鱼属 *Pungitius*

形态：体细长，侧扁，尾柄细窄。口端位。上下颌具小齿。鳃孔小。体侧骨板背腹轴长，连续排列至尾柄，背鳍基部、鳃盖上方及胸腹面散有小骨板。体侧骨板中央凸起，尤其在尾柄明显形成脊状。侧线完全。背鳍前具分离交错排列的棘 9 个。第 2 背鳍与臀鳍相对。胸鳍大，中位，后缘超过腹鳍基部。腹鳍具鳍棘 1 个。尾鳍后缘稍呈凹形。背部呈暗绿色，体侧呈灰黄色，腹部色浅。

习性：喜栖于多水草的静水处。耐高寒，对盐碱性水域有很强的适应力。春季筑巢产卵。主要摄食浮游动物，喜食昆虫幼虫、钩虾、藻类和植物碎片。生长慢。

采集地：2012 年 8 月采于西拉木伦河。

鲉形目 Scorpaeniformes

具眶前骨，第二眶下骨后延为1骨突，与前鳃盖骨连接。头部常具骨棱、棘或骨板。体无鳞，或被栉鳞、圆鳞、绒毛状细刺或骨板。上下颌齿细小。背鳍1或2个鳍基，由鳍棘部和鳍条部组成。胸鳍宽大，具指状游离鳍条或无。腹鳍胸位，具1鳍棘和2～5鳍条，鳍条有时连合成吸盘。臀鳍具1～3鳍棘或消失。尾鳍圆形。多数体形粗钝，体平扁，或圆形，有些体呈纺锤形，为了保护、防卫和隐蔽，头部多凹凸，具棘突和皮瓣。

鲉形目鱼类各大洋具有分布，大多生活在近海底部或中等深度的外海。大多适应在隐蔽的地方生活。许多种类的鳍棘或头部棘突具毒腺，被刺伤后引起中毒。辽河流域仅分布有杜父鱼亚目（Cottoidei）。

杂色杜父鱼

学名： *Cottus poecilopus* (Heckel)

地方名： 花杜父鱼、大头鱼、瞎肥头、山胖头

分类： 鲉形目 Scorpaeniformes- 杜父鱼科 Cottidae- 杜父鱼属 *Cottus*

形态： 体长，躯干部剖面呈椭圆形，尾部侧扁，头大，扁平。口大，端位，上颌后缘超过眼后缘。上下颌及犁骨具齿，腭骨无齿。眼中等大，侧上位。眼间隔略凸。鳃盖膜与峡部相连。体无鳞。侧线沿体侧上部向后延伸，通常不达第 2 背鳍末端下方。背鳍两个，不相连。胸鳍低而大。腹鳍胸位，最长鳍条达臀鳍起点，内侧鳍条短。尾鳍后缘呈截形。背部和体侧呈棕褐色，杂有深色斑点。腹部色浅。体色常与河道底质相似，静卧不动时很难发现。

习性： 喜低温的底层鱼类，生活于砾石底质和有清流水的山溪支流中。不集群，不善活动，多栖于河底，受惊后急游短距离后又停止。以水生昆虫及其幼虫、河虾、小鱼为食。产卵期在 4 ～ 5 月。卵呈橘红色。

采集地： 2014 年采集于太子河南支。

鲈形目 Perciformes

因鳍具鳍棘，又称棘鳍类。背鳍一般为 2 个，互相连接或分离，第一背鳍为鳍棘（有时埋于皮下或退化），第二背鳍由鳍条或由鳍棘、鳍条组成。无脂鳍。尾鳍主鳍条不超过 17 根。口上缘由前颌骨参加组成，上颌骨通常不参加口裂边缘的组成。眼与头骨皆对称。腰骨通常直接连于匙骨上。头骨无眶蝶骨。肩带无中喙骨。鳔无管。无韦伯氏器。具有背肋和腹肋。无肌间骨。

鲈形目分类十分复杂，是世界上鱼类种类最多的一目，广泛分布于海洋和淡水水域。辽河流域分布有鲈亚目（Percoidei）、鲻亚目（Mugiloidei）、绵鳚亚目（Zoarcoidei）、䲗亚目（Callionymoidei）、虾虎鱼亚目（Gobioidei）、攀鲈亚目（Anabantoidei）、鳢亚目（Channoidei）和刺鳅亚目（Mostacembeloidei）8 个亚目。

中国花鲈

学名： *Lateolabrax maculates* (McClelland)

地方名： 鲈、鲈鱼、鲈渣子

分类： 鲈形目 Perciformes- 真鲈科 Serranidae- 花鲈属 *Lateolabrax*

形态： 体延长，侧扁。头中大，头长大于体高。吻较尖。眼中等大，上侧位。口大，下颌长于上颌。体被栉鳞，头部除吻端及两颌外均有鳞。侧线完全，与背缘平行。背鳍2个，基部相连；鳍棘以第5、第6根最长。臀鳍第2鳍棘粗壮。胸鳍短，位低。腹鳍位于胸鳍基下方。尾鳍呈叉形。背部呈暗绿色，腹部呈白色。体侧和背鳍鳍棘部具许多黑色斑点，随个体发育斑点逐渐变少。

习性： 温水性近海广盐性鱼类，喜栖于河口咸淡水处，也进入淡水生活。集小群活动。不做长距离洄游。肉食性，吞食活体动物。

采集地： 2012年9月采于辽河干流盘锦段。

葛氏鲈塘鳢

学名： *Perccottus glehni* (Dybowski)

地方名： 老头鱼、沙姑鲈子、还阳鱼、鲈塘鳢

分类： 鲈形目 Perciformes- 塘鳢科 Eleotridae- 鲈塘鳢属 *Perccottus*

形态： 体近纺锤形，后部侧扁。头大，前部略平扁。吻短而圆钝，上方有一瘤状突起。眼小，侧上位。鼻孔两个。口大上位，斜裂。下颌长于上颌。体被栉鳞，头背和鳃盖被圆鳞。无侧线。背鳍两个。臀鳍始于第 2 背鳍第 4 ～ 5 鳍条下方。胸鳍较大。腹鳍小，但不愈合成吸盘。体背呈黑绿色，体侧具不规则褐色斑块或间断横纹，腹面呈灰绿色。

习性： 喜栖水草多的江河、沼泽中。适应能力强，能在缺氧、结冰的水下生活。动物食性。稚幼鱼主要摄食甲壳动物和昆虫幼虫；成鱼摄食昆虫及幼虫、小鱼小虾。在 5 ～ 6 月产卵，产卵于浅水区植物体或石块上。卵黏性。雄鱼有护卵行为。

采集地： 2012 年 9 月采于东辽河四平段。

鸭绿江沙塘鳢

学名： *Odontobutis yaluensis* (Wu)

地方名： 塘鳢鱼、沙鳢、暗色杜父鱼、暗色土布鱼、山胖头

分类： 鲈形目 Perciformes- 塘鳢科 Eleotridae- 沙塘鳢属 *Odontobutis*

形态： 体延长，前部亚圆筒形，后部侧扁。头大，前部低平，后部隆起。吻宽短。眼小，上侧位。体被栉鳞，头、胸、腹部被小圆鳞。无侧线。眼后头顶鳞片排列特殊，呈同心圆或辐射状。背鳍两个，分离，第 1 背鳍起点在胸鳍基部上方。臀鳍与第 2 背鳍同形，起点在第 2 背鳍第 3 ～ 4 鳍条之间下方。胸鳍宽大，呈扇形。左右腹鳍互相靠近，不愈合。尾鳍呈圆形。体呈黑褐色，体侧具 3 ～ 4 条上窄下宽不规则的黑色横带，头、体之腹具淡色的斑纹。

习性： 生活于河溪底层小鱼，喜栖于沙石底质或杂草与沙石混杂的浅水处，常隐于石缝里或爬于沙石水底。属定居性鱼类。动物食性。1 ～ 2 龄性成熟。产卵期在 5 ～ 6 月。卵呈长圆形，黏于植物或砾石上。

采集地： 2014 年 9 月采于太子河南支。

黄黝

学名： *Hypseleotris swinhonis* (Günther)

地方名： 史氏黄黝鱼、小黄鱼

分类： 鲈形目 Perciformes- 塘鳢科 Eleotridae- 黄黝属 *Hypseleotris*

形态： 体延长，侧扁。背部呈弧形。头大，吻短钝。眼大，上侧位。下颌长于上颌。舌游离，前端呈截形。体被栉鳞，头、峡部被小圆鳞。无侧线。背鳍两个，分离，第 1 背鳍平放超过第 2 背鳍起点。臀鳍起点在第 2 背鳍第 2 ～第 3 鳍条间下方。胸鳍宽大。腹鳍左右较近但不愈合。尾鳍呈圆形。体呈浅黄褐色，背部较深，腹部呈浅黄色。体侧有 10 ～ 12 条深暗色横带。眼前至口角具一块暗色斑。第 1 背鳍下方鳍膜色暗，第 2 背鳍有斑纹 2 ～ 3 行。

习性： 淡水小水体中底栖性小鱼，喜栖于多水草的浅水处。以动物食性为主的杂食性，摄食浮游动物、昆虫幼虫、藻类和鱼苗。产卵期在 5 ～ 7 月，卵沉性。

采集地： 2012 年 9 月采于辽河干流铁岭段。

纹缟虾虎鱼

学名： *Tridentiger trigonocephalus* (Temminck et Schlegel)

地方名： 胖头鱼、虎头鱼

分类： 鲈形目 Perciformes- 虾虎鱼科 Gobiidae- 缟虾虎鱼属 *Tridentiger*

形态： 体延长，前部略呈圆柱形，后部侧扁。尾柄高。头部宽，稍平扁。无触须。两颊凸出。吻短钝。眼小，上侧位。口端位。舌宽，呈圆形。上下颌具两行齿。体被栉鳞。第 1 背鳍起点在胸鳍基部后上方，第 2 背鳍与臀鳍等高。胸鳍宽阔，下侧位。腹鳍宽，呈圆盘状。体呈褐色，体侧常具两条黑褐色纵带。上纵带自吻端经眼上部后背鳍基部伸达尾鳍基，下纵带自眼后经峡部、胸鳍基上方经体侧中部伸达尾鳍基。

习性： 生活于河口咸淡水的小型鱼。喜栖于岩间积水处。动物食性，主要摄食桡足类、钩虾、糠虾、昆虫及幼虫、小鱼等。产卵期在 4 ～ 7 月，卵的基部有一簇黏着丝。

采集地： 2012 年 9 月采于辽河干流盘锦段。

子陵吻虾虎鱼

学名： *Rhinogobius giurinus* (Rutter)

地方名： 普栉虾虎鱼、吻虾虎鱼、地爬子、极乐虾虎鱼

分类： 鲈形目 Perciformes- 虾虎鱼科 Gobiidae- 吻虾虎鱼属 *Rhinogobius*

形态： 体延长，前部亚圆筒形，后部略侧扁。头较宽，略平扁。两峡肌肉发达，向外凸出。吻较钝。眼小，上侧位，上缘凸出于头顶背缘。口中大，端位，斜裂。颌齿细小。舌宽，游离，前端呈圆形。体被栉鳞，头后背面被圆鳞；峡部、鳃盖及胸部、腹部均无鳞。无侧线。背鳍两个。臀鳍始于第 2 背鳍第 2 ～ 3 鳍条下方。胸鳍呈圆形。腹鳍愈合成吸盘。体呈灰褐色，体背及体侧具 7 ～ 8 个黑色斑块。头部具褐色云状纹及斑点，峡部及鳃盖具 4 ～ 6 条斜向下方的褐色条纹。胸鳍基底具一块黑斑。

习性： 喜栖于江河、湖泊沿岸浅水处的定居性底栖小鱼。动物食性，摄食枝角类、桡足类、钩虾、水生昆虫及幼虫、鱼卵等。产卵期在 4 ～ 6 月，产卵时雌鱼掘穴，产于穴中。

采集地： 2012 年 8 月采于西拉木伦河。

褐吻虾虎鱼

学名： *Rhinogobius brunneus* (Temminck et Schlegel)
地方名： 真栉虾虎鱼、真吻虾虎鱼、川虾虎
分类： 鲈形目 Perciformes- 虾虎鱼科 Gobiidae- 吻虾虎鱼属 *Rhinogobius*

形态： 体长，前部较圆，后部略侧扁。头大，呈三角形。吻短。口端位。上下颌密生小齿。舌前端圆。眼小，侧上位。体被栉鳞，峡部、鳃盖、胸、腹部均裸露无鳞。无侧线。背鳍两个，第 1 背鳍较高。臀鳍起点位于第 2 背鳍起点稍后。胸鳍大，近椭圆形，侧下位。腹鳍胸位，愈合呈圆形吸盘。尾鳍呈扇圆形。体呈青褐色，体侧具 6 ～ 8 个黑斑。体侧鳞片基部具褐红色小点。头部、峡部及鳃盖上均具橘红色虫状纹及小点。

习性： 一年生小鱼，生活于江河、湖库岸边浅水处，喜栖于沙石底质的微流水环境中或水草丛生处。杂食性，摄食枝角类、桡足类、藻类、小鱼及底栖动物。

采集地： 2012 年 8 月采于老哈河上游。

黄带克丽虾虎鱼

学名： *Chloea laevis* (Steindachner)

地方名： 黄带长颌虾虎鱼、鲇鱼

分类： 鲈形目 Perciformes- 虾虎鱼科 Gobiidae- 克丽虾虎鱼属 *Chloea*

形态： 体延长，侧扁。头长大于体高。吻短。眼位于头侧上方。口大，近上位，斜裂。下颌长于上颌，上下颌具绒毛状齿。舌端呈叉状。体被弱栉鳞，头部、项部及背鳍前方均无鳞。无侧线。背鳍两个，第 1 背鳍放平可达到或超过第 2 背鳍起点。第 2 背鳍起点距吻端大于距尾鳍基的距离。臀鳍起点在第 2 背鳍第 2 ～ 3 鳍条下方。腹鳍愈合呈圆形吸盘。体呈棕褐色。头、体背面及体侧上部具不规则褐色小点。体侧具 5 ～ 7 条不规则褐色横带。头部腹面呈黑色或黄色。

习性： 一年生小鱼，生活于河流中下游淡水、河口咸淡水中。底栖性鱼类。以动物性为主的杂食性，主要摄食枝角类、桡足类、轮虫、糠虾、底栖动物和藻类。产卵期在 5 ～ 6 月，产卵场在沙石底质处，卵黏性。

采集地： 2012 年 8 月采于东辽河四平段。

拉氏狼牙虾虎鱼

学名： *Odontamblyopus lacepedii* (Temminck et Schlegel)

地方名： 狼牙虾虎鱼、钢条、狼条、小狼鱼

分类： 鲈形目 Perciformes- 鳗虾虎鱼科 Taenioididae- 狼牙虾虎鱼属 *Odontamblyopus*

形态： 体颇长，侧扁，略呈带状。头大，略呈长方形。吻短，中央稍凸出，前段宽圆。眼小，退化。口大，端位。上下颌齿长而弯曲，凸出唇外。舌游离，呈圆形。体及头部被小而退化鳞片，但不显现，体较光滑。背鳍连续，后端与尾鳍相连。臀鳍起点在背鳍第 3 鳍条下方，与尾鳍相连。胸鳍宽长，上部鳍条游离呈丝状。腹鳍略长于胸鳍。尾鳍尖长，大于头长。体呈淡红色或灰紫色。背鳍、臀鳍、尾鳍呈黑褐色。

习性： 暖温性近海河口底栖鱼类，喜与沙中钻穴栖居。底栖动物食性。行动迟缓，生命力强。主要摄食沙蚕、贝类、甲壳动物、小鱼、藻类。产卵期在 7 月。

采集地： 2012 年 5 月采于辽河干流盘锦段。

乌鳢

学名： *Channa argus* (Cantor)
地方名： 黑鱼、黑鱼棒子、蛇头鱼、生鱼、才鱼
分类： 鲈形目 Perciformes- 鳢科 Channidae- 鳢属 *Channa*

形态： 体延长，呈圆筒形，尾部侧扁。头前部扁平，呈蛇头形。吻长。上、下颌具齿。眼小。鳃盖膜左右相连，具鳃上器，具辅助呼吸作用。体被圆鳞，头部鳞片呈骨片状，组成头甲。侧线鳞自鳃孔后方延至肛门上方中断，下折 1 ～ 2 枚鳞片后再沿体中部伸达尾鳍。背、臀鳍基底长，无鳍棘。腹鳍小，位于胸鳍下方。尾鳍呈圆形。背部和体侧呈黑绿色，具黑色大斑纹，似蟒斑纹。腹部呈白色，具浅色斑纹。眼至鳃盖骨后缘具明显的黑色纹两条。

习性： 淡水底栖性鱼类，喜淤泥底质或混浊水域。好水底潜游以跟踪捕食，凶猛肉食性鱼类。用水生植物营造产卵巢产卵。适应性强，在缺氧水体可借助鳃上辅助呼吸器官在水面进行呼吸。离水可活一段时间。冬季到深水处埋在淤泥中越冬。

采集地： 2012 年 9 月采于辽河干流盘锦段。

鲻形目 Mugiliformes

口裂由前颌骨组成。牙为犬牙状，或绒毛状，或无牙。头部与体被圆鳞或栉鳞。侧线或有或无。鳃孔宽大。鳃盖骨后缘一般无棘。背鳍两个，较短，分离；第一背鳍常由鳍棘组成。胸鳍上侧位或下侧位，有时下部鳍条分离成丝状。腹鳍亚胸位或腹位。鳔无管。

鲻形目是全球近海最为重要的经济渔业与养殖对象。该目鱼类分类一直存在争议，传统认为包含魣亚目（Sphyraenoidei）、鲻亚目（Mugiloidei）和马鲅亚目（Polynemoidei），有学者利用线粒体基因组全序列分析证明仅含 1 个单科，即鲻科（Mugilidae），涵盖 20 个有效属 73 个有效种。

鮻

学名： *Liza haematocheila*（Temminck et Schlegel）
地方名： 赤眼鮻、红眼、梭鱼
分类： 鲻形目 Mugiliformes- 鲻科 Mugilidae- 鮻属 *Liza*

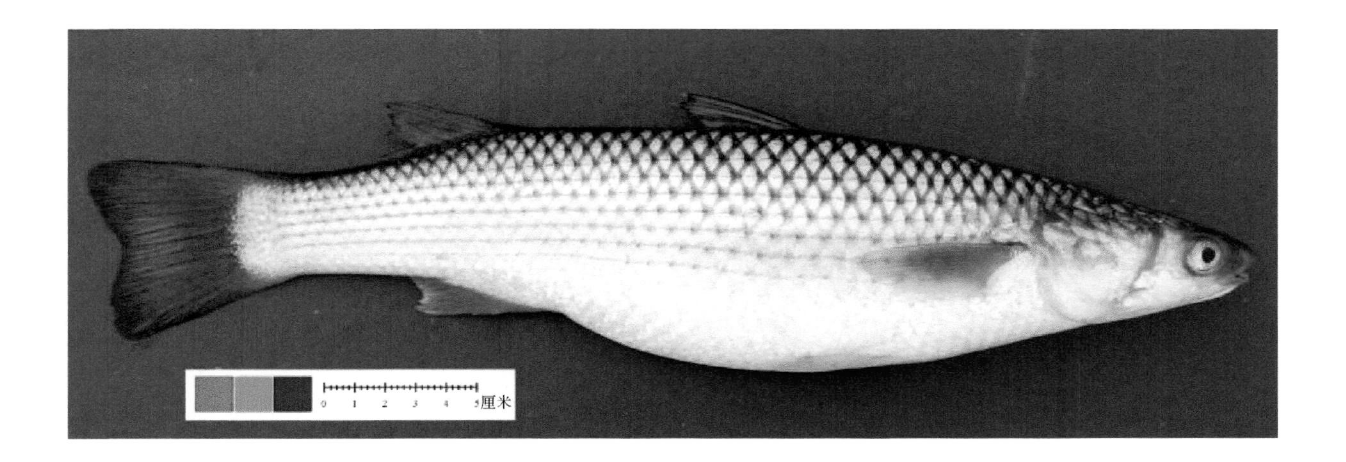

形态： 体延长，前部呈亚圆筒形，后部逐渐侧扁。头短宽，背部平坦。吻短。口小，下位。上颌骨在口角以后突然下弯，后段外露。上颌中央具一缺刻，下颌边缘锐利，中央具突起。眼位于头部前上方，眼球上半部呈橘黄色。头部被圆鳞，体被栉鳞。无侧线。背鳍 2 个，相距颇远。第 1 背鳍位于胸鳍后端上方，第 2 背鳍位于臀鳍上方。臀鳍与第 2 背鳍相对，同形。胸鳍宽短。腹鳍位于胸鳍后部下方。尾鳍后缘凹入。除第 1 背鳍外，其余各鳍均被小圆鳞。无侧线。体背呈青灰色，腹部呈白色，体侧具黑色纵带数条。

习性： 生活于浅海河口的广盐性、广温性鱼类。春秋常集群，游动较慢。夏季分散，游动迅速。主要摄食底层附着藻类，也摄食原生动物、浮游动物、昆虫幼虫等。产卵场多在河口外浅海区。在 5 月产卵，卵浮性。

采集地： 2012 年 9 月采于辽河。